现代铌钢长条材

孟繁茂　付俊岩　编著

北　京

冶金工业出版社

2006

内 容 简 介

　　铌钢是钢材市场最具竞争力的产品之一。本书介绍了铌在优化长条钢材性能方面的作用和含铌长条钢材新产品的开发技术与应用。具体内容包括:铌钢物理冶金,比较全面地介绍了铌在钢中的物理冶金知识、微合金化技术设计以及铌钢的金属学和形变热处理;高强度钢的延迟断裂研究的现状与方法,重点阐述了铌的吸氢行为与抗氢脆的物理机制、铌在高强度钢螺栓应用的现状;含铌二次加工用钢的新产品开发技术与应用;含铌棒线、大小型钢等长条材的性能应用、工艺要点及新产品开发技术,主要包括高强度棒线、非调质钢棒、汽车用二三次加工的棒线材、建筑用型钢、钢筋、轨钢、铁塔、角钢等小型材、大型工字钢等。

　　本书可供钢铁材料生产和钢铁研究院所等相关部门的工程技术人员、研究人员以及相关大专院校的教师和研究生等参考。

图书在版编目(CIP)数据

现代铌钢长条材/孟繁茂等编著. —北京:冶金工业
出版社,2006.10
ISBN 7-5024-4105-0

Ⅰ. 现…　Ⅱ. 孟…　Ⅲ. 铌-合金钢　Ⅳ. TG146.4

中国版本图书馆 CIP 数据核字(2006)第 117734 号

出版人　曹胜利(北京沙滩嵩祝院北巷 39 号,邮编 100009)
责任编辑　李 梅(电话:010-64027928)　王雪涛
美术编辑　李 心　责任校对　侯 珺　李文彦　责任印制　牛晓波
北京百善印刷厂印刷;冶金工业出版社发行;各地新华书店经销
2006 年 10 月第 1 版,2006 年 10 月第 1 次印刷
850mm×1168mm　1/32;12.125 印张;322 千字;370 页
45.00 元

冶金工业出版社发行部　电话:(010)64044283　传真:(010)64027893
冶金书店　地址:北京东四西大街 46 号(100711)　电话:(010)65289081
(本社图书如有印装质量问题,本社发行部负责退换)

前言

我国钢铁工业连续多年快速增长,现在开始从高速增长期逐渐进入平稳发展期。随着国内经济消费结构升级,钢材消费市场也开始进入从建筑业向制造业过渡的转型期,即从普通低合金钢向具有综合性能的高强度钢发展,特殊钢材也从低端产品向高端产品转移。国防现代化建设、新兴高新技术产业、汽车、机械制造业的快速发展,带动了专用特殊钢材的市场需求快速增长,并对传统特殊钢材料提出了更新换代的迫切要求。但是,我国特殊钢行业在钢材品种结构和质量方面与世界工业发达国家相比,还有很大的差距,不能满足制造业市场,尤其是汽车工业对高端零部件产品的需求。我国每年平均进口特殊钢产品 200 万 t,90% 是特殊钢的高端产品。为此,提高我国整体冶金科学技术的水平,尤其要增强生产工艺技术和高端特殊钢钢材品种的自主开发能力,不断进行技术创新才能有望提高我国特殊钢工业的整体技术水平,加速我国从钢铁大国向钢铁强国发展的进程。

微合金化技术是 20 世纪 70 年代发展起来的现代冶金工艺和新型材料科学。当时是在普碳软钢基础上降低碳含量并添加铌、钒、钛作为微合金化元素,通过控制轧制工艺来提高钢的强度和韧性。20 世纪 70 年代中东能源危机促进了以石油天然气长输大口径管线钢为代表的高强度微合金化钢的发展和控轧(CR)技术的广泛应用,80 年代在线加速冷却技术(ACC)在高强度板带材钢的广泛应用,促进了汽车工业用无间隙原子 IF 钢的发展。90
年代可焊接高强度结构钢厚板等高技术钢材的开发生
产,使铌成为热机械处理工艺(TMCP)和在线直接淬火
(DQ)技术等必选的重要微合金元素,从而广泛使用。众
所周知,在低碳微合金化钢中,铌的作用主要是细化晶
粒,在提高钢的强度的同时,改善钢的韧性,并通过固溶
铌和 Nb(C,N)的析出和相变控制提高钢的强度。随着冶
炼技术的进步,钢中的碳含量逐步降低,从而提高了铌在
奥氏体中的固溶度,允许添加更多的铌,进一步发挥了铌
对奥氏体调节的作用。奥氏体中的固溶铌有降低奥氏体
－铁素体相转变温度的作用,在其相转变的过程中和相
变后在铁素体中有更多的 Nb(C,N)析出,提高钢的强度。
同时,奥氏体中的固溶铌还可提高钢的淬透性,在相同条
件下,尤其在高的冷却速度下,铌可促进更多的低温转变
产物,如针状铁素体、贝氏体铁素体等的形成。在很低的
碳含量(0.02% C)下,允许钢中加入的铌含量更高(约
0.10% Nb),这正是近年来国外在中厚板轧机和炉卷轧机
采用高温轧制工艺(HTP 技术)生产高强度抗 H_2S 腐蚀
X70/X80 管线钢合金设计的基本点。当前,虽然在学术
上对析出强化和固溶强化的作用哪一个大的问题上有争
论,但是,铌微合金化在低碳高强度板带材中的重要作用
已是毋庸置疑的,铌已成为高强度低合金钢(HSLA)中最
有效的微合金化元素。

　　铌在钢中的物理冶金特性和作用是随着冶金技术的
进步和制造业市场对高性能钢材需求的增长过程中,由
世界冶金和材料专家们逐渐认识的。到 20 世纪 80 年代
以后,冶金和材料专家们根据铌的物理化学特性将铌在

板带材的物理冶金知识开始应用到"长条材产品"——棒线材、型材、热/冷锻件、油井管和铸钢等工程用热处理钢材上，开发和改善建筑用高强度钢筋、紧固件钢、弹簧钢、渗碳齿轮钢、油井管、工模具钢、不锈耐热钢及铸钢铸铁件的性能，进一步扩大和丰富了铌应用科学与技术的知识宝库。

应特别指出的是，最近 20 年来，汽车工业对零部件用特殊钢材，如紧固件、弹簧和曲轴、连杆、齿轮等表面硬化零件的钢材，在抗疲劳极限和韧性方面的要求发生了很大的变化，即对疲劳极限强度和韧性的要求都同时有很大提高。这正是近年来，国外冶金专家率先把铌添加到含钒微合金化非调质钢（49MnVS3 钢）中的初衷。从调质处理钢向微合金化非调质处理钢的转变中铌-钒复合微合金化技术将是特殊钢技术发展的必然趋势，也将进一步增强铌微合金化的技术在特殊钢领域的应用和发展。

国际上丰富的铌资源和 CBMM 公司铌铁价格长期稳定的政策，已成为保持和激发世界冶金和钢铁材料专家对铌应用科学技术研究活力的基础。铌在技术与经济方面的双重优势使得众多工业应用领域把铌作为微合金化设计时的首选，并不断扩大其应用领域。

我国微合金化非调质钢研究和生产始于 20 世纪 80 年代初期，20 多年来，开发了 15 个微合金化非调质钢，并已取得很大成绩。但是，推广应用的进程步履艰难，以汽车工业用零部件为例，在欧、美、日等工业发达国家里，采用微合金化非调质钢的比例达到 50% 以上，我国的这一比例不足 10%。究其原因，主要是这些国产的非调质钢的强度有余,韧性不足。非常遗憾的是,在中国国家技术监督局颁布的 GB/T15712—1995 非调质钢国家标准中,全部是以钒系为主体的钢种,忽视和限制了铌的应用。要改变这种状况,应尽快修订该标准,发挥利用铌细化晶粒、析出强化和控制相变的作用。采取铌-钒复合微合金化技术是改善非调质钢韧性,提高其抗疲劳强度等性能的最佳技术路线。

特殊钢技术的范围极其广泛,本书不能涉及全部内容,本书反映的是铌微合金化和 TMCP 工艺技术发展的一个侧面,作者用两年多的时间总结和归纳了近 20 年来国际钢铁工业铌在长条钢中应用的历史以及铌微合金化技术的发展经验,主要内容包括铌-钒、铌-钛等复合微合金化技术方面的研究成果。希望本书的出版能对我国特殊钢企业的工程师们改造老产品、开发和生产高端专用特殊钢材有参考价值,为我国传统特殊钢材料更新换代提供一条可供选择的新技术路线。

最后,感谢中信金属公司和 CBMM 公司鲍迪侬先生对本书的出版给予的大力支持。

付俊岩　孟繁茂
2006 年 6 月

目录

1 概 述

随着社会的发展,城镇建设、环保事业、海洋事业以及交通事业都有了长足的进步,在这些现代化建设事业中,高强度长条钢材发挥了重要作用。例如,无论是超高层大厦、超大跨度地下停车场、巨大的体育场馆,还是纵横千里的输电铁塔、大跨度桥梁、沿海长桥、海洋平台、大型舰艇、大型船舶、航天城的发射装置以及航空港建筑等等,均为钢结构,轻快节能的交通工具也以高强度、高韧性、高可焊性的钢材为基础进行制造,而有些建筑必须以高比强度为前提,如拉桥索等。

我国以 C、Mn 钢为主的传统钢材在以上这些现代化建设方面,远不能满足要求。传统钢材强度低、韧性差、焊接性差,特别是大断面材尤为不足,钢中由于缺乏固定氮的元素所带来的诸多缺点是传统生产工艺以及靠经典化学成分所不可能克服的。

近十年来,钢铁工业的成就之一是长条材性能的高速发展。

长条材和其他板带材一样,都是以 Nb、V、Ti、Al、B 等微合金化钢为基础,以广义的 TMCP(控制轧制、控制冷却)操作为手段而生产的。我国长条材的产量已超过 1 亿 t,但是微合金化钢份额很小,且强度很低,远远满足不了社会要求。材质的更新换代,迫在眉睫,势在必行。

我国的二三次加工品,主要用于汽车行业。在汽车的轻快节能和安全保证方面,优质的长条钢材,应用份额较大,本书也有相当篇幅论述。特别是通过省略工艺生产的高强度、高韧性钢材和其他特殊钢材,在我国的汽车行业应用正在起步,微合金化钢正向该领域推进。汽车用钢的升级换代是汽车升级换代的前提,是环保、安全、节能的一个重要环节,也是城市机能高速发展中的一个重要方面。

1.1 我国长条材发展现状及前景

　　我国是产钢大国,但不是钢铁强国,人均钢占有率还相当低,高强度钢比例低,生产工艺总体说也较发达国家落后,能耗和生产成本相对较高。从图 1-1 可看出我国钢产量发展态势还处于"初始阶段"。根据美、日、欧等的钢发展历史看,钢的产量发展曲线呈 S 形,分起步、平稳发展、加速发展、减速发展和成熟期。到成熟期,钢的生产量与社会消耗和国家的社会生产力相平衡。人均消耗钢铁量取决于人口数量和技术发展,这时钢产量接近于 S 形曲线的上平台。我国科学技术快速发展的时期,也是钢铁加速发展时期。我国自 21 世纪起,钢铁工业开始进入加速发展阶段,预计到 2010 年钢产量可达 4 亿 t,此后经过 S 形曲线拐点开始减速发展。到 2020～2030 年钢产量预计为 5～7 亿 t,中国可进入钢铁强国行列。到 21 世纪 30 年代后,我国钢铁的社会保有量可达 100 亿 t。

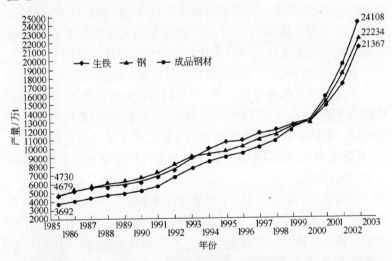

图 1-1　我国钢产量发展态势

　　从图 1-2 看出,我国钢材品种的发展主要是型材和线材,这是长条材的主要品种。这两项的产量之和超过 1 亿 t。这两种钢材的消耗主要在城市建设等方面,是国家发展初期阶段的特征。根据我国国情,长条材的需要还在发展中,预计 20～30 年内,长条材仍然是我国社会发展的基本材料。

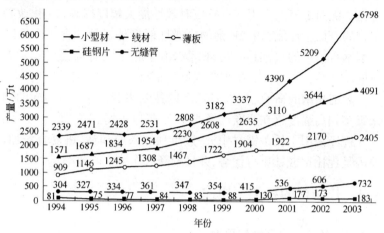

图 1-2 我国的钢产量近一半为长条材

1.2 铌在钢中的作用

本书涉及的长条钢材主要是建筑用型钢、钢筋、轨钢、铁塔、角钢等小型材、大型工字钢、高强度棒线、非调质钢棒、汽车用二三次加工的棒线材等。主要技术内容为生产工艺要点和铌在钢中的作用以及含 Nb 新产品开发。

铌的作用主要有细化奥氏体晶粒,细化相变后的铁素体晶粒,在提高强度的同时提高钢的韧性以及对特殊性能的控制。铌在钢中的作用与铌的存在形式相关,固溶铌拖曳晶格变换,因而降低相变温度,细分化马氏体,贝氏体组织,细化共析转变的珠光体片间距,细分化贝氏体长度。沉淀铌在提高强度的作用方面是 V 的 2 倍,Ti 的 10 倍。0.01%Nb❶ 的强化作用相当于 0.02%C 的强化

---

❶ 书中凡未做标注的百分含量均为质量分数。

作用。这种用 Nb 微合金化提高钢的强度的方法使普碳钢的发展走出了只靠增加碳量来提高强度的"死胡同"。铌的应用允许大幅度降低碳含量,从而提高强度和韧性,改善焊接性能,提高抗疲劳寿命。铌固定氮的作用使钢抗应时效性能大幅度提高,IF 化改善了钢的冷加工性能,Nb IF 钢的冷镦性能格外优越。含 Nb 无 Pb 快削钢有出色的快削性。另外,含 Nb 多相钢具有高强度和常温下的高塑性,是抗撞击、抗地震最好的钢材。

超细晶钢的研究,在世界范围内蓬勃兴起。小于 1 μm 的纳米级多相高强度钢在西欧已经商业化,供应市场。

铌经常用于长条钢材中,一般单独加入或和钛、钒复合添加,原因是铌比铝或钛更有优势,并且不降低连铸生产效率。

1.3 长条材的种类与用途

1.3.1 棒线材的品种与用途

棒线材的品种与用途见表 1-1。

表 1-1 棒线材的品种与用途示例

品 种	用 途 示 例
圆棒钢	螺栓、拉杆、汽车二三次加工品
异型钢棒	混凝土钢筋
线 材	二次加工品、PC 钢棒、PC 钢绞线、护栏钢筋、汽车弹簧等

20 世纪 80 年代以后,冶金材料专家们根据铌的物化特性将铌在板带材的物理冶金的知识应用到"长材产品"——棒线材、型材、锻件和铸钢等工程用的热处理钢材上,开发微合金化非调质钢,改善高强度棒线材、紧固件钢、弹簧钢、渗碳齿轮钢性能,进一步扩大和发展了铌在钢中的应用领域。

在最近 20 年内,汽车工业对结构钢件,如紧固件、弹簧和表面硬化零件的热处理钢,在疲劳极限和韧性方面的要求发生了很大的变化,如图 1-3 所示,即对疲劳极限强度和韧性的要求都有很大提高,这正是铌添加到非调质钢和热处理钢中的初衷。

钌的作用主要是通过沉淀强化,细化奥氏体晶粒,并进一步细化相变后组织,改善钢的韧性和抗疲劳性能等,见图1-3。

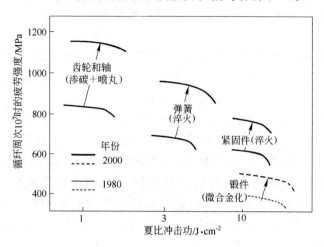

图1-3 过去20年间汽车结构件对钢的疲劳
极限强度和韧性的要求的变化

1.3.2 型钢的种类和应用效果

大小型材的应用十分广泛,其品种和应用示例见表1-2。

表1-2 型材品种与应用示例

品种	形状	应用示例
H型钢		梁、柱、桥梁等各种钢结构
槽型钢		建筑、机械、车辆、钢结构、造船
等边角钢		建筑、铁塔、船舶、车辆等一般结构
不等边角钢		建筑、铁塔、船舶、车辆等一般结构
钢管		工业水、海水、自来水的配管、自行车、汽车

　　按照欧洲、美国相关标准要求,目前生产的高强度钢屈服强度范围为345～460 MPa。选用高强度钢可增加载荷,或在恒载荷条件下可减轻钢结构的重量,减轻的重量与钢结构的断面和加载方式有关。

　　高强度钢应用受到屈服强度的限制,但不是唯一的,另外一些关键因素是挠度和失稳现象,如瓢曲等,这些现象与钢的杨氏模量和几何形状有关,而与屈服强度和抗拉强度无关。

　　图1-4示出了采用高强度钢所带来的优点,3个不同钢种、3个不同的几何断面,在相同的载荷下进行了比较,钢种为S460($R_{eH} \geqslant$460 MPa)、S355($R_{eH} \geqslant$355 MPa)、S235($R_{eH} \geqslant$235 MPa),选用高强度钢的优点是显而易见的。以S355钢为基准,采用S460钢可减轻重量14%,而选用S235则增加重量32%。就节约材料成本而言,采用S460比S355节省约10%,比S235节省约25%。

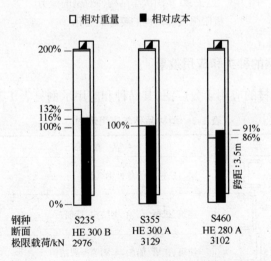

图1-4　高强钢与传统材料的比较(一)

(重量减轻)

　　建筑行业采用高强度钢的另一个优点是节省了制造成本,尤其是减少了焊材的消耗。图 1-5 表明采用高强度钢替代 S235 钢，减轻了桁架重量，节省了焊材消耗量。

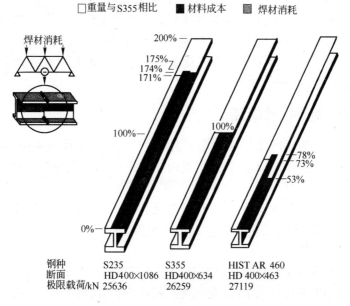

图 1-5 高强钢与传统材料的比较(二)

(高强钢与传统材料相比，重量减轻，材料成本下降，焊材消耗减少)

以使用 S355 钢为基准，采用 S460 可减轻重量 25%，采用 S235 将增加重量 70%。材料成本方面的对比也相同，采用 S460 代替 S355，降低成本约 20%，断面减小后，焊材消耗量减少了 50%，大大降低了制造成本。另外，也节省了装配、装载或运输等费用。

由于受刚性、挠度以及随屈服强度的提高而提高的材料价格这三者的限制，材料应用时有一个最佳钢种选择方案，最佳的屈服强度范围为 355~460 MPa。随着钢结构理论的发展，钢材也将不断发展。

1.4 棒线材生产新工艺

传统特殊钢棒线材在实际应用中工艺繁复，一般都需要退火、二次冷加工，再进行传统的再加热所需要的热处理，而取得产品应用性能。

这个过程和现代的省略工程新工艺相比,浪费能源,增加了很多工时,拖长生产周期,占用大面积厂房和仓库,并且有繁多的物料周转。

新工艺特点是利用钢坯的一次加热,在热加工生产线上实行形变热处理技术,在不下生产热加工(压延)线的条件下,取得冷加工所需要的退火组织,如球化组织,或调质组织,或高强度的非调质组织。典型的在线材质控制法形变热处理工艺以及新产品开发,在书中有相应的介绍。

1.5　吨钢铌铁消耗

世界铌铁产品的90%用于钢铁生产的微合金化技术中,铌的应用降低了生产成本,提高了钢的性能,因此铌钢是争夺钢材市场最有力的产品。

钢铁越是发达的国家,铌铁消耗越多,越是优质、高强度钢份额越大的国家,社会越发达,国力就越强。钢铁仍然是发达国家的基本标志之一。

世界各国铌铁消耗量在近20年来,逐年稳步增长。各钢铁强国吨钢铌消耗见图1-6。我国铌消耗甚少,钢的质量较差,高强度钢份额低,生产成本也高。我国铌钢发展目前正在兴起,一些厂家正在通过铌钢取得收益。

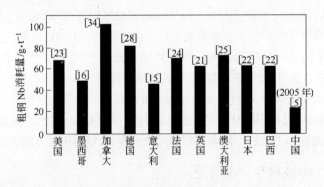

图1-6　2002年世界部分钢铁强国和中国的吨粗钢铌消费强度水平对比
([]为以钢中平均为0.03%Nb生产高性能钢的产钢国铌钢占总产量的份额,
单位:%,中信-CBMM微合金化技术中心资料)

加拿大位于高寒地区,重视钢材低温韧性,并且铌资源丰富,是吨钢铌消耗最多的国家,除加拿大外,其他国家使用的铌铁多为巴西 CBMM 矿冶公司的产品。

1.6 本书内容概要

本书内容概要如下:

(1)铌钢物理冶金方面。比较全面地介绍了铌在钢中的物理冶金知识、微合金化技术设计以及铌钢的金属学和形变热处理。

(2)高强度钢的延迟断裂研究的现状与方法。重点讨论铌的吸氢行为与抗氢脆的物理机制,铌在高强度钢螺栓应用的现状。高强度钢应用必须解决氢脆问题,否则强度不能充分发挥。

(3)含铌二次加工用钢的新产品开发技术。

(4)含铌棒线,大小型钢的性能应用及开发技术。

2 TMCP 的发展和 Nb 的作用

2.1 Nb 的细化晶粒作用

控制轧制的发展见图 2-1。图 2-1a 为普碳锰钢的一般轧制。图 2-1b 为碳-锰钢的控制轧制,终轧温度为 950℃,再结晶控轧,细化了的晶粒为等轴晶。图 2-1c 中 Nb 提高碳锰钢的再结晶温度 100℃,含 Nb 钢在未再结晶温度轧制时,只是把奥氏体晶粒压成扁平呈铁饼状,晶内充满滑移带和位错,产生了大量的 $\gamma \rightarrow \alpha$ 相变生核位置,这是未再结晶区控轧细化 α 晶粒的技术核心。图 2-1d、e、f 是 Nb 将粗轧温度和终轧温度向低温方向移动。

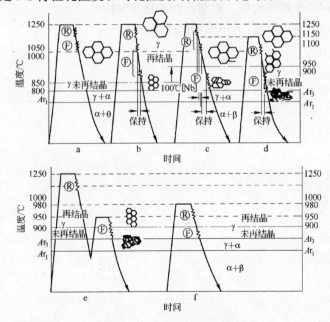

图 2-1 控制轧制的发展

a—常规轧制;b—碳-锰钢的控制轧制;c—铌钢的控制轧制(Ⅰ);d—铌钢的控制轧制(Ⅱ);e—住友高韧性处理;f—新日铁内临界控制工艺;
Ⓡ—粗轧;Ⓕ—精轧

合金元素 Nb、Ti、Al、V 均有提高再结晶温度的作用,见图 2-2,Nb 的作用最显著,Ti、Al、V 依次降低。Nb 把热机械处理 (TM)温度拓宽了 100℃。从图可以看出在 0.07C-1.40Mn-0.25Si 钢中随着微合金化溶质量的增加,再结晶温度升高。

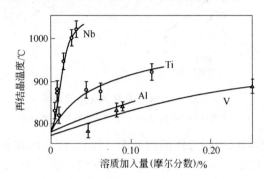

图 2-2 溶质加入量与再结晶温度的关系

固溶 Nb 抑制再结晶,延长了再结晶开始时间,在应变时应变诱导析出的 Nb(C,N)阻止了再结晶的晶粒长大。

2.2 Nb 的延迟相变作用

根据 Nb、Ti、V 等溶质原子对 Ar_3 点的影响(见图 2-3),开发了一系列控制冷却技术(见图 2-4)。由于 Nb、Ti、V 降低了 C 在钢中的活度,γ 相更加稳定,抑制了相变。冷却速度越大,这种作用越显著。Nb 可把 Ar_3 点降低 50~100℃,其作用为:一方面在冷却过程中实施低温变形,加大相变驱动力,从而细化 α 晶粒;另一方面可控制下部组织(M、B)相变,生产双相钢、多相钢或直接淬火(或加自回火)钢。

20 世纪 80 年代,由于控制冷却技术的开发,将早期的 TMCP 的含义进一步拓宽,对于现代 TMCP 的含义国际上都认同的是控轧控冷的广义操作,见图 2-4。

控制冷却对淬透性不同的钢或断面尺寸不同的钢材意义特别大。型钢等需要通过专用在线冷却装置以达到预期的断面性能。

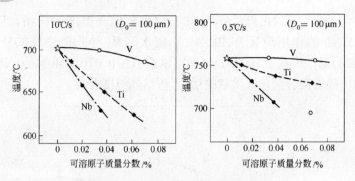

图 2-3   微合金元素对 Ar_3 点的影响

（基本成分：0.1C-1.5Mn；标准奥氏体粒径：100 μm）

    根据不同的组织与性能的要求,控制冷却有的在轧机尾部实施,有的在控轧过程的中间部位实施,或者两者兼有,实现更高性能的控制。

    现代的 TMCP 有别于早期的 TMCP,见图 2-4。各种冷却工艺及特征见表 2-1。

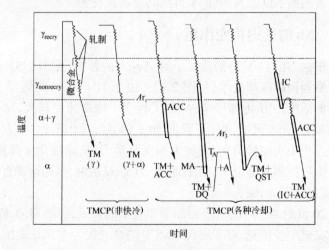

图 2-4   现代 TMCP 操作示意图

DQ—直接淬火；ACC—加速冷却；IC—中间冷却；

QST—淬火自回火；MA—马氏体残余奥氏体

表 2-1　各种冷却工艺及特征

各种冷却设备序号	工 艺 代 号	工 艺 特 征
1	CLC	在线连续冷却
2	KCL	控轧快速冷却
3	OLAC	在线快速冷却
4	MACS	万能快速冷却
5	DAC	动态快速冷却

2.3　二次加工用棒线材的省略工程的形变热处理

利用轧钢的一次热能,在热轧线上的尾部设置各种冷却设备控制冷却速度、冷却时间、冷却开始和终止温度,以达到不同的金相组织,详见第 6 章。

2.4　Nb 微合金化钢的屈服强度升级和物理冶金

Nb、Ti、V、B 等微合金钢的强度升级、工艺技术和金相组织见表 2-2。

表 2-2　Nb、Ti、V、B 等微合金钢的强度升级、工艺技术和金相组织

屈服强度/MPa	微合金化技术	工 艺 技 术	组　　织
700	Mn、Mo、Nb、Ti、B	TM + ACC/DQ	B + M
560	C + Mn + Nb + Ti + V	TM + ACC	F + 50%M
490	C + Mn + Nb + Ti	TM	F + 10%P
350	C + Mn + Nb	常化轧制	F + 30%P
250	C + Mn	控　轧	F + P 细晶
CD 级	软钢	普通轧制	F + 碳化物
DQ 级	冷镦(深冲)软钢 + B/+ Ti/+ Nb/+ Nb + Ti	IF 化	F + 碳化物

2.5　TMCP 中铌的作用

Nb 在热机械轧制时的各种行为见图 2-5。

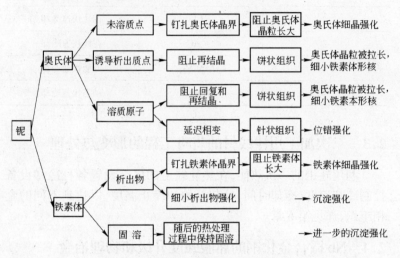

图 2-5　热机械轧制时铌的不同作用

3 铌钢物理冶金

3.1 Nb(C, N)的溶度积

从 Nb 对奥氏体(以下用 γ 表示)3 个临界温度的影响情况,可以了解 Nb 等微合金元素对热机械处理反应的影响程度。这 3 个温度是晶粒粗化温度 TGC、再结晶停止温度 TRXN、细化晶粒 γ 和 $\gamma \to \alpha$ 相变温度 Ar_3 或贝氏体转变温度 B_s。通过固溶 Nb 和 Nb 的化合物的析出质点对基体的变形再结晶和相变驱动力发生影响而导致的变化与 Nb、C、N 在钢中的溶度积有关。

从过去 30 年所进行的许多研究工作可以明显地看到 Nb 作为微合金化元素的重要性。研究主要集中于 Nb 的一碳化物、一氮化物和碳氮化物在 γ 中的溶解度。这些研究结果以溶度积的形式示于表 3-1。可见溶度积公式之间的差别相当大,这可能与多种原因有关,其中最主要的原因是,为得到这些溶度积公式所用的方法是多种多样的,而每种方法都有自己的假设和局限性。方法分为 A~E 类:

(A) 热力学计算;

(B) 化学分离和析出物离析;

(C) 各种温度下在 $H_2 \sim CH_4$ 氛围中平衡一系列不同 Nb 含量的钢,之后分析碳含量;

(D) 硬度测量;

(E) 对现有溶解度积统计处理。

总之,表 3-1 所表示的所有溶度积对于一般了解 Nb(C,N)在奥氏体中的溶解度还是有用的。

表 3-1　Nb-C、Nb-N 与 Nb-C-N 在奥氏体中的溶度积(焓与熵的关系式)

合金系	溶度积	方法	文献
Nb-C	$\log[\mathrm{Nb}][\mathrm{C}] = 2.9 - 7500/T$	D	17
	$\log[\mathrm{Nb}][\mathrm{C}] = 3.04 - 7290/T$	B	18

合金系	溶　度　积	方　法	文　献
Nb-C	$\log[\mathrm{Nb}][\mathrm{C}]=3.7-9100/T$	C	19
	$\log[\mathrm{Nb}][\mathrm{C}]=3.42-7900/T$	B	20
	$\log[\mathrm{Nb}][\mathrm{C}]=4.37-9290/T$	C	21
	$\log[\mathrm{Nb}][\mathrm{C}]_{0.87}=3.18-7700/T$	B	22
	$\log[\mathrm{Nb}][\mathrm{C}]_{0.87}=3.11-7520/T$	E	16
	$\log[\mathrm{Nb}][\mathrm{C}]=2.96-7510/T$	E	16
	$\log[\mathrm{Nb}][\mathrm{C}]_{0.87}=3.4-7200/T$	A	16
	$\log[\mathrm{Nb}][\mathrm{C}]=3.31-7970/T[\mathrm{Mn}](1371/T-0.9)-$ $[\mathrm{Mn}]2+(75/T-0.0504)$	B	23
	$\log[\mathrm{Nb}][\mathrm{C}]_{0.87}=2.06-6700/T$	原子探针法	哈契特文选
	$\log[\mathrm{Nb}][\mathrm{C}]_{0.87}=2.81-7019.5/T$	A	24
	$\log[\mathrm{Nb}][\mathrm{C}]=3.4-7920/T$	C	25
	$\log[\mathrm{Nb}][\mathrm{C}]=1.18-4880/T$	C	26
	$\log[\mathrm{Nb}][\mathrm{C}]=3.89-8030/T$	C	27
	$\log[\mathrm{Nb}][\mathrm{C}]=1.74-5640/T$	C	15
Nb-N	$\log[\mathrm{Nb}][\mathrm{N}]=4.04-10.230/T$	C	29
	$\log[\mathrm{Nb}][\mathrm{N}]=3.79-10.150/T$	B	22
	$\log[\mathrm{Nb}][\mathrm{N}]=2.8-8500/T$	B	20
	$\log[\mathrm{Nb}][\mathrm{N}]=3.7-10.800/T$	B	31
	$\log[\mathrm{Nb}][\mathrm{N}]_{0.87}=2.86-7927/T$	A	24
Nb-C-N	$\log[\mathrm{Nb}][\mathrm{C}]_{0.24}[\mathrm{N}]_{0.85}=4.09-10.500/T$	—	28
	$\log[\mathrm{Nb}][\mathrm{N}]=4.2-10.000/T$	B	16
	$\log[\mathrm{Nb}][\mathrm{C}+12/14\mathrm{N}]=3.97-8800/T$	C	32
	$\log[\mathrm{Nb}][\mathrm{C}+\mathrm{N}]=1.54-5860/T$	B	16
	$\log[\mathrm{Nb}][\mathrm{C}]_{0.83}[\mathrm{N}]_{0.14}=4.46-9800/T$	B	16
	$\log[\mathrm{Nb}][\mathrm{C}+12/14\mathrm{N}]=2.26-6770/T$	C	30

3.2　γ 晶粒的粗化、细化和 NbC、Nb(C,N)溶解度的关系

3.2.1　γ 晶粒长大行为和 Gladman 公式

当存在 γ 相中第二相质点例如 Nb(C,N)的弥散分布时,新形成的奥氏体晶粒保持细小,在某温度下发生异常晶粒粗化。Gladman 证明存在一个临界条件。他用临界质点半径 r_{crit} 来定义这种条件,r_{crit} 表示能有效地抑制 γ 晶粒粗化的最大质点尺寸。当温度升高,质点尺寸超过 r_{crit} 时,晶粒异常长大。

Gladman 公式如下

$$r_{\text{crit}} = \frac{6R_0 f}{\pi}\left(\frac{3}{2} - \frac{2}{Z}\right)^{-1} \tag{3-1}$$

式中　R_0——基体的初始晶粒尺寸；

　　　f——质点的体积分数；

　　　Z——用于表明基体晶粒尺寸不均匀度。

从公式 3-1 可以看出：对于某些给定的均匀起始晶粒尺寸来说，r_{crit} 将是某个常数与这特定体积分数的乘积。因此，正是质点的体积分数影响了 r_{crit}。这个体积分数对应化合物的溶解度所定义的质量分数。当 $Z=1.5$ 时，(实际钢)质点尺寸、质点体积分数所规制的晶粒尺寸见图 3-1。当温度一定时，f 一定，质点尺寸随时间长大，而晶粒尺寸亦同步长大。这里要求质点长大速度越小越好，Nb 是抑制晶粒长大最有效的元素，见图 4-5。

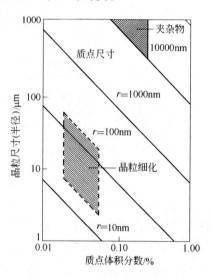

图 3-1　质点阻止晶粒长大的效果

3.2.2　热机械处理的再结晶行为

完全溶解的最低温度是溶度积的特征值，溶度积越大，该温度越高。试验钢的化学成分见表 3-2。

表 3-2　试验钢的成分

元　素	化 学 成 分 /%				
	E0	E1	E2	E3	E4
C	0.415	0.415	0.369	0.369	0.370
	(0.090)	(0.090)	(0.080)	(0.080)	(0.080)
Mn	1.503	1.503	1.483	4.453	1.445
	(1.490)	(1.490)	(1.470)	(1.440)	(1.430)
Nb		0.029	0.029	0.012	0.054

续表 3-2

元　素	化 学 成 分 /%				
	E0	E1	E2	E3	E4
Nb		(0.049)	(0.048)	(0.020)	(0.090)
N	0.032	0.032	0.095	0.032	0.032
	(0.008)	(0.008)	(0.024)	(0.008)	(0.008)

由表 3-1 公式计算表 3-2 成分所得的析出物平均溶解温度见表 3-3。

表 3-3　试验钢的溶解温度计算值(℃)

钢	Nb-C	Nb-N	Nb-C-N
E1	1114(59)	1112(75)	1188(53)
E2	1099(58)	1254(94)	1203(69)
E3	1112(75)	1038(73)	1081(41)
E4	1188(63)	1167(77)	1251(68)

注:括号中的值表示标准偏差。

钢 E1 的原始奥氏体晶粒尺寸与再加热温度的关系示于图 3-2。这一系列显微组织为马氏体,并且没有沿原始 γ 晶粒边界形成先共析铁素体的痕迹。其他钢也都呈现类似的显微组织。图 3-3 为各试验钢随再加热温度升高的整个晶粒粗化行为,普碳钢(E0)的晶粒粗化表现为正常晶粒粗化,其晶粒尺寸随着温度升高而有规律地增大,保持一致的正常分布,然而 4 种微合金化钢呈现出异常晶粒粗化,通常称之为二次再结晶。

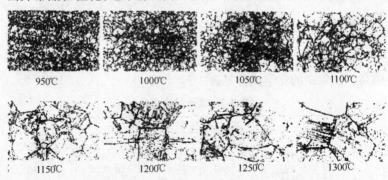

950℃　　　1000℃　　　1050℃　　　1100℃

1150℃　　　1200℃　　　1250℃　　　1300℃

图 3-2　钢 E1 在等温再加热至图中温度并淬火后的原始 γ 晶粒尺寸

(此钢的晶粒粗化温度为 1100℃)

如图 3-2 所示,钢 E1 在等温再加热至图中温度并淬火后的原始 γ 晶粒,1100℃ 以下为细晶粒区,1100℃ 为混晶,大于 1100℃ 为粗晶区。

因此,随着加热温度升高,固溶到 γ 中的 Nb、C 和 N 的量逐渐增加。其结果是可用于阻碍晶粒粗化的 Nb(C,N) 质点的体积分数降低。这种情况导致一些晶粒晶界"脱钉"而长大,靠消耗其他小晶粒而粗化,呈异常长大现象。超过混晶区后随温度升高晶粒粗化,这是正常晶粒粗化情况。

试验钢的晶粒粗化特征如图 3-3 所示。对于微合金化钢可以定出 3 个行为区域。随着温度升高,这些区域表示:(1)呈现正常晶粒粗化受到抑制的初始晶粒的单峰分布;(2)保留下来的原始晶粒和新的异常粗化晶粒的双峰分布;(3)呈现加速正常晶粒粗化的单峰分布的线性关系。因此,根据图 3-3 的曲线,可由第 2 个

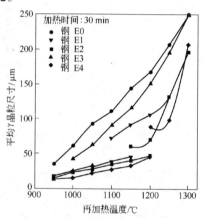

图 3-3　普碳钢和 Nb 微合金化钢的原始 γ 晶粒尺寸与再加热温度的关系

区域的起点确定异常晶粒粗化的开始和晶粒粗化温度 T_{GC}。在图 3-3 中,平均奥氏体晶粒直径不连续处出现的温度根据化学成分的不同而不同,这种双峰晶粒分布的温度可以在由 Nb、C、N 所决定的各自温度下发生。所以,可预计热力学最稳定的析出物与溶度积的大小相关,Nb、C、N 含量越高,T_{GC} 越高。因而,如图 3-3 所示,钢 E3、E1、E2 和 E4 的 T_{GC} 按升温顺序排列分别为 1000℃、1100℃、1150℃ 和 1200℃。

3.3　Nb、V、Ti 的溶度积和 NbC 析出动力学曲线

3.3.1　Nb、V、Ti 的碳化物和氮化物的溶度积曲线

Nb、V、Ti 的碳化物和氮化物的溶度积曲线如图 3-4 所示,可

见:(1)稳定性高的化合物位于左下;(2)铁素体中的溶度积比 γ 区的低 1 个数量级;(3)900℃时溶度积的突变是 $fcc \rightarrow bcc$ 转变的结果,此时,溶度积突然变小,可导致相间沉淀。

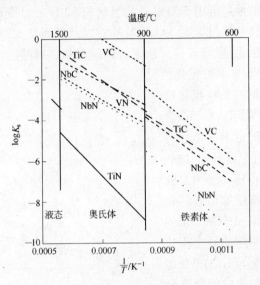

图 3-4   Nb、V、Ti 在 γ 区和 α 区的碳氮化物的溶度积

以 900℃ 为界,分为 γ 区和 α 区。TiN 的溶度积在高温区接近熔点而在 α 区没有溶度积,利用 TiN 强化 α 相没有意义。但是只有 TiN 对于改善热轧中厚板的焊接性能有独特的作用,NbN、NbC、TiC、VC、VN 在 γ 区具有可变化的溶度积,因而具有各自的热机械处理效果。TiC、VC、NbC、NbN 在 α 区仍是可利用的沉淀物,这些元素在低于 900℃ 具有"沉淀钉扎"和"固溶拖曳"作用。双相区的形变热处理可由它们主宰。

3.3.2   NbC 析出动力学曲线

NbC 沉淀最佳温度在 700~750℃ 间,"鼻子温度"随时间向低温侧移动,完成 50% 沉淀约需 30 s,而 100% 沉淀在 700℃ 时需 300 s,见图 3-5。0.27C-0.28Si-0.42Mn-0.24Nb 钢经 725℃、1 h

处理的 NbC 沉淀电子分析值见图 3-6。

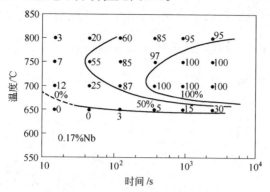

图 3-5　0.033C-0.26Si-0.42Mn-0.17Nb 钢 NbC 沉淀 TTT 图

（1250℃，γ化）

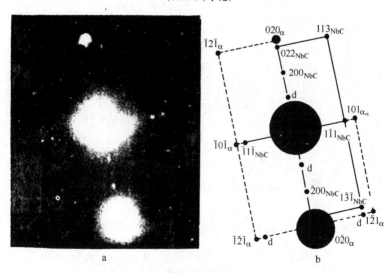

图 3-6　0.27C-0.28Si-0.42Mn-0.24Nb 钢经 725℃、

1 h 处理的 NbC 电子衍射分析值

a—NbC 与 α 基体关系的电子衍射谱；b—a 图的说明

　　NbC 与 α-Fe 的晶格常数差大，NbC 析出时共格畸变大，这是 NbC 沉淀强化强于 V、Ti 沉淀强化的原因。但在相同的高温回火条件下 NbC 较 VC 先失掉共格性,所以含 Nb 高强度钢高温回火处理后的抗氢致脆化比 V 钢好,而又不失去沉淀强化效果。

3.3.3 Mn 对 Nb(C,N)的 PTT 曲线的影响

Mn 对 Nb(C,N)的析出有延迟作用,加 Mn 使曲线向长时间侧推移,见图 3-7。

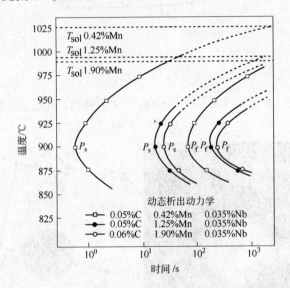

图 3-7 Nb(C,N)沉淀的典型曲线(PTT)以及 Mn 的影响
(此图对制订低 C-Mn 钢的 TMCP 工艺有用)

3.4 Nb 的阻止再结晶作用

3.4.1 推迟再结晶——溶质原子的拖曳作用

用溶度积所描述的平衡状态一般在热处理过程,如热变形工艺之前的均热过程中都可能达到。在钢中固溶的微合金化元素都有阻止与推迟再结晶作用。这种推迟作用随着元素的原子尺寸和铁原子尺寸之间的差别增大而增强,其中铌作用最大。溶质原子

拖曳作用有助于热机械轧制过程中的晶粒细化,原因为:

(1) 在道次间防止二次晶粒长大。

(2) 阻止再结晶。由于铌碳化物析出,整个再结晶的初始阶段就被阻止了。图 3-8 的研究结果证明了这一点。

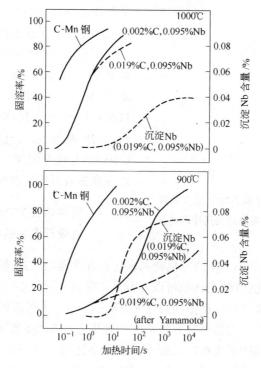

图 3-8 溶解和析出的铌对 γ 再结晶的拖曳作用

在热轧过程中,平衡状态是不可能达到的,因此在终轧温度下固溶体中保留下来的微合金化元素的数量要比依据溶度积计算得出的值大一些。

另外,微合金化元素溶质原子的拖曳作用推迟了 γ→α 相变。这种推迟作用在低碳贝氏体钢中,表现为针状贝氏体晶粒的进一步细化,从而可增加强度和韧性。但有大量粒状富碳贝氏体时,对钢的韧性有不良影响。

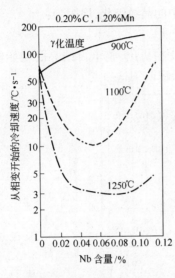

图 3-9　不同再加热温度铌钢中
形成铁素体的最高冷却速度

由于碳氮化物的析出有相反的、促进相变的作用,本来就复杂的情况变得更加复杂。如图 3-9 所示,在 900℃ 加热温度下存在的 NbC 质点由于奥氏体晶粒细化促进了铁素体的转变。

当在 1250℃ 奥氏体化时,相对高的铌含量(0.06%)将被溶解并阻止铁素体的转变。1100℃ 的中等奥氏体化温度曲线清楚地显示了已溶解的 0.03%Nb 的作用和具有较多的高铌含量残留析出物的作用。

3.4.2　各种碳氮化物的不同复合物形成后的密度调整

所有 Nb、V、Ti 的氮化物和碳化物都是面心立方,彼此可完全互溶。因此,其碳氮化物可以复合形态存在。

不同化合物具有不同的性能,图 3-10 对比了可能的 6 种纯化合物在室温下的晶格常数和密度。这些化合物大多数是在钢的固态阶段形成碳氮化物的。密度在微合金化钢中并不重要,但在高添加量的工具钢或耐磨铸铁中,要使它们均匀分布,则一次碳化物必须有与钢液相近的密度。在这种特殊情况下,已经证明,复合添加铌和钒可以生成一种密度约为 7 g/cm³ 的铌钒复合碳化物,这时对减少析出物的偏析密度就很重要了。直线中间点是设计密度的可选择的合适成分点。

3.4.3　Nb(C,N)对再结晶的钉扎作用

Nb(C,N)在滑移带上析出阻止了再结晶,这是 Nb(C,N)的钉扎作用,见图 3-11。

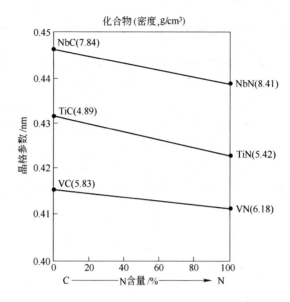

图 3-10 微合金碳化物和氮化物的特性

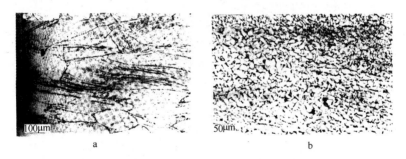

a   b

图 3-11 TMCP 与 Nb 微合金互动控制组织的作用

a—被 Nb(C,N)钉扎的非再结晶组织；

b—a 图中的组织发生 $\gamma \rightarrow \alpha$ 转变后的 F+P 组织

（示出 Nb 的细化晶粒作用）

钢中钉扎物和滑移线成为 $\gamma \rightarrow \alpha$ 相变的 α 生核位置，从而细化了相变后的组织。

3.5 Nb 在中、高碳钢中的溶解度

非调质化方法有两种:(1)贝氏体化。在热轧空冷后取得贝氏体组织,要根据生产线上的热处理工艺调整化学成分,在线冷却过程中发生贝氏体转变,或者是部分转变,抑制铁素体和珠光体转变,如低 C-Mn-Nb 或极低 C-Mn-Nb-Cu 钢已在大截面钢开发实用化了(见 10.6 节)。(2)微合金化。利用 Nb、V、Ti 微合金化和热机械处理相结合的方法,取得细晶粒组织和微合金元素的沉淀强化,本节主要内容是后者。碳含量对碳化物固溶温度的影响见图 3-12。

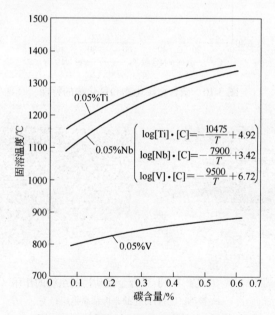

图 3-12   碳含量对碳化物固溶温度的影响

从图 3-12 可见,Ti 的固溶温度最高而 Nb 居中,V 居下。

Nb、Ti 在中高碳钢的溶解度相近,见图 3-12。图中曲线的数学式与溶度积公式对应。

TiC 的溶解温度最高,NbC 居中,VC 最低。它们的物理冶金作用

温度是良好的分工。Nb、Ti 中、高碳微合金钢可以在很高的温度下热
轧或热锻,晶粒不粗化。V 在 800℃ 以下具有强烈的沉淀强化作用。

3.6 Nb 对 0.1C-Mn 钢的 TTT 图的影响

Nb 对 0.1C-Mn 钢的 TTT 图的影响见图 3-13。

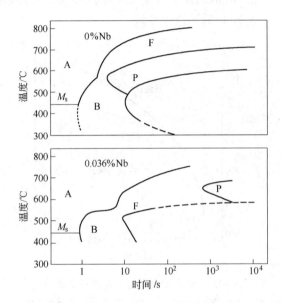

图 3-13 Nb 对 0.1C-Mn 钢的 TTT(1300℃)曲线的影响

Nb 对 0.1C-Mn 钢的等温度转变图的影响主要表现在推迟珠
光体转变,由无 Nb 钢的开始时间几秒推迟到 10^3 s 以上。

Nb 抑制了珠光体转变。如果生产线上从终轧开始 800～
500℃ 间的冷却时间少于珠光体转变临界时间,则热轧材易发生贝
氏体转变。对于 Nb 微合金化钢,采用普通轧制,往往出现贝氏体
和珠光体、铁素体混合组织。终轧温度越低,压下量越大,越能抑
制贝氏体的产生;加大 800～500℃ 间的冷却时间,可促使珠光体
转变充分。

3.7 Nb 对淬透性的影响及其相变组织

3.7.1 Nb 钢的淬透性

Nb 对 0.2C-1.2Mn 钢的淬透性的影响见图 3-14,淬透性与 γ 化温度有关,加 Nb 钢的淬透性与 Nb 存在形式有关,固溶 Nb 提高淬透性,形成 NbC 后淬透性变低。

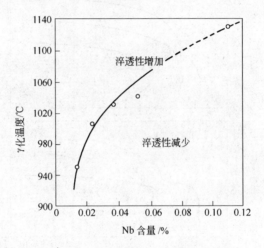

图 3-14   Nb 和 γ 化温度对淬透性的影响
(0.2C-1.2Mn 钢 γ 化时间 2 h,800～500℃ 的冷却速度 20℃/s)

图 3-15(和图 3-9 实质上相同,差在碳当量上,参看图 3-9)示出 γ 化温度引起碳当量的变化。

γ 化温度不同意味着 NbC、Nb(C,N)的析出、固溶组分不同,固溶温度越低则析出组分越多,固溶 Nb 越少,反之亦然。已知固溶 Nb 的拖曳作用抑制 γ+α 相变,而 NbC 可成 α 生核位置,所以 NbC 促进 γ+α 相变,这样两个相克的作用示出 Nb 对淬透性影响和临界冷却时间对铌钢的 F+P 转变的影响的复杂性。

γ 化温度升高,固溶 Nb 增加,淬透性增加,反之淬透性降低。另外,γ 化温度越低,则 NbC 越多,γ→α 转变所需临界时间越少。

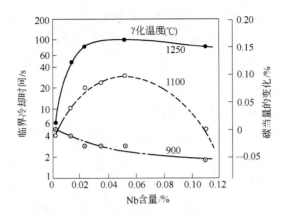

图 3-15 临界冷却时间(800~500℃),Nb 含量和 γ 化
温度对 F + P 转变的影响(0.2C-1.2Mn 钢)

3.7.2 Nb 钢的晶粒度对 Ar₃ 点的影响

晶粒越细化,淬透性
降低,这是形核率增高、
相变驱动力增加的结果,
并导致相变温度升高,见
图 3-16。

图中 Nb 降低了 Ar_3
点表明 Nb 有稳定 γ 作
用,抑制了 γ→α 相变,同
时表明该作用随 γ 晶粒
的长大其作用增强。在

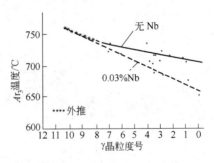

图 3-16 含 Nb 钢(0.18C-1.37Mn)的
Ar_3 和 γ 晶粒度的关系

均匀组织中粗晶 γ 需要更大的相变驱动力(和无 Nb 钢比),在有
粗晶混合组织中粗大 γ 易转变成贝氏体。这是在控轧控冷不适宜
时常出的问题。这是由于热轧过程中 γ 晶粒形变性质(再结晶与
非再结晶)和 γ 稳定性变化的结果。

3.7.3 热轧工艺对 Nb 钢的 Ar$_3$ 点的影响

热轧工艺对 Nb
钢 Ar$_3$ 点有显著影
响,见图 3-17。钢坯
1250℃加热使 NbC
完全溶解,在较低温
度下热轧,轧制温度
越低,压下量越大则
Ar$_3$ 点越高。这是由
于应变诱导 NbC 析

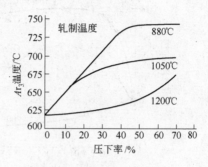

出使固溶铌减少和 γ 晶粒细化的综合作用的结果。

图 3-17 应变诱导析出 NbC 造成 Ar$_3$ 点升高
（轧制加热温度为 1250℃）

3.8 Nb 对 0.2%C 钢再结晶行为的影响

Nb 和加热温度对 30%热变形的 0.2%C 钢的 γ 再结晶动力
学的影响见图 3-18。

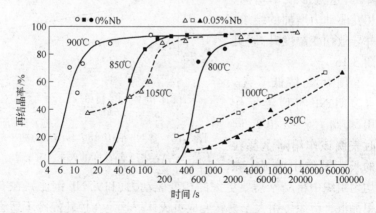

图 3-18 Nb 和加热温度对 30%热变形的 0.2%C
钢的 γ 再结晶动力学的影响

0.2%C 钢加 Nb(0.05%)推迟了再结晶,这是固溶 Nb 在高温度下拖延了晶界移动,而低温时 Nb(C,N)则把晶界锁定抑制再结晶,推迟效果在时间上延迟了 2 个数量级,这是再结晶和非再结晶控制轧制的再结晶动力学,对制定、热轧工艺很有意义。

3.9 Nb 的拖曳作用

Nb 的拖曳作用降低了 Ar_3,促进了下部组织的转变。

原奥氏体晶粒尺寸(100 μm)微合金化钢的 Ar_3 见图 3-19。

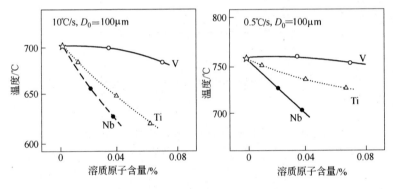

图 3-19 原奥氏体晶粒尺寸(100 μm)微合金化钢的 Ar_3

最近的研究指出,溶质 Nb 不仅改变相变温度,而且能提高淬透性,在高的冷速下,Nb 钢将产生更多低温转变产物,如针状铁素体、魏氏铁素体和贝氏体型铁素体。图 3-20 给出了这种效果的例子。

由图可见,Nb 对加速冷却钢中贝氏体和铁素体体积分数的影响最大,Ti 次之,最后是 V。Nb 显著提高了贝氏体的体积分数,同时细化了铁素体晶粒。

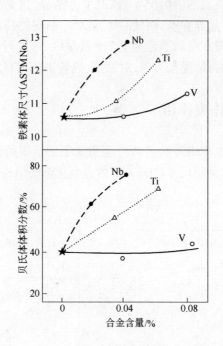

图 3-20   Nb、V 和 Ti 对加速冷却钢中的贝氏体
和铁素体的组分的影响

3.10   Nb、V、Ti 的强韧化效果

固溶状态的 Nb、Ti、V 不仅提高淬透性,同时提高贝氏体的体积分数并细化铁素体晶粒,因而对力学性能产生显著的影响,见图 3-21。Nb 同 V、Ti 比较,Nb,Ti 的强化效果高,低温韧性好。Nb 的这种优越效果,源于 Nb 起着提高淬透性和细化晶粒的作用。Nb 钢的下部组织中具有非常高的位错密度;微细化的低碳贝氏体、针状铁素体、魏氏铁素体、贝氏体型铁素体,是影响力学性能的重要因素。

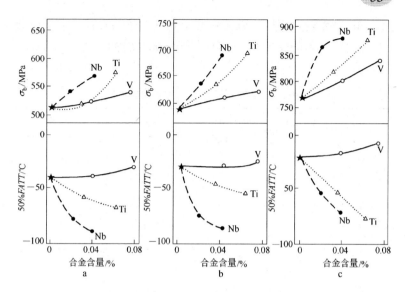

图 3-21 Nb、V 和 Ti 对抗拉强度和夏比 V 形冲击 50% *FATT* 的影响
a—空冷；b—加速冷却；c—控轧后直接淬火

3.11 Nb 钢的高温抗力

在 900℃下，变形量 $\varepsilon = 0.30$，变形速度为 $\dot{\varepsilon} = 21\ \mathrm{s}^{-1}$ 时的 Nb、Ti、V 微合金化元素含量对变形流变应力的影响见图 3-22。

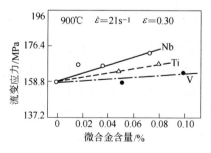

图 3-22 微合金化元素对热变形抗力的影响

由图可见，Nb 对热变形抗力的影响最大，Ti 次之，V 几乎没

有影响,研究表明这与溶质元素原子和铁原子的直径差有关。表 3-4 示出了元素的错配度与 900℃ 和 1000℃ 时的 $\sigma_{0.3}$、$\Delta\sigma_{0.3}/\sigma_{0.3}$ 的关系。

表 3-4　错配因子与应力增量间的关系

元　素	错配因子[①] /%	900℃ 时的 $\Delta\sigma_{0.3}$ /MPa·%$^{-1}$	$\Delta\sigma_{0.3}/\sigma_{0.3}$[②] /(%/%)	1000℃ 时的 $\Delta\sigma_{0.3}/\sigma_{0.3}$/(%/%)
硅	−10.0	5.88	3.8	8.3
锰	+5.9	3.234	2.1	5.3
铜	−0.88	0	0	
镍	−3.4	0	0	−0.1
铬	−3.1	2.842	1.8	2.1
钼	−5.7	33.32	21	13
铌	+11.0	323.4	210	
钒	+1.7	45.08	29	
钛	+12.3	98	63	

① Nb 的错配度为 +11.0,Ti 为 12.3,V 为 1.7。Nb 有强烈提高高温强度的作用。

② $\Delta\sigma_{0.3}$ 为变形 0.3 的强度增量。

3.12　Nb 钢的金相组织与轧制工艺

3.12.1　Nb 钢的热轧组织的变化及反常组织的遗传性

微合金化元素细化 γ 晶粒的作用是众所周知。但是如果生产工艺不正确,常常出现粗大 γ 晶或粗细晶粒的混晶现象。这种大晶粒在随后的再加热或非控制轧制可能产生魏氏体、粗大贝氏体这种反常组织。一些传统工艺生产的 20MnSiNb 钢筋出现贝氏体组织或混晶现象,均属此类问题。低温加热并低温开轧就能克服这种现象。图 3-23 示出低 C-Mn-Nb(0.03%Nb)钢的这种组织及其遗传性。图 3-23 中 a、d 列是非控制轧制,i 列是控制轧制时各个阶段的组织的变化(工艺参数:1250℃ 加热,高于 1050℃ 开轧,

850℃终轧)。初始 γ 晶粒如图 3-23a、e、i 所示。在随后的热加工即使在很大变形量下,魏氏体组织(或贝氏体)仍有痕量遗传,只有低温开轧的原 γ 细组织,没有反常现象,顺序细化到很细的 α+P 组织。反常组织出现时力学性能变坏,屈服点消失或抗拉强度降低。如果渗碳就会出现异常渗碳层等缺陷。

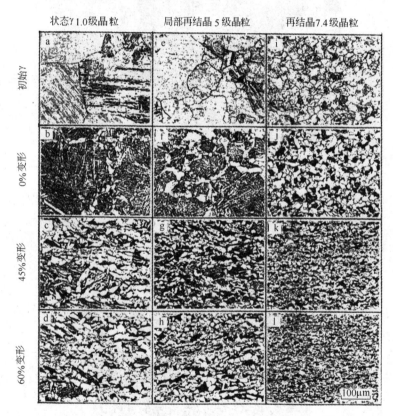

图 3-23　0.03%Nb 钢 1250℃加热、高于 1050℃开轧、850℃终轧的空冷组织

3.12.2　Nb 具有细化先共析铁素体晶粒的作用

Nb 对 α 在 γ 晶界在位生核的影响见图 3-24。

从图 3-24 可明显看出,Nb 钢(图 3-24a)的先共析 α 晶粒已被细化,而无 Nb 钢(图 3-24b)则为沿晶界的长条 α 相。NbC 在晶界析出增加形核率,促进先共析铁素体晶粒细化。

图 3-24　Nb 对 α 在 γ 晶界在位生核的影响(710℃、30 s 等温转变)

a—0.03%Nb 钢;b—0%Nb 钢

3.12.3　Nb(C,N)的相间沉淀

图 3-25 的组织形貌是典型的 Nb(C,N)的相间沉淀。

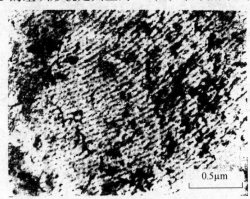

图 3-25　在 Fe-0.036Nb-0.09C-0.003B 合金中观察到的碳化铌粒子的相间沉淀

(1100℃ 奥氏体化 10 min 后,于 800℃ 等温转变 2 min)

当温度降低到 γ→α 相变温度如 800℃,等温 2 min,NbC 粒子在相界面上形成,其周围的 γ 相先贫碳,促进 α 向两个垂直方向(请参看文献[2]22 页)长大,同时碳原子向 γ 侧内富集,孕育新的 NbC 粒子形成,γ 贫碳……,如此下去,即形成微细的纤维状的 α 与碳化物相间沉淀。这种组织有强化能力,但对韧性不利。

3.12.4　Nb 的细化晶粒强化和沉淀强化

析出物的晶格常数直接影响析出强化引起的强度增量,下面将做详细讨论。

析出物的形核与其过饱和度及析出物所含元素的扩散速度有关。随着温度的降低,过饱和度增大,扩散速度降低,因此时间－温度－形核曲线通常遵循抛物线规律,在某一个温度下具有最短的时间,晶界形核先于在位错处的形核,更先于基体本身内的均匀形核。

析出反应的动力学遵循正常的形核、析出的 Ostwald 质点长大的顺序,可用 Avrami 公式描述。强度增量取决于析出物的数量和粒子尺寸两个因素,见图 3-26。

直径 1~2 nm 的析出物对析出强化是非常有效的质点,这样细小的质点界面与钢的基本是共格的,这是在 γ→α 相变时在铁素体相中形成的。温度的提高和冷却速度减慢使碳氮化物长大,并失掉共格性。这种"过时效"的质点由于其非共格特性和较大的质点尺寸,提高强度的效果相对要小。

除了未被溶解的质点,如 TiN,它可能有 1 μm 那么大,强化作用是有限的,在接近钢熔点形成的 TiN 其主要作用是细化原始 γ 组织,对厚断面材的韧性和焊接性能有利。

图 3-27 总结了微合金化元素 Ti、V、Nb 在铁素体中产生析出强化的潜力。它适用于碳含量范围很宽的低中碳钢,并且考虑了靠析出强化产生最大强度增量的热处理条件。共格质点和铁原子(0.28 nm)之间的晶格常数差别越大,在碳氮化物析出质点周围产生的应力场也越大。

微合金化元素的析出强化效果与其晶格常数大小有关。Nb 的作用是 V 的 2 倍,也比 Ti 大。

细化晶粒强化作用可用众所周知的 Hall-Petch 公式描述如下

$$\sigma_y = \sigma_0 + K_y d^{-\frac{1}{2}} \tag{3-2}$$

低碳钢的正火材则为

$$\sigma_y = 8.30 + 2.24w(\text{Mn}) + 6.0w(\text{Si}) + 2.24d^{-\frac{1}{2}} \tag{3-3}$$

$$\sigma_b = 23.15 + 2.63w(\text{Mn}) + 10.6w(\text{Si}) +$$

$$1.34d^{-\frac{1}{2}} + 0.36w(\text{珠光体}) \tag{3-4}$$

由此得出两个重要结论:(1)屈服强度与晶粒尺寸有关;(2)珠光体与屈服强度无关。即用碳含量提高珠光体量只能提高抗拉强度,不能提高屈服强度,但能提高强屈比,所以普通碳钢高强度化受屈服强度的阻碍,只有细化晶粒才能既提高抗拉强度,又提高屈服强度。

根据 Orowan 公式推导出 Nb 钢的沉淀强化的 Orowan 的表达式

$$\sigma_y = \frac{1420}{d}\left[w(\text{Nb})^{\frac{1}{3}} - 0.12\right] \tag{3-5}$$

析出物与基体的关系有两种,共格与非共格,非常细小的析出物共格析出,强化效果大,如公式 3-5 中 d 超过 20 nm 对强度的贡献就显得非常小,此时析出物已失去共格性。在任何情况下,质点间距离越小强化效果越大。位错绕过或切过析出质点,质点所受到阻力的大小可用 Hall-Petch 公式的另一形式表达

$$\sigma = K\lambda^{-\frac{1}{2}} \tag{3-6}$$

式中 λ——析出物质点间距离。

Nb 对屈服强度的影响见图 3-26,Nb、V、Ti 对屈服强度影响见图 3-27。

0.15%Nb 钢在 1010℃保温 15 minAC,在 γ 区的 Nb(C,N)沉淀见图3-28。

该 Nb(C,N)有强化基体的作用,但一般钢中没有这么高的 Nb

量,一般的微合金钢的 Nb(C,N)量很少,在 γ 区中的沉淀作用主要是阻止晶粒长大。在高强度钢中 Nb(C,N)有氢陷阱作用,在低碳耐蚀钢中 Nb 和 Cu 复合应用有提高耐工业水和海水腐蚀作用。

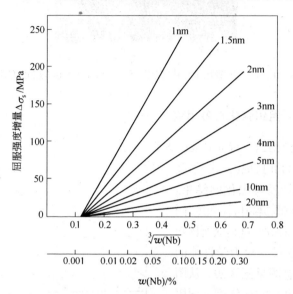

图 3-26 Nb 含量和 NbC 的质点尺寸对析出强化产生的屈服强度增量的影响

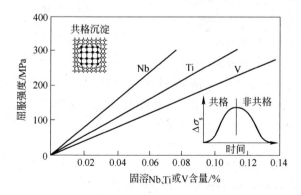

图 3-27 0.1%~0.5%C 钢析出强化产生的屈服强度增量
(1300℃ 均热,600℃ 等温处理达到最大强度增量)

图3-28　0.15%Nb钢在1010℃保温15 minAC,在γ区的Nb(C,N)沉淀

3.12.5　组织强化与多相钢

3.12.5.1　Hall-Petch公式

按 Hall-Petch 公式,强度的提高是晶粒细化的结果。细化晶粒既提高抗拉强度,同时又提高韧性,这是众所周知的。晶粒尺寸对力学性能的影响示意图见图3-29。从图3-29看出晶粒细化提高屈服强度的速度大于提高抗拉强度的速度,所以当晶粒强化到一定程度时屈强比接近1。这时材料塑性变形异常,塑性失稳,加工硬化率减少,屈服

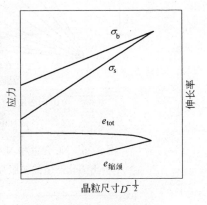

图3-29　晶粒尺寸对力学性能的影响示意图

的同时发生缩颈,所以靠细化晶粒提高强韧性,也就是超细晶钢在实际应用中,将出现很多困难。多相钢可以把强度的提高和加工性能统一起来,所以多相钢的发展备受重视。

3.12.5.2　多相钢的组织强化

由于高强度常常意味着成形性降低,因此近期的主要发展目标是提高高强度钢的成形性和强度的比。为了寻找这种成形性和强度的比值高的材料,材料科学发展了多相钢。多相钢强化示意图见图3-30。

多相组织钢的强度的提高是通过软组织中配合硬相达到的,双相钢(DP)组织为铁素体中含有约 20% 的马氏体相组成,它的发展是 TRIP 钢。TRIP 钢组织是铁素体、贝氏体基体中含有残余奥氏体,残余奥氏体在成形过程中转变成马氏体,马氏体转变使应变前沿

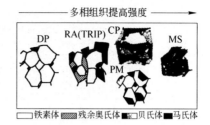

图 3-30　多相钢强化示意图

DP—双相钢;RA—残余奥氏体;
TRIP—相变诱导塑性钢;CP—复相钢;
PM—部分马氏体钢;MS—马氏体钢

变形部分发生应变诱导 γ→M 相变,进而使变形向软相区进展,即应变诱导塑性,即称 TRIP 钢。超过 800 MPa 级的高强度钢是复相钢(CP),含更多的硬相,析出相为更微细组织。再进一步发展便是部分马氏体钢(PM),含马氏体大于 20%。以马氏体为主、强度达到 1400 MPa 以上便是马氏体钢(MS)。

3.12.5.3　Nb 对双相钢晶粒的影响

根据冶金学原理细化晶粒有很多方法,如 TRIP 中的细小相或通过合金化细化双相钢(加 Nb),见图 3-31。Nb 细化晶粒到超细范畴。晶粒尺寸分布峰值因加 Nb 而向细晶方向移动,并加宽了细晶率范围。

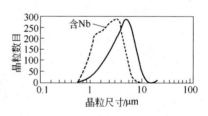

图 3-31　铌对热轧双相钢晶粒的影响

图 3-32 是已经实用化的纳米级 700 MPa 钢的生产工艺性能与组织。铌在这类钢中细化组织方面起了关键作用。

PAS700 的生产条件为:终轧温度 880℃,终冷温度 580℃,热轧件厚度 2.0 mm,组织为 100% 贝氏体,屈服强度 715 MPa,抗拉强度 760 MPa,伸长率 18%。

图 3-32　高强度钢的组织

3.12.5.4　复相钢的技术与成分设计

合金元素对 CCT 曲线的影响见图 3-33,不同的控制冷却工艺所获取的显微组织见图 3-34。

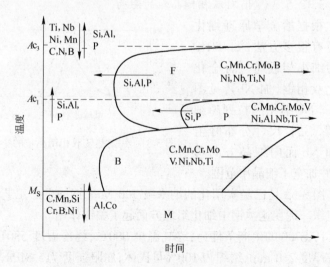

图 3-33　合金元素对 CCT 曲线的影响

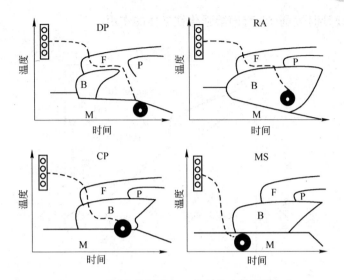

图 3-34   不同的控制冷却工艺所获取的显微组织

3.13   IF(无间隙)钢的成分设计和 Nb IF 化

3.13.1   IF 化极低 C、N 和微量 Nb、Ti 的溶度积

图 3-35 示出 $20 \times 10^{-4}\%$ C 和 $20 \times 10^{-4}\%$ N 加微量 Nb 或 Ti 的溶度积原理,这是设计 IF 钢的理论基础。关于 γ 晶粒调整、α 晶粒再结晶温度、晶粒长大的抑制机制及人工时效机制都可以从这个图上找到理论根据。

900℃左边为 γ 区,右边为 α 区。可以看到 TiN 最稳定,形成温度在高温段接近钢的溶点且溶度积最小,其次是 NbC,再次是 NbC、TiC。溶度积突变温度 900℃是 γ 与 α 的分界线。NbC、TiC 溶度积曲线大体上相近,但在 γ 区和 α 区两曲线发生反转。高温 γ 区 TiC 比 NbC 稳定,NbC 的热机械处理(TM)作用比 TiC 更优越。在低温 α 区 NbC 或 NbN 的沉淀强化比 TiC、TiN 更强。这一点可表现在 Nb – IF 钢的 $w(\mathrm{Nb}):w(\mathrm{C})$ 为欠比(NbC 的化学比不足)设计时,人工时效时残余 C、N 的析出硬化效应的应用之中;过比设计时过剩 Nb 有固溶强化铁素体的作用。

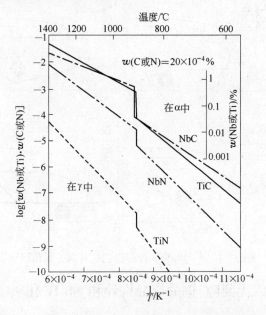

图 3-35　NbC、TiC、TiN、NbN 在 γ 和 α 中的溶度积原理

3.13.2　Nb、Ti 对 α-铁的再结晶的影响

按 Nb、Ti 的碳化物、氮化物的不同化学比,研究了 Nb 的化合物和固溶 Nb 对再结晶的影响,其中 Nb、Ti 的加入量为 $0 \sim 0.12\%$,结果见图 3-36~图 3-38。

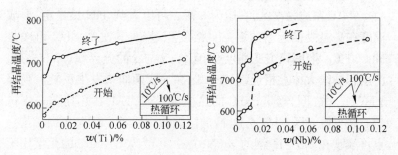

图 3-36　Ti 对 Ti 钢的再结晶温度的影响　图 3-37　Nb 对 Nb 钢再结晶温度的影响

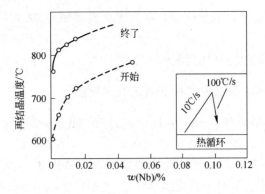

图 3-38　Nb 对 Nb-0.01 Ti 钢的再结晶温度的影响

比较图 3-36 和图 3-38 可以看出,0.02%Nb 把 Nb-0.01 Ti 钢的开始和终了再结晶温度提高约 100℃。0.05%Nb 提高幅度还要升高约 30~40℃。这是 NbC 的钉扎作用和固溶 Nb 对晶界拖曳综合作用结果。这一点从图 3-37 也可以看出,Nb 抑制再结晶比 Ti 强。

加热温度对超低碳 Nb 钢再结晶的影响见图 3-39。由图 3-39

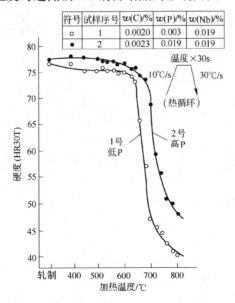

图 3-39　加热温度对超低碳 Nb 钢再结晶的影响

看出 P 有很强的强化作用。不管退火温度如何,高 P 的硬度总是位于低 P 之上。图 3-39 同时示出从 650~800℃ 完成了热轧态的再结晶。钢急剧软化到 HR30T50 以下。

3.13.3 不同微合金化极低碳钢的疲劳性能

图 3-40 示出 4 种不同化学成分对极低碳钢的抗疲劳性能的影响。加 Nb 钢大幅度提高疲劳性能。其中最优越的是极低碳 (Ti-Nb-B)钢。单 Ti 钢对疲劳性能的影响最低,甚至低于低碳钢。上述原因是 Nb、B 有强化晶界以及细化 γ 和 α 晶粒作用。

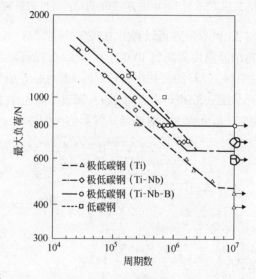

图 3-40 焊缝剪应变疲劳强度性能

3.13.4 IF 钢微合金化设计

3.13.4.1 IF 设计

按传统观念钢中加 Ti 是为固定钢中氮,改善焊接性能和抗应变时效性,并改善硫化物形态。但在 IF 钢中加 Ti 另有利用 H 相 $(Ti_4C_2S_2)$ 固定 C 的作用。

IF 钢加 Ti 再加 Nb 构成对 C、N 的双稳定化机制,IF 化的化学当量式见下式:

$$w(\mathrm{Ti}) = 3.42w(\mathrm{N}) + 1.5w(\mathrm{S}) + 4w(\mathrm{C}) \tag{3-7}$$

$$w(\mathrm{Nb}) = 7.74w(\mathrm{C}) \tag{3-8}$$

式 3-7、式 3-8 是化学当量比的 Ti、Nb 的加入量,为了特殊性能要求,有时需欠比量加入,有时需过比量加入。这样钢中:(1)有固溶的 C、N、Ti、Nb 时可提供沉淀强化;(2)只有固溶 Nb、B 等可强化晶界,提高强度和韧性;(3)只有 C、N 自由原子可提供应变时效和人工时效,如 BH(烘烤)效果以提高强度。式 3-7 中 Ti 除固定 N 外,还能转换硫化物形态,形成 H 相并能固定 C。

3.13.4.2 H 相稳定碳作用

当钢中有 Ti、S 时 9R(斜方六面体 TiS)－Ti 在约 900℃ 发生 H 相变,H 相变在高于 900℃ 时发生逆转变。H 相为 $\mathrm{Ti_4C_2S_2}$,有稳定碳的作用,在 Ti、Nb 双稳定化钢中可进一步促进 IF 化(如图 3-41 所示)。注意,900℃ 热过程是重要的,在冷却到 900℃ 时随着保温时间的延长,H 相增加到平衡态(100%),实现固定碳的作用;高于 900℃ 时,H 相就要溶解,而失去稳定碳的作用。另外,Nb 钢中加 Ti 可增加固溶 Nb,从而强化晶界,改善镀锌性能。

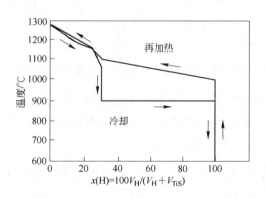

图 3-41　9R-TiS 与 H-$\mathrm{Ti_4C_2S_2}$ 间再加热和冷却转变的滞后

3.13.4.3 初始 C、N 冶炼

氧气顶吹或氧气底吹转炉只需 0.75 h,把 4%C 脱到 0.3%。
在脱 Si 后脱碳率与吹氧量有关,直到冶炼后期,当碳降到 0.3%
后,就要加大脱碳反应界面,需加强搅拌,可获得终点碳 0.04%。
为了达到 IF 钢的要求,在碳含量小于 0.05%时,需真空脱气,使
用 RH 工艺循环脱气,图 3-42 示出喷嘴尺寸对 RH 工艺脱碳效果
的影响。脱气后到浇注要有有效防止回 C、回 N 的严格措施,方
能达到 IF 钢的初始 C、N 的要求。

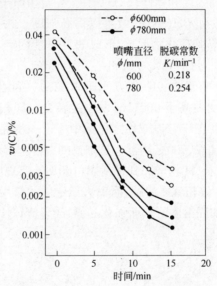

图 3-42 喷嘴尺寸对 RH 工艺脱碳效果的影响

浇注前采用化学冶金和合金化是必需的,加 Al 终脱气(镇
静),再按 IF 钢的种类和性能要求加入设计好的 Nb、Ti、B 等的合
金料,使钢中残余 C、N 稳定化。

3.14 各种间隙元素的难熔化合物在钢中的争先反应与溶度积

图 3-43 示出各种碳氮化物的溶度积,曲线的位置越低化合物

的稳定性越高,从高到低的稳定顺序为 TiN、BN,NbN 和 AlN 有交叉,VN、NbC、TiC、V_4C_3。每种化合物的溶度积都是随温度的升高而增大。多元微合金化钢中化学稳定性是个复杂的物理化学过程,单靠解溶度积公式设定边界条件计算(请参考谢菲尔大学专著)很烦琐,要定性地判断可看溶度积曲线的位置(高低和左右)。稳定性高的化合物,有争先反应优势。

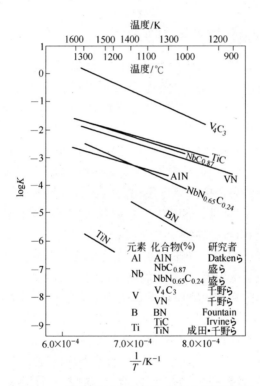

图 3-43 各种碳氮化物在奥氏体区的溶度积

同一合金系的两种化合物在某一温度下亚稳定的化合物可能被钢中的另一溶质原子所置换,发生物理冶金变化,因此不同的温度控制会导致不同的微合金化作用。多元微合金化设计必须注意这一点。

4 微合金化技术设计

4.1 微合金化技术和 TMCP

以 Nb、V、Ti 为代表的微合金化元素在钢中的固溶和析出,对在热加工时的变形晶粒的恢复、再结晶及其长大或加工后的冷却过程中的相变行为等冶金现象的动力学产生很大的影响,特别是对组织的控制,进而对材质的控制特别有效。特别是在 MT(微合金化技术)和 TMCP 技术并用的时候,再结晶和析出物互动产生细化晶粒效果、应变诱导析出、应变诱导相变及其随后的晶粒长大的快速抑制或完全抑制等作用;微合金元素,如 Nb、V、Ti、Al、B、Cu、Cr、Mo 等,特别是 Nb 的 N、C 的化合物或与其他微合金的复合化物,演示出各种独特的冶金效果。

微合金元素对 TMCP 的特性温度的提升与降低使 TMCP 技术向更高级层次发展,使材质的创新发生了革命性的变化。

微合金的溶度积原理是指导微合金化技术的基本原理,是提高 TMCP 效果,降低生产成本的内部因素。特别是在特殊钢生产中微合金元素在很多方面起到了现代冶炼技术、热加工技术、冷却控制技术难以达到的作用。特别是省略调质处理、球化退火、软化退火、抗焊缝性能蜕化、抗应变时效、抗氢脆高强度钢、沉淀强化、IF 化等方面以 Nb 为首的微合金化技术,推动新材料向更高性能发展。

TMCP 参数要依采用的微合金元素而定,微合金元素的应用要根据 TMCP 的能力而选择。两者不可盲目,这种表里统一、相辅相成的关系是开发新产品成功的关键。

4.2 非调质钢生产过程中的 TMCP 和合金化技术的互动关系

非调质钢生产工艺中的 TMCP 和微合金化的互动关系见表 4-1。

表 4-1 非调质钢生产过程中的微合金化和 TMCP 的互动关系

单元	冶金现象	微合金元素形态		TMCP及其他
铸造	凝固 碳氮化物析出	固溶	析出	凝固速度 冷却速度 装炉温度（HCR）
钢坯加热	γ晶粒长大 碳氮化物固溶			升温速度 加热温度 保温时间
热加工	恢复、再结晶（动、静） 晶粒长大 部分再结晶、未再结晶 碳氮化物应变诱导析出 变形带形成	应变诱导		道次温度　控轧温度 终轧温度 道次压下量　累积压下量 变形速度 道次间时间
冷却	相变 碳氮化物析出	相变诱导		冷却速度 控制冷却条件 （冷却开始、终点温度）

表 4-1 所示的非调质钢生产各工序中微合金元素的存在状态和物理冶金现象,与 TMCP 之间的互动关系是生产细晶粒钢的技术核心。从组织学看,在生产过程中非调质钢经过铸造、坯料加热、热加工和冷却工序,最终撤离生产线。前三个工序的作用是调制细晶组织,冷却是把这种高温组织状态保存下来及取得最终组织的方法。

非调质钢的强韧性由高温 γ 晶粒的细化及 γ 晶粒的细分化(直接淬火)以及 γ 晶界的纯净化控制,最终经过铸、轧、相变三代组织的优化并遗传到最终产品,才能在强度和韧性方面显现出优越的性能。

4.3 Nb、Ti、V 等微合金元素对 γ 晶粒的控制

4.3.1 加热温度对含 Nb 钢晶粒长大特性的影响

图 4-1 所示为加热温度对 γ 晶粒长大倾向的影响。不同元素、不同含量的曲线是不同的,但其共同的特点是都有细晶区、粗晶区和晶粒异常长大混晶区,而混晶区很小,在 T_{GC} 附近,斜划线所示。

根据 A. J. DeArdo 教授微合金化研究室最新研究,指出晶粒粗化温度 T_{GC} 与微合金碳氮化物的完全固溶最低温度 T_{ssi} 有如下关系:

$$T_{GC} = T_{ssi} - 125℃ \tag{4-1}$$

式中 T_{GC}——晶粒异常粗化温度;

T_{ssi}——析出物完全溶解温度。

高于和低于 T_{GC} 温度时晶粒呈正常长大;即随着加热温度的升高,γ 晶粒逐渐长大。

图 4-1 示出随 Nb 含量增加粗化温度升高,图 4-2 示出 Ti、Nb、Al、V 微合金钢的粗化温度是不同的,而且依次降低,而普碳钢则没有 γ 晶粒异常长大现象。

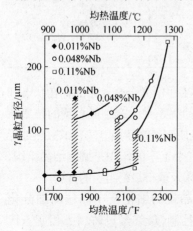

图 4-1 不同 Nb 含量钢的
奥氏体晶粒长大特性

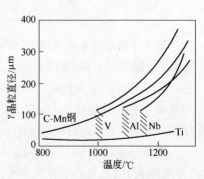

图 4-2 含不同微合金元素钢的
奥氏体晶粒长大特征

图 4-3 示出了微合金析出物 TiN、NbCN、AlN、VN 对晶粒粗化温度的影响。图 4-4 示出了不同析出物的粗化温度与固溶温度的关系。

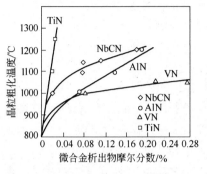
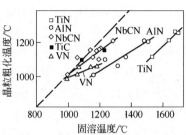

图 4-3　微合金析出物对晶粒
粗化温度的影响

图 4-4　固溶温度对晶粒
粗化温度的影响

4.3.2　加热时 γ 晶粒长大的数学式表达

γ 晶粒正常长大以 Zener 公式表达如下：

$$\overline{R}_\gamma = \beta \frac{r_p}{f_p} \tag{4-2}$$

$$\beta = \frac{4}{3} \text{ 或} \frac{4}{9}$$

微合金化钢在某一温度加热时的平均 γ 晶粒半径 $\overline{R}_\gamma(\mu m)$ 与沉淀粒子的半径 $r_p(\mu m)$ 成正比，与体积分数 f_p 成反比，单相钢比例常数 β 约为 4/3。如果以析出物的质点数表达，则 $\overline{R}_\gamma$ 与质点数成反比。晶界移动如果受到析出物的阻止，即所谓"钉扎"作用，或固溶 Nb、Mo 等表面活性元素对晶界的移动产生"拖曳"作用，都可延缓晶粒长大。

高温下钢中 α 相大于 10% 时 β 值取 4/9，可见第二相存在时有促进组织细化作用。

析出物抑制晶粒长大效果表明了它的高温稳定性，不同析出物的稳定性与其抑制长大的效果是一致的,以 TiN＞Nb(C, N)＞AlN≥VN 序降低,V 和 Al 的作用相同,TiN 最适于中厚板生产,而 Nb(C, N)的细化 γ 晶粒温度正处于热加工温度段,它的固溶与析出的多种冶金物理性能在较宽的温度范围有效。

式 4-2 是设计微合金钢的理论基础。

γ 晶粒异常长大的 Gladman 公式表达如下:

$$r_c = \frac{6R_o f}{\pi}\left(\frac{3}{2} - \frac{2}{Z}\right)^{-1} \qquad (4\text{-}3)$$

式 4-3 是式 4-2 的特殊式。式中,Z 为混晶比,表示晶粒尺寸的不均匀性;R_o 为平均 γ 晶粒半径;r_c 为临界析出粒子半径;f 为析出物体积分数。式 4-3 因子单位与式 4-2 相同。

当 $Z \geq 2$ 时,晶粒呈异常长大,$Z \leq 4/3$ 时,式 4-3 无意义。由于析出物在 T_{GC} 温度下开始溶解,一些晶界失去"钉扎"开始移动,特别是小晶粒,表面自由能大,更易向晶内方向移动,大晶粒靠消耗小晶粒而长大,在某一温度呈双峰(Z 值比)分布晶粒,这是由临界析出物的 r_c 决定的。上述式 4-1、式 4-2 在生产中的意义如下:(1)材料加热温度要避开 T_{GC} 区。如果误入此温度加热会造成严重的混晶或粗大化,下步工序是无法恢复的,以致遗留到最终产品组织中,影响各种应用性能。(2)如果所要求的力学性能侧重于强韧性,则再加热温度应低于 T_{GC};如果侧重强度,则再加热温度可高于 T_{GC},钢中有更多的固溶 Nb 提供沉淀强化。

特别注意,即便是粗轧也不能在 T_{GC} 温度下加热或均热。

4.3.3　析出粒子的奥斯特瓦尔德熟化(Ostwalld 熟化)

所谓奥斯特瓦尔德熟化是当温度一定、溶度积达到平衡时,开始熟化,即小粒子溶解,大粒子继续长大,结果阻止晶界移动,"钉扎"物粒子数减少,使一些晶粒自由长大。可见奥斯特瓦尔德熟化得越快,晶粒越易粗化。析出物越稳定,晶粒越不易长大。

奥斯特瓦尔德熟化条件下的颗粒长大受微合金元素的扩散控制,质点粗化的因子由 Wagner(1961)给出

$$r^3 - r_0^3 = \frac{8\sigma DCVt}{9RT} \tag{4-4}$$

式中,r 是在时间 t 时的质点尺寸;r_0 是 $t=0$ 时的原质点尺寸;σ 是质点和基体之间的界面能;D 是质点物质的扩散系数;C 是基体中的质点浓度;V 是质点的摩尔体积,R 是气体常数,T 是温度,K。

标志元素性质的是扩散系数 D,粒子长大后的 r^3 与 D、时间 t、元素的浓度 C 成正比,与加热温度成反比。D 是元素的特性因子,而 T、t 是工艺操作参数。以 Nb 为例,Nb 在铁素体相中的 $D_{\alpha,800℃}$ 比在奥氏体相中大 100 倍,即 $D_{\alpha,800℃}$ 比 $D_{\gamma,800℃}$ 大 100 倍,Nb 在 α-Fe 中可能的迁移距离按扩散速率推算:$v(Nb_{\alpha-Fe,800℃}) = 160\ nm/s = v(Nb_{\gamma-Fe,1100℃})$。Nb(C,N) 的形成由 C、N 扩散速率控制,但是 Nb(C,N) 粒子长大却由 Nb 的扩散控制,扩散 $\frac{1}{4}$ 晶粒(10 μm 直径)在 1100℃ 需 20～30 h(和 α-Fe 800℃ 时相当)。Nb(C,N) 的熟化和 Nb 钢晶粒长大倾向见图 4-5 a、b。这是现代钢 Nb 微合金化的理论基础之一。

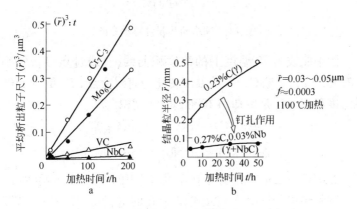

图 4-5 NbC 的熟化与 Nb 钢结晶粒子长大倾向
a—γ 中的碳化物粒子 Ostwalld 熟化;
b—Nb 钢结晶粒的长大倾向

4.4 溶度积和析出物的计算

按着溶度积原理,微合金元素的溶解度决定于温度和钢中的 C、N 的含量,而析出物的量决定于所在温度下的过饱和度,以 NbC 为例,计算方法简述如下。

在溶度积图上进行 Nb 微合金设计与估算,见图4-6。

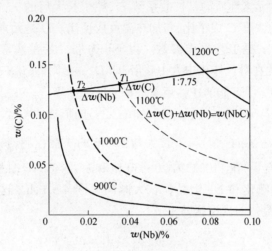

图 4-6   NbC 析出量计算示意图

图中曲线为 T 温度下的溶度积曲线;直线过点 T_1,斜率为 1:7.75;T_1、T_2 是 C、Nb 随温度变化与直线交点,T_1 是在 1100℃ 时溶度积点,T_2 是冷却到 1000℃ 时溶度积点。

$$\Delta w(C) = w(C_{T_1}) - w(C_{T_2})$$

$$\Delta w(Nb) = w(Nb_{T_1}) - w(Nb_{T_2})$$

$\Delta w(C) + \Delta w(Nb)$ 等于在温度 T_2 下的 NbC 析出量(%)。

图示结果与按溶度积公式和 NbC 的 $w(Nb):w(C)$ 公式联立求解是等效的。

即 $\log K_s = A - B/T$ (4-5)

$K_s = [Nb][C]$,A、B 为常数

$$w(\text{Nb}) : w(\text{C}) = 7.75 \qquad (4\text{-}6)$$

4.5 Nb 抑制再结晶效果最强

无再结晶抑制剂的钢的再结晶最高停止温度约在 750～800℃。各种微合金元素对这个温度(T_p)的影响见图 4-7。

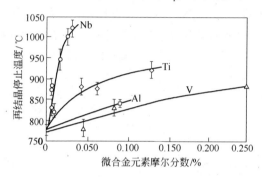

图 4-7 不同元素对再结晶停止温度的影响

由图 4-7 可见,V 的作用和 Al 相当,而 Ti 的作用可达 900℃。很显然,高高在上的 Nb 处于相对优势,把普通钢的再结晶停止温度提高到约 1000℃,Nb 的这一效果是 TMCP 发展的重要因素,是 Nb 把非调质钢生产技术推向现代的高水平。主要原因是 Nb 拓宽了非再结晶控轧温度区间,并把再结晶控轧温度推向更高温,为那些轧制力较小的加工设备开拓了生产空间。

4.5.1 固溶 Nb 的拖曳作用和 NbC 的钉扎作用

热机械处理(TMT)中 Nb 和 NbC 对细化 γ 晶粒的作用有怎样的行为,一直为冶金学者所关注。图 4-8 精确表达了固溶 Nb 和沉淀 NbC 对热加工后的回复与再结晶的影响。钢在高温时的软化率的测试采用了二步试验法(double hit test):第一步,测出某温度的 S-S 曲线,提供第二步试验的参考指标。第二步,先变形到设定的预变形量,保温一定时间再变形到保温前的预变形量,观察应力的变化,求出软化率(%)。图 4-8a 是碳含量极低(0.002％C)的情况下,变化 Nb 所得的不同软化率，w(Nb)/w(C)比为过化学比(NbC)。
图 4-8a 中随 Nb 含量的增加软化率曲线向长时间推移，可以认为是
由于固溶 Nb 的拖曳、晶界延缓回复与再结晶的结果。同样，图 4-8b
是 Nb(0.01%Nb)含量较高的情况下不同 C 含量时软化率的变化情
况，但 w(Nb)/w(C)比为欠化学比(NbC)。由图 4-8b 可见，由于
NbC 的析出进一步抑制了回复与再结晶。一般认为软化率低于
25%时，只有回复而没有再结晶。图 4-8 a 与 b 比较，可确认沉淀 Nb
阻止再结晶的作用强于固溶 Nb(见图中 0.171%Nb 和 0.019%C 的
软化率的变化)。

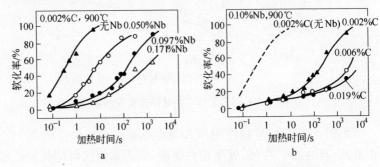

图 4-8　Nb、NbC 对静态再结晶与回复行为的影响
a—固溶 Nb 的拖曳作用；b—沉淀 Nb 的钉扎作用

4.5.2　γ晶粒的高温(HTP)调整

4.5.2.1　动态再结晶控制轧制工艺参数与 Nb 的关系

因为动态再结晶过程非常快，所以观察动态再结晶时用金相
方法捕捉再结晶信息，是很困难的。采用极快速的冷却得到原始
γ晶粒，是由不规则、多波折的锯齿晶界围起的不完整的γ晶粒。
动态再结晶的细化晶粒作用，通常采用热变形的应力-应变曲线进
行分析。

图 4-9 示出典型的铌钢在 1100℃下所具有的动态再结晶特性
的 S-S 曲线。应变起始阶段应力直线上升的同时伴随回复，当到
0.2~0.4 应变时达到饱和。低变形速率者如 $\dot{\varepsilon} = 2.1 \times 10^{-3}\,s^{-1}$ 较

早出现应力峰值,而且峰值随应变和 Nb 的增加而升高,过峰值后应力开始下降,预示了动态再结晶过程。随着 Nb 量的提高,在高速应力-应变区 Nb 有抑制动态再结晶作用。

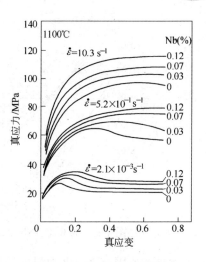

图4-9 Nb 对 S-S 曲线的影响

4.5.2.2 高淬透性钢非再结晶区奥氏体晶粒细分化技术原理

如果含 Nb 高淬透性钢在非再结晶区变形,在冷却过程中 γ 晶粒受到直接淬火,原 γ 晶粒被变形带或淬火孪晶线细分化成多个 γ 区,相变成马氏体亚结构,见图4-10。

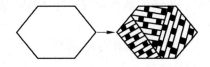

图 4-10 高淬透性钢经直接淬火从变形 γ 晶粒转变成马氏体

马氏体板块细化和位错亚结构被马氏体转变继承。

具有细分化的马氏体束、板条、高位错密度亚结构,有效改善了钢的强度和韧性的组合。

4.5.3 应变诱导析出

图 4-11 是有应变诱导析出的再结晶(R)-诱导析出-(P)温度-(T)时间-(S)曲线图。

图 4-11 中影线部示出由于变形引起再结晶行为向高温长时侧移动。0.019C-0.095Nb钢同0.002C-0.097Nb钢比,应变诱导

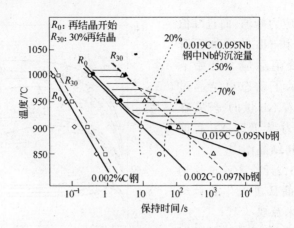

图 4-11   极低 C(-Nb)、C-Nb 钢的 RPTT 图

析出物具有比固溶 Nb 更为强烈的抑制再结晶的作用。固溶 Nb 推迟再结晶时间 1～2 数量级,而沉淀 Nb 推迟再结晶时间到 4 个数量级以上。

Nb 钢由于再结晶受到抑制,热轧过程中 γ 晶粒变成"铁饼"状,为 γ 再结晶提供更多的形核位置。Nb 的作用使 γ 晶粒变细,下式成立:

$$D_\gamma = C(10 S_V K_m \varepsilon Q)^{-1/3} \qquad (4\text{-}7)$$

式中 D_γ——γ 晶粒直径,cm;

$\quad\;Q$——轧制力函数;

$\quad\;S_V$——单位体积晶界面积,mm^{-1};

$\quad\;\varepsilon$——变形量,%;

$\quad\;K_m$——变形抗力,MPa;

$\quad\;C$——常数,Si-Mn 钢为 0.31,Nb 钢为 0.18,可见在同样
　　　　的工艺操作中,Nb 有细化晶粒作用。

由于微合金元素介入 TMCP 工程,再结晶行为、NbC 等的沉淀和固溶与 TMCP 互动作用,热机械处理产生微妙的变化。随着钢中 Nb 沉淀量的提高,再结晶温度升高并向长时间侧推移。固溶 Nb 只把再结晶时间后移,而不能提高再结晶温度。

4.6 合金元素对冷却中的相变的影响

根据相变热力学原理,相变温度越低,相变后 α 晶粒越细小。合金元素对相变的影响,作为冶金机制有两项:(1)合金元素在 α、γ 相中的固溶度差及合金元素在 γ/α 相间的不同分布;(2)在 γ/α 相界面上的偏析而产生的固溶 Nb 对相变的拖曳作用。

评价合金元素对相变的影响就看对 γ/α 界面的移动速度和易动度的影响。从图 4-12 可见,总的倾向是合金元素含量越高,相变所需要的驱动力越大,而相变速度下降,即越不易发生相变,这和淬透性的提高是一致的。根

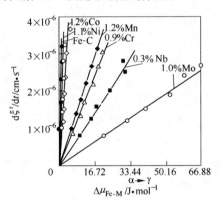

图 4-12 γ/α 相界面移动速度和驱动力的关系

据脱 C、渗 C 研究相界面的移动时指出,C 最容易在相界面上偏析,对相界面的移动产生很大的影响,特别是钢中加入 Nb、Mo 使 C 偏析加大,从而使 Nb、Mo 钢相变驱动力加大,则产生一定量的相界面移动,就需要更高的驱动力。这就是固溶 Nb、Mo 对相变的拖曳的本质。Nb、Mo 把相变速度与驱动力的关系曲线推向难以相变的方向。

4.7 合金元素对 γ/α 相界面易动度(λ)的影响

相界面易动度定义为单位驱动力(cal/mol)的相界面移动速度(cm/s)。Ni、Co、Mn、Cr、Mo、Nb 均降低晶界面易动度,效果依序降低,见图 4-13。Nb 的效果最小,Mo 次之。

Nb 对相变动力学的影响是降低 γ 区的 C 的扩散系数,其关系见下式:

$$D_{C_{Nb}}^{\gamma\alpha} = D_C^{\gamma\alpha} \cdot \exp[-38.3w(Nb)] \tag{4-8}$$

Nb、C 原子引力使 C 扩散变慢,高 Nb 钢 CCT 图见图 4-14。

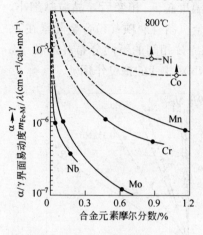

图 4-13　合金元素对 γ/α 相界

面的易动度的影响

(1 cal = 4.18 J)

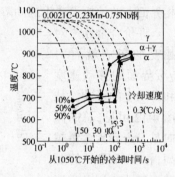

图 4-14　极低 C-Nb 钢的 CCT 图

5 控制轧制金属学

控制轧制工艺如图 5-1 所示,热加工温度分为 3 个区域:再结晶区域、非再结晶区和 γ+α 双相区。

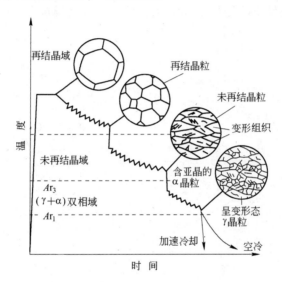

图 5-1 控轧控冷的 4 个阶段和组织状态

组织变化如图 5-1 所示,分 4 个步骤逐步细化,最终成为充满位错和变形带的双相组织,这种组织可遗传到相变后组织中,对钢的强韧性有利。终轧后加速冷却可获得贝氏体的组织强化作用。

5.1 再结晶控轧

高温 γ 晶粒受到热变形积蓄变形能,使变形了的 γ 晶粒可能发生恢复与再结晶。但是,变形的 γ 晶粒是否发生恢复与再结晶取决于钢的成分、变形温度,变形前的 γ 晶粒的大小,变形量的多少等多种因素。图 5-2 示出低碳锰钢以及 Nb 在热加工时对恢复与再结晶的影响。Nb（C，N）能抑制再结晶，使再结晶行为发生很大的变化，比较图 5-2 中左、右的再结晶及晶粒度可见加 0.03％Nb 钢在低温低变形区出现非再结晶区，在高温高变形区无 Nb 钢存在动态再结晶区，细化了 γ 晶粒。而加 Nb 钢由于在高温下固溶 Nb 的拖曳作用抑制了动态再结晶，因而无动态再结晶区。终轧道次变形量高的热轧可以在较高温度下停止静态再结晶。

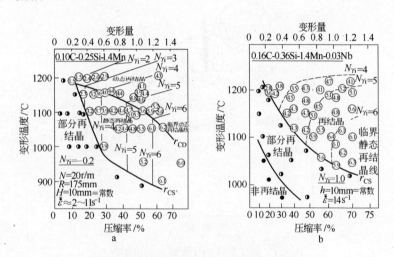

图 5-2　热轧 γ 晶粒温度－变形量－晶粒度图

a—Si-Mn 钢变形后 1s 淬火，原始 γN_γ0.2；

b—0.03％Nb 钢变形后 3s 淬火，原始 γN_γ1.0；

$N_{\gamma i}$—等晶粒度号；圈内数字为晶粒度号

5.2　动态再结晶

图 5-3 为 γ 晶粒组织。

动态再结晶粒度与热加条件的关系如下。

捕捉动态再结晶的组织用金相法是很困难的，一般是采用高温变形时的真应力－真应变曲线分析确定动态再结晶信息。应力

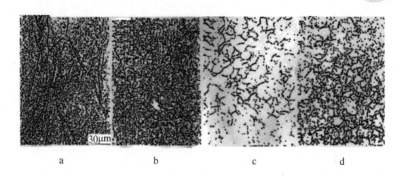

图 5-3 γ晶粒组织
a—非再结晶部分(仍保留有原γ晶变形态);b—静态再结晶
(变形γ晶粒与等轴γ晶粒);c—静态再结晶;d—动态再结晶

不随应变而增加时的加工硬化为再结晶软化相抵消，也就是说γ变形立即就发生了恢复与再结晶，没有时间差，或者在紧接着的下一道次变形前发生了再结晶，有时称稍有迟后的再结晶为亚动态再结晶。但是γ动态再结晶的晶粒度只取决于最后一道次的变形温度和变形速度，要想保存动态再结晶组织，需要轧后加速冷却。研究动态再结晶使用奥氏体钢为好。

非再结晶的γ呈"铁饼状"，静态再结晶的γ为等轴晶粒，动态再结晶也是等轴晶粒，但是晶界呈激烈的凹凸状。动态再结晶也是细化组织方法之一。动态再结晶的晶粒直径与Z参数的关系，如公式 5-1 所示。

$$d_d = AZ^{-P}$$

$$Z = \varepsilon \exp(-Q/RT) \tag{5-1}$$

式中，A、P、Q 是不同钢类的特征常数，见表 5-1 。d_d 为动态再结晶粒直径，μm；Z 为 Zene 参数，或称变形速度与变形温度的互补参数，即 Z 值的大小由 ε（变形速度）和 T（绝对温度）互补决定。动态再结晶的机理见图 5-4。

表 5-1　式 5-1 的 *A*、*P*、*Q* 值

钢　种	*A*	*P*	*Q*/kJ·mol^{-1}
碳钢、低合金钢	5×10^{-4}	0.30~0.35	230~280
铌　钢	2×10^{-6}	0.41	330
高合金钢	$10^{-5} \sim 10^{-6}$	0.35~0.40	330~370
18-8 不锈钢	4×10^{-7}	0.40	435

图 5-4a 为动态回复的应力－应变图,没有再结晶软化现象,变形晶粒动态回复。而图 5-4b 中当变形应力达到 0.7 峰值应力时开始了动态再结晶,随着变形量的增加再结晶的驱动力加大,过峰值应力后应力随应变的增加而迅速降低,这是动态再结晶的软化行为。

图 5-4b 表明了动态再结晶过程分为加工硬化Ⅰ区、动态再结晶发生Ⅱ区和动态再结晶稳定平衡Ⅲ区。

动态再结晶和动态回复同样是应力不随应变的变化而变化。图 5-5 示出的是动态再结晶与动态回复时的应力－应变曲线。

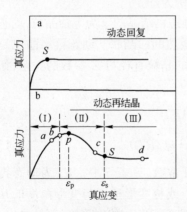

图 5-4　热加工的真应力－
真应变曲线

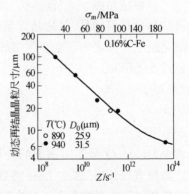

图 5-5　动态再结晶晶粒尺寸
与 *Z* 值关系

5.3 静态再结晶

5.3.1 铌钢静态再结晶的变形温度与变形量

铌钢静态再结晶(图中实线)是变形后经过潜伏期开始的再结晶的现象。本质上说同冷加工后再加热的再结晶一样。但其在控轧时高温潜伏期非常短,有时和动态再结晶难以区分。它们的差别是静态再结晶晶界凹凸程度轻些或者是平直晶界的等轴晶。对于静态再结晶一定的变形量(临界变形量)是必需的,见图 5-6。变形量与原 γ 晶粒尺寸有关。在温度一定的情况下,变形量小于临界变形量是不发生静态再结晶的,只有变形的回复现象。静态再结晶的温度越低所需要的临界变形量越大,而变形前的 γ 晶粒尺寸越小,所需要的临界变形量越小。

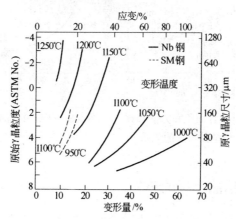

图 5-6 变形温度、变形量、变形前 γ 晶粒尺寸对静态再结晶的影响

C-Mn 钢总趋势和 Nb 钢一致,但变形温度变化引起的临界变形量变化变得非常敏感,在温度 1100～950℃间只有很小的变形量就可发生再结晶,见图 5-6 中虚线。

5.3.2 静态再结晶的形核和形核面积

一般说 γ 再结晶是在晶界上生核,生核密度 Q 与变形 γ 晶界

面积 S_V 呈线性关系,见图 5-7。

$S_V \cdot Q$ 实质上是轧机负荷,可测定(线负荷)。力学参数与再结晶 γ 尺寸有着严谨的线性关系:

$$S_V = [1.67(\varepsilon - 0.10) + 1.0](2/d_o) + 63(\varepsilon - 0.30) \quad (5\text{-}2)$$

式中,d_o 为原 γ 尺寸;ε 为变形量。式 5-2 中,d_o 与 S_V 有反比例关系,d_o 越小,S_V 值越高。Nb 钢变形量对 γ 晶粒尺寸的影响见图 5-8。

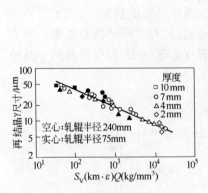

图 5-7　有效 γ 晶界面积和力学参数的乘积与 γ 再结晶尺寸的关系

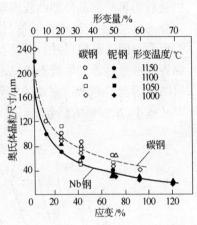

图 5-8　变形量对晶粒尺寸影响

5.4　非再结晶 γ 区的热轧

钢中的 Nb 把 Si-Mn 钢再结晶温度提高约 100℃,因而使非再结晶的热加工变得很容易。在非再结晶区的热加工过程中,在 γ 晶内产生大量的变形带。图 5-9 示出了当变形量大于 30% 时,变形带密度急剧增长,而且在非再结晶温度区与加工温度无关。不同温度轧制后变形带密度落在同一曲线上。

Nb 抑制再结晶效果最大,Ti、Al、V 依次减少,见图 4-7。另外,Mo 的抑制再结晶效果与 V 同,Mn、Ni、Cr 的效果小。

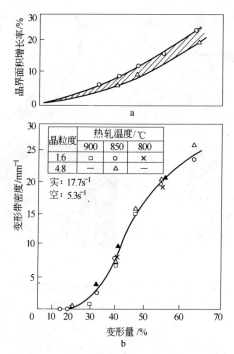

图 5-9　Nb 钢晶界面积增长率(a)、变形带密度(b)与变形量的关系

5.5　双相区轧制特性

　　双相区是最具魔力的超级钢生产温度段。在 Ar_3 点以下的 $\gamma + \alpha$ 双相区的特点是：(1)未转变 γ 进一步伸长化,从而进一步增加 $\gamma \rightarrow \alpha$ 相变核发生位置,提高了生核密度;(2)α 相经再次加工成变形 α,从而形成亚晶和再结晶回复组织。图 5-10 所示为 Nb 钢在双相区变形后的组织变化。

　　图 5-10a 表明 $\gamma \rightarrow \alpha$ 转变的 α 组织和变形了的 α 组织的混合组织,而变形 α 组织有回复现象,并形成位错胞和亚结构。图 5-10b,d 是图 5-10a、c 的放大。图 5-10c、d 是变形 30%,组织明显细化,铁素体并有应变诱导析出物 Nb(C,N),它起"钉扎"和稳定亚晶界的作用。随变形量的提高铁素体相的 {200} 映射密度同步发展,同时力学性能发生相应的变化,见图 5-11。双相区加工板材有分层

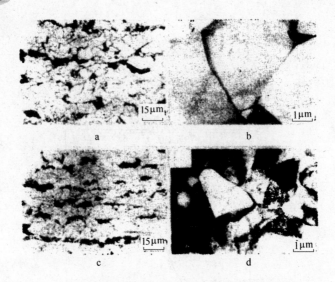

图 5-10 　Nb 钢双相区轧制的组织细化作用

a、b—0％变形；c、d—30％变形

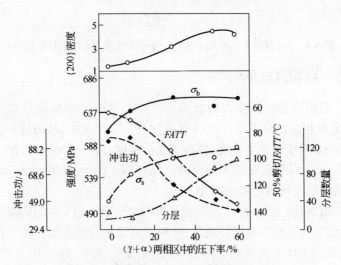

图 5-11 　铌钢双相热加工的｛200｝映射密度、

力学性能的变化同变形量的关系

（1020℃,62.5％变形→850℃,50％变形→710℃变形（田中等））

现象,而且分层数同｛200｝密度完全一致。另外在双相区中的 α 受到加工后,织构发展是变形程度如何的标志。

因为 α 相的再结晶温度低于相变温度,所以仍需加速冷却,以抑制 α 晶粒长大行为。

5.6 含 Nb 中高碳棒线材热加工时组织的变化

C、Nb 对中高碳钢再结晶时临界变形量的影响示于图 5-12。C 对 Nb 钢(0.2%～0.8%C)的再结晶的临界变形量影响不敏感。随着 C 含量的增加 Nb 钢的临界变形量有下降趋势。本质上说 C 对再结晶行为的影响是微弱的。

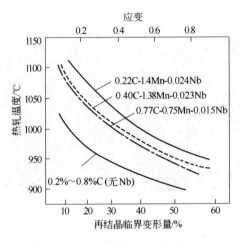

图 5-12 C、Nb 对再结晶临界变形的影响

一般说钢中 Mn 少时铁素体量增多,同样 C 多时铁素体量减少,这已是众所周知的。钢中加 Nb 并不影响热轧态的铁素体含量的变化,但却显著影响它的形貌与分布,见图 5-13 和图 5-14。加 Nb 钢控制轧制的组织与图 5-13b 和图 5-14a 相比有明显差别。

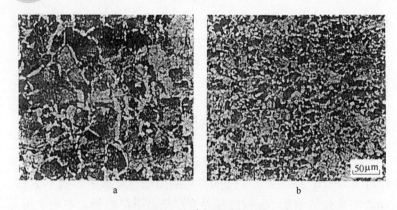

图 5-13   0.43C-1.4Mn 钢
a—普通热轧；b—控制轧制：870℃，75%

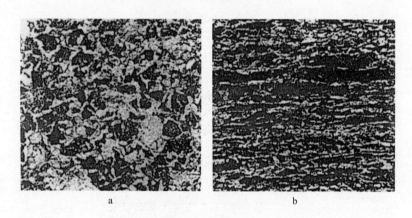

图 5-14   0.4C-1.38Mn-0.023Nb 钢
a—普通热轧；b—控制轧制，870℃，75%

　　控制轧制与普通热轧相比，明显细化了组织。而 Nb 钢组织有明显的方向性，这是在非再结晶区轧制时 NbC 抑制再结晶的结果。同样是 870℃ 热轧，对无 Nb 钢而言是再结晶轧制，Nb 钢则是非再结晶轧制。

　　高速线材轧机，可适于动态再结晶轧制，动态再结晶粒度与 Zener-Hollomn 参数 Z 的关系示于图 5-15，表达于公式 5-3，和公式 5-1 不同,公式 5-3 专指用于中厚板。图 5-16 是不同工艺参数下的动态再结晶 Z 与晶粒尺寸的关系。

$$N_\gamma = 1.8\log Z - 15.6(\pm 1.3)$$

$$Z = \dot{\varepsilon}\exp(E/RT) \tag{5-3}$$

式中 N_γ——γ 晶粒度号。

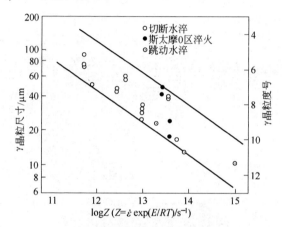

图 5-15 高速线材动态再结晶时 Z 参数与 γ 晶粒尺寸的关系

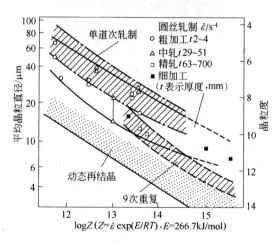

图 5-16 不同 Z 参数与平均晶粒尺寸的关系

5.7 固溶 Nb 对铁素体再结晶的抑制

试样为纯铁＋Nb,所以 Nb 是固溶状态。铌在铁素体中的扩散速度比在 γ 区快 100 倍,而再结晶发生温度比 γ→α 相变温度低,而且 α 铁素体再结晶程度一向被用作衡量铁素体变形程度的标志。纯铁再结晶极快并迅速长大,加 0.18％Mo 有抑制再结晶的作用,而加 0.09％Nb 就能完全抑制再结晶。图 5-17 示出了各种试样 725℃、75％变形并保温 100 s 后的再结晶行为。

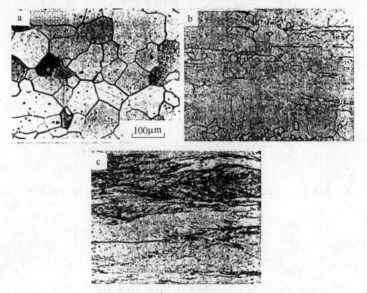

图 5-17   各种试样 725℃、75％变形并保温 100 s 后的再结晶
a—纯铁;b—Fe-0.18Mo;c—Fe-0.09Nb

图 5-18 示出 Nb、Mo 对 α-Fe 再结晶的动力学与热力学的影响差别。两者差别是 Nb 与 Mo 相比推迟再结晶时间(s)2 个数量级,650℃ Nb 完全抑制了再结晶,而 Mo 还需 100 s 就完成了再结晶过程。

图 5-19 示出了 Nb 在再结晶过程中对组织的影响。10 s 时是回复阶段;1000 s 发生再结晶,并且部分粗大化,虚线弧示出基体与粗大化的界面。

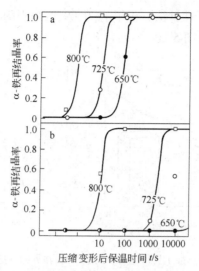

图 5-18　Fe-0.18Mo(a)和 Fe-0.09Nb(b)的再结晶行为
（75％压缩变形并保温）

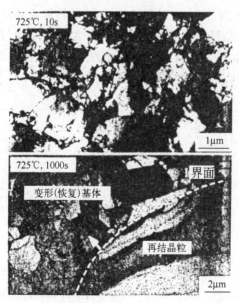

图 5-19　Fe-0.09Nb 合金的 725℃、75％变形并保温 10 s
和 1000 s 的回复与再结晶

丸山用原子探针法分析了 Fe-0.09Nb 钢中的 Nb 对晶界的拖曳作用,结果见图 5-20。

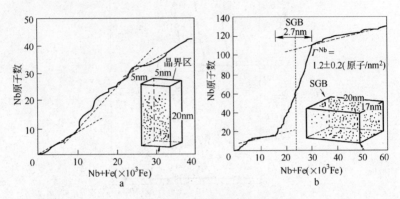

图 5-20　热加工后保温 100 s 后的 Nb 在界面处的立体分布

a—晶界;b—亚晶界

图 5-20、图 5-21 是对图 5-19 中的晶界和亚晶界的原子扫描结果,表明亚晶界在宽度 2.7 nm 内 Nb 原子分布为 (1.2 ± 0.2) 原子/nm^2,而晶界为 (1.1 ± 0.2) 原子/nm^2,说明亚晶界形成时 Nb 的偏析度更高,并且阻止了亚晶界的回复。

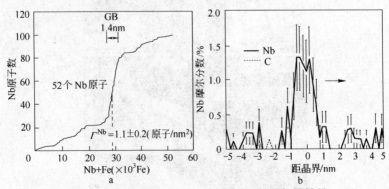

图 5-21　Fe-0.09 Nb 钢 750℃、1000 s 晶界扫描结果

a—Nb + Fe($\times10^3$Fe);b—晶界区的 Nb 分布

5.8 珠光体转变生核顺序

试样 SKD6 高碳工具钢,1100℃加热,30％变形,715℃保温 30 min,共析转变见图 5-22。

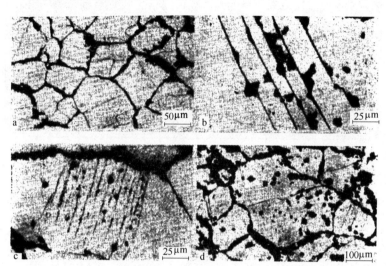

图 5-22 变形工具钢中观察到的珠光体不同类型成核地点的光学照片
a—在晶界成核;b—在退火孪晶成核;
c—在变形带上成核;d—在晶粒内部成核

图 5-22 表明非再结晶轧制变形 30％的工具钢中,珠光体相变的成核地点不同:(1)相变初期,珠光体优先于晶界成核;(2)随着变形的进行,珠光体在退火孪晶界和 γ 晶界处均发生成核;(3)珠光体于变形带上成核;(4)珠光体于晶粒内部成核。

5.9 快速冷却超细组织的形成

在含 Nb 高强度油井管的研究抗硫化物应力开裂(SSC)机理时发现加 Nb 的 Cr-Mo 钢在热加工后加速冷却可获得超细组织,见图 5-23。这种组织对抗 SSC 性能有利,钢的化学成分见表 5-2。

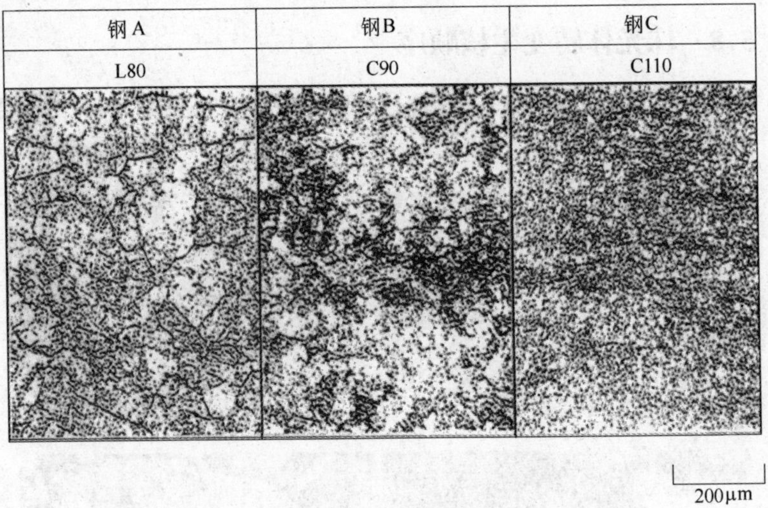

钢 A	钢 B	钢 C
L80	C90	C110

200μm

图 5-23　加速冷却对晶粒尺寸的影响

表 5-2　试验钢的化学成分(%)与轧后冷却方式

钢	C	Mn	Cr	Mo	Nb	轧后冷却方式
A	0.25	1.16				正常冷却
B	0.27	0.62	1.01	0.24	0.034	正常冷却
C	0.26	0.52	0.94	0.47	0.027	加速冷却

6 形变热处理技术

6.1 棒线材的特性和形变热处理

    TMCP 的 4 项基本物理冶金原理为:(1)动态再结晶的热轧以获得初始 γ 晶粒的细化;(2)再结晶控制轧制使 γ 晶粒进一步细化;(3)非再结晶控轧以积累变形量,加大 α 形核面积,驱动 γ→α 相变,达到最终细化晶粒 α 的目标值;(4)形变热处理。上述(1)、(2)、(3)项结果可导致钢的晶粒细化和超细化。而形变热处理应是广义 TMCP 中的一种,可代替普通再加热处理,是一种节能且优化性能的不可逆的热处理方式。形变热处理可得一系列衍生的冶金效果与性能。按形变热处理的类别可得如表 6-1 所示的棒线生产与应用特性。从表 6-1 可浏览现代棒线材生产技术与材质控制基本概貌。

表 6-1　形变热处理的目的与方法总表

序号	目　的	轧制工艺	冷却控制	组织和材质的目标
1	防止晶粒粗大化	低温轧制	空　冷	防止温度升高
2	省略退火	低温轧制	空　冷	低强度化(碳钢,渗碳钢)
3	省略淬火,回火	低温轧制	空　冷	细化晶粒,改善韧性(碳钢等)
4	压延材软化	普通轧制	缓　冷	F+粗大碳化物(软钢线材)
5	省略软化退火	低温精轧	缓　冷	F+P(冷锻用钢)
6	省略球化退火	低温精轧	调整急冷	微细 P(F)(冷锻用钢)
7	省略球化退火	双相区轧制	急冷+缓冷	球状碳化物均匀(冷锻用钢)
8	直接铅浴	比较高的高温终轧	调整急冷	微细 P
9	双相组织钢	低温轧制	急　冷	M+F
10	非调质高强度钢	普通或低温轧制	调整急冷	微细 F+微细碳化物
11	直接淬火	高温轧制	急　冷	M+B
12	直接淬火回火	高温轧制	急冷+空冷	淬火+自回火

注:4 号以下在终轧材出处有后续设备以控制冷却速度。

6.2　二次加工用棒线材生产工艺概略（大城 CAMP-ISIJ1995.2）

图 6-1 是棒钢的控轧控冷工艺示意图。每个钢种的相变点均需实测值。

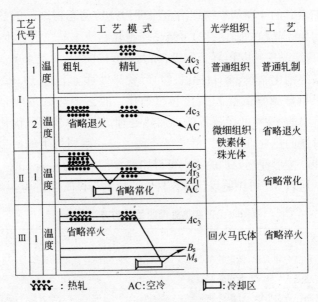

图 6-1　棒钢的控轧控冷工艺

Ⅰ—1:普通轧制,Ⅰ—2:Ac_3 点上轧制得微细 F+P 组织;

Ⅱ—利用水冷带,控制终轧温度在 Ar_3 轧后空冷;

Ⅲ—利用水冷带冷却到 M_s 点以下得 M 组织

6.3　棒线材生产线后续冷却设备及冷却速度

控制冷却速度的目的在于控制最终组织的性质以及最终的力学性能。不同的冷却设备、冷却介质和冷却速度见图 6-2。

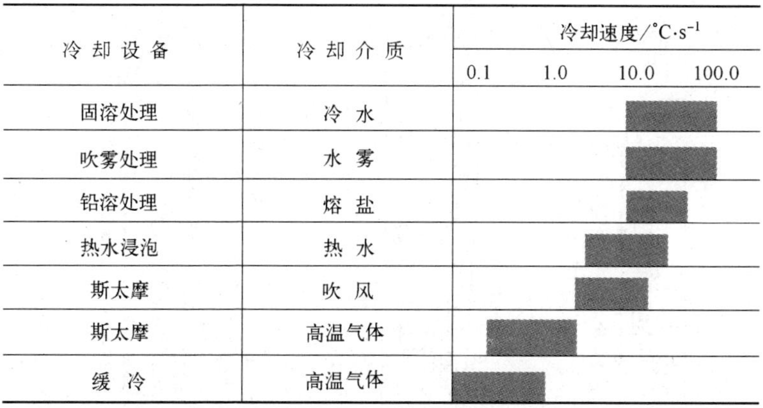

冷 却 设 备	冷 却 介 质	冷却速度/°C·s⁻¹			
		0.1	1.0	10.0	100.0
固溶处理	冷 水				
吹雾处理	水 雾				
铅溶处理	熔 盐				
热水浸泡	热 水				
斯太摩	吹 风				
斯太摩	高温气体				
缓 冷	高温气体				

图 6-2 冷却设备与冷却介质可得不同的冷却速度

不同的控轧控冷工艺组合可得如表 6-1 所示的最终组织。后续冷却设备见图 6-3。

这些冷却速度控制原理与实例,可供相关企业设备改造与设置时参考。棒线材的形变热处理与冷却控制是密不可分的。

(1)高速线材生产线。高速线材生产工艺流程由于变形速度大,整个变形过程近于绝热过程,特别是最后的终轧,速度快,变形量大,有升温现象,轧件温度几乎回升到开轧时水平。所以冷却控制十分重要。

图 6-4 示出高速线材轧机生产普通线材时典型热曲线。采用 TMCP 和控制冷却工艺开发现代高附加值、高性能新产品是高速线材生产线的设计初衷。

(2)棒钢轧制和晶粒尺寸分布。钢的 γ 晶粒与变形方式有关,如变形不均匀则 γ 晶粒尺寸分布亦不均匀。二辊轧机与三辊轧机热机械处理后的 45 号钢 γ 晶粒的断面分布见图 6-5。三辊轧机轧制后的 γ 晶粒中心较粗而表面较细,不同方向呈不均匀对称分布,见图 6-5 左;二辊轧制则中心细晶,表面较粗且亦不均匀对称分布,见图 6-5 右。如果加入 Nb、Ti、V 微合金化和控轧技术就可改善这一现象。

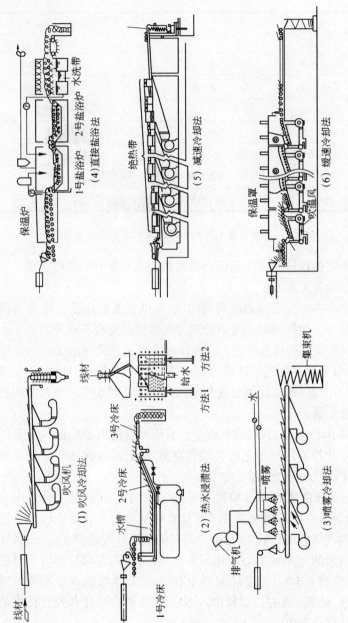

图6-3 线材生产线的后续冷却设备

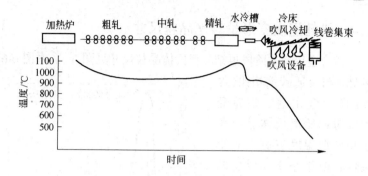

图 6-4 线材轧制温度曲线

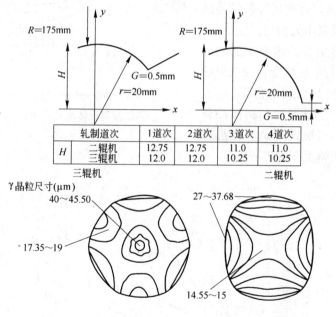

轧制道次		1道次	2道次	3道次	4道次
H	二辊机	12.75	12.75	11.0	11.0
	三辊机	12.0	12.0	10.25	10.25

图 6-5 二辊和三辊轧机轧制圆钢的晶粒尺寸分布

4道次轧后棒钢 γ 晶粒直径分布

(45C 钢初始晶粒尺寸 80 μm,

1000℃初始直径 φ30 mm)

6.4　热轧道次变形量与γ晶粒尺寸

微合金钢粗轧阶段再结晶奥氏体晶粒尺寸见图6-6。由图6-6

可见,与普通碳钢相比,含Nb微合金化钢的临界变形量对初始奥氏体晶粒大小和变形温度有更大的相关性。由于小于临界变形量的变形引起应变诱发晶界迁移,导致粗晶粒的形成,所以在奥氏体再结晶区一般采用大的道次变形量,以增加奥氏体再结晶的形核率,阻止应变诱发晶界的迁移,从而细化晶粒。

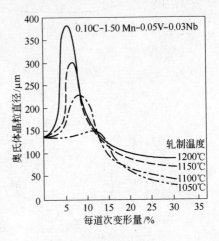

图 6-6　微合金钢粗轧阶段
再结晶奥氏体晶粒尺寸

变形温度和初始晶粒大小对奥氏体临界变形量的影响见图6-7。

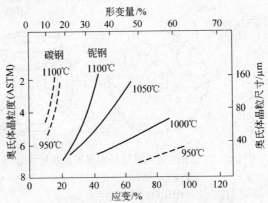

图 6-7　变形温度和初始晶粒大小对奥氏体
临界变形量的影响

在奥氏体非再结晶区也应尽可能采用大的道次变形量,以增加变形带,为 α 形核创造有利条件。图 6-8 表明,当变形量为 65% 时,可以获得高的屈服强度;变形量从 21% 增至 62.5%,屈服强度可增加 39 MPa。相对而言,变形量的影响效果较大,变形温度的效果较小。

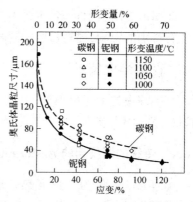

图 6-8　变形量对晶粒大小的影响

6.5　热轧条件对力学性能的影响

轧制温度与 Nb 对力学性能的影响见图 6-9。

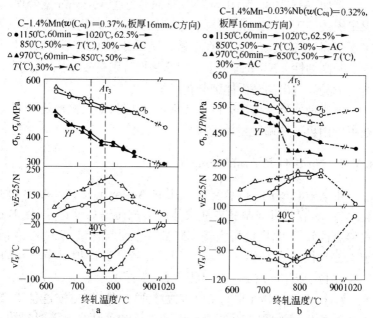

图 6-9　轧制温度与 Nb 对力学性能的影响
a—无 Nb 的 C-Mn 钢的热轧条件和力学性能;
b—加 Nb 的 C-Mn 钢的热轧条件与力学性能

此图被文献引用较多,主要因为 Nb 钢在双相区轧制,对力学性能有特别的影响,提高强度的同时改善韧性。

6.6 直接淬火技术

直接淬火技术起源很早,但至今仍未整理清晰。本节从两方面讨论直接淬火技术。

6.6.1 传统的调质钢的 Ausforming 奥氏体形变热处理技术利用

Ausforming 意为 γ 形变热处理或者称之为 TMT 热机械处理。在亚稳 γ 区使 γ 变形产生滑移带在不同的易滑移方向把原 γ 晶粒分割成多个称之为亚结构的细分区(成为马氏体转变后的马氏体板条束),而亚结构由板条组成,条内又有不同方向的位错线。γ 如此细分化后的组织对淬火后的性能改善益处很大。

例如,AISI4340 钢(0.4C-Ni-Cr-Mo)经过 Ausforming 处理,高温组织被马氏体所继承,这样的组织回火后的碳化物的析出位置密度很高(不像传统工艺只在原始 γ 界析出,对韧性不利),产生高强度和高韧性。Nb 处理调质钢提高韧性特别有效,对于高纯净钢可得无晶界析出的马氏体细分化组织。

这类钢如果直接淬火没有达到预期效果,如热机械处理失败,还可以用再加热调质处理法补救。

6.6.2 Nb-B-Ti 系 Ausforming 钢

本文中有多例 Nb-B 复合应用的 Ausforming 钢,Nb、B 可强化晶界,固溶 B 可抑制晶界铁素体的形成而提高淬透性,用 B 提高淬透性效果大,因此可大幅度降低合金元素含量,成为经济钢,但 B 必须固溶在晶界。Ti 的作用是在较高温度把钢中 N(形成 TiN)消除,避免形成 BN 把 B 损失掉,为此钢中常常加 Ti 以稳定 N。另外,在 TMT 处理时 B 可能偏离原 γ 晶界,对淬透性失效。上述 B 的作用如图 6-10 所示。刚加工后和再结晶完了时对淬透性贡献最大(图 6-10 中 I 和 III),其他两种情况失效。

这种直接淬火钢的化学成分与传统钢差别很大，甚至是全新的。

这种钢和第一种钢比较经济，且应用很广，技术含量高，其最大的特点是当 TMT 工艺失败时，不可能用传统的再加热淬火回火进行补救。一般，不改变部件尺寸也无法再次进行热机械处理。

直接淬火工艺和 TM-CP 工艺比较如图 6-11 所示，而直接淬火钢的微细化组织如图 6-12 所示。

具有细分化的马氏体束、板条、高位错密度亚结构，有效改善了钢的强度和韧性的组合。

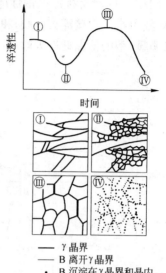

—— γ晶界
—— B 离开γ晶界
· B 沉淀在γ晶界和晶内
— B 滞留在原γ晶界

图 6-10　奥氏体组织，B 的分布、淬透性 4 个阶段变化示意图

Ⅰ—刚加工后；Ⅱ—再结晶中；
Ⅲ—再结晶完毕；Ⅳ—再结晶保温

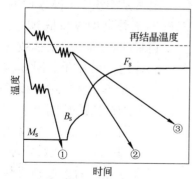

图 6-11　锻造工艺示意图

①—直接淬火；②，③—控轧控冷

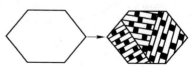

图 6-12　直接淬火(从变形 γ 转变为 M)示意图

(马氏体板块细化和位错亚结构被马氏体转变所继承)

Nb、V、Ti 对直接淬火钢性能的影响见图 6-13。Nb 的效果最佳,V 效果小。直接淬火(DQ)和 TMCP 空冷(AC)相比,微合金化效果明显,钢的低温韧性大幅度改善。

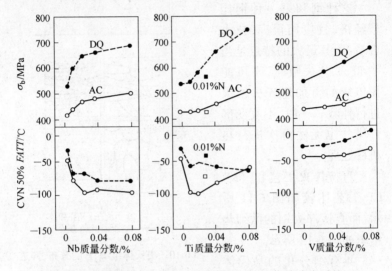

图 6-13   微量添加元素对控制轧制后空冷或直接淬火时的
力学性能带来的影响

(基体成分:0.06C-1.4Mn; 20 mm 厚)

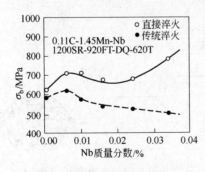

图 6-14   Nb 对直接淬火钢的
抗拉强度的影响

从组织学上说,加 Nb、Ti 对强度的提高是 Nb、Ti 降低 A_{r3}、提高贝氏体或马氏体组分的结果。图 6-14 表示出 Nb 含量对直接淬火钢的抗拉强度的影响。

图 6-15 示出常规热轧、控制轧制、常化热处理、淬火处理的冶金过程对最终组织的影响及细化晶粒作用。前两者表示控制轧制分割 γ 晶粒是在非再结晶轧制中产生

γ晶粒压偏效应及产生的变形带,而变形带与原始γ界同为α晶粒的生核处,显然比常规轧制形核位置增多,因而α粒细小,这是控制轧制的独特效果;后两者为常化和淬火的作用。

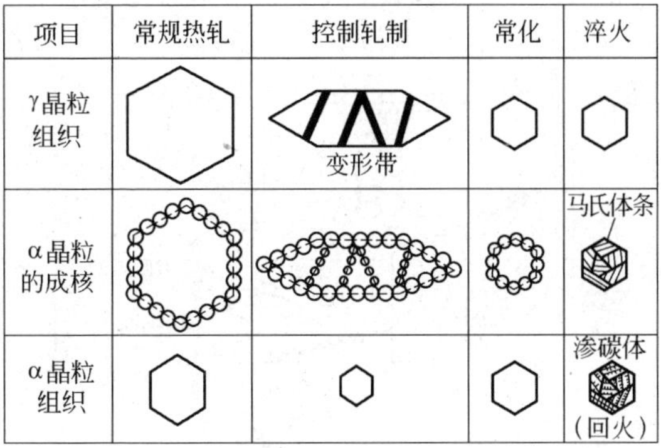

图 6-15　热轧态及热处理态钢中 α 晶粒的形成

再看看淬火处理与常化处理的差别,常化处理原本就有细化晶粒作用,它的α晶粒的成核位置在原γ晶界;而不淬火过程中γ晶在高温快冷的条件产生淬火孪晶,淬火孪晶和控轧产生的变形带相似,同样分割了γ晶粒。

这为改良 Ausforming(如锻造直接淬火)提供了细化γ晶粒的冶金机制。淬火马氏体的研究结果指出,原γ晶粒被淬火孪晶分割成多个亚晶,每个亚晶为一板条马氏体束,每个板条内有高密度位错,这样构成马氏体的多层次细分化组织。原γ界、亚晶界、板条界同为大角界,而板条内的位错为小角界。上述组织的演变过程中,碳含量越高组织就越细。这种细分化的马氏体为回火后的碳化物析出成核位置提供了高密度点,特别是高温回火为合金碳化物提供大量的非原γ界的在位生核,在高强度抗氢致裂纹钢,Nb、Nb-V、Nb-Ti 微合金化非调质钢的奥氏体形变热处理有实用性,分散了的吸氢陷阱提高了抗晶界断裂能力。

Nb 在控制轧制中的作用在于沉淀 Nb 提高了再结晶温度,固溶 Nb 降低了 Ar_3,从而拓宽了非再结晶区,为非再结晶提供较高的终轧温度,也为双相区轧制特别是马氏体 + 铁素体双相钢的改良 Ausforming 提供优越条件。

控制轧制的 3 个阶段的组织形成机制见图 6-16。

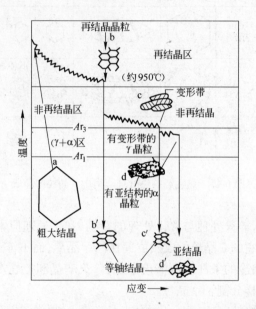

图 6-16　控制轧制的 3 个阶段的组织形成机制

6.6.3　含 B 的 Nb 钢淬硬性

试验钢以 0.012C-0.19Si-0.9Mn-Cu-Ni-Cr-Mo-V-0.019Nb-0.00138B 为基,N 含量分别为 20×10^{-4}% 和 50×10^{-4}%,研究含 Nb 钢的 Al-B 处理对淬硬性的影响。粗轧温度 RRT 为 900℃ 和 940℃,而终轧温度 FRT 变化在 900~800℃。测定轧态直接淬火硬度。

测试结果如图 6-17 所示。得到如下 3 条结论:(1)超低碳加 B 含 Nb 钢在 1050℃ 再加热可实行热轧态直接淬火;(2)终轧后呈

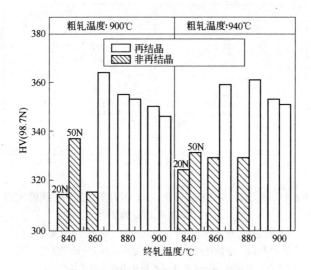

图 6-17 Al-B 处理 Nb 钢的淬硬性得失

再结晶状态的硬度随终轧温度的下降有升高趋势;(3)终轧后呈非再结晶状态,淬硬性明显下降。

上述现象与 B 在晶界偏析和原 γ 晶粒尺寸以及 B 的存在状态有关;如果 B 以 BN 形式存在或固溶 B 不在 γ 晶界偏析,B 提高淬透性的作用就会消失。

6.6.4 淬透性与控轧控冷

直接淬火效果与钢的淬透性关系很大,分高淬透性和低淬透性两种情况。轧制条件对钢的强韧性的影响见图 6-18。

高淬透性钢如果实行低温控轧既可以提高强度,又可以降低韧脆转变温度。低淬透性钢实行低温控轧时则韧性改善,但强度降低了。低淬透性钢如果加入 Nb、V、Ti,可取得细化晶粒和沉淀强化效果,执行控轧直接淬火即可生产高强韧性的非调质钢。

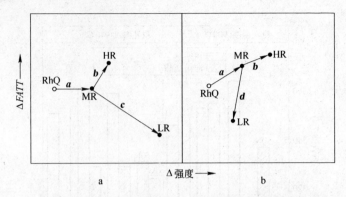

图 6-18　轧制条件对直接淬火(DQ)钢力学性能的影响模式图
(以再加热淬火 RhQ 为基准)
(轧制温度：HR—高；MR—中；LR—低(γ 未再结晶区轧制)；
矢量符号：a—含微量添加元素的合金元素的完全固溶化引起的
淬火性的提高；b—奥氏体晶粒粗化引起的淬火性的提高；
c—过冷奥氏体形变热处理效果(强化和金相组织微细化)；
d—铁素体相变引起的淬火性降低和金相组织的微细化
a—高 D_1；b—低 D_1

6.7　形变热处理在锻件生产中的应用及其扩展

所谓形变热处理是相对传统的离线(生产线)再加热进行热处理而定义的,就是在热变形时捕捉产品所需要的高温组织而适时加工,并在其后控制冷却从而取得产品所需性能的最佳组织状态。这种状态具有传统的离线热处理无法相比的高强高韧性的细分化组织,也可是最大限度利用热加工件的热能,或者是后续再加工所需的软化组织。形变热处理在锻造生产中应用的基本形式是Ausforming,即奥氏体形变热处理。

锻造中的 γ 形变热处理的定义与恒温转变见图 6-19,低合金钢的形变热处理见图 6-20。

图 6-20 是 2%～3%Cr、1%～1.5%Ni、0.3%～0.6%C 低合金钢的 TTT 图,它已概括了中高碳 Cr-Ni 合金钢,指出了锻造工艺所实行的形变热处理的温度范围。根据钢的化学成分和形变热

处理的目的形变热处理可分为:

　　A　锻造直接淬火并回火(FQT)

　　B　锻造恒温退火(FIA)

　　C　非调质钢锻造(MAS)

　　D　锻造恒温微细析出处理(FIR)

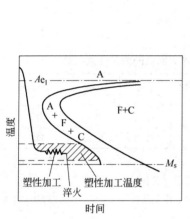

图 6-19　恒温转变和
γ 形变热处理

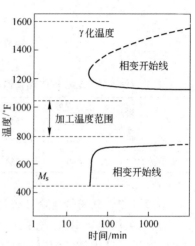

图 6-20　2%～3%Cr、1%～1.5%Ni、
0.3%～0.6%C 低合金钢的恒温
相变曲线和加工温度

$$\left(1\,°\text{F} = \frac{5}{9}(\text{F} - 32)°\text{C}\right)$$

6.7.1　锻造形变热处理

6.7.1.1　锻造淬火回火(FQT)

　　锻造淬火回火此法用于中碳钢代替调质处理(离线),此法可防止因形状导致的质量效应而引发的淬火裂纹;可克服油淬不能完全马氏体化的缺点;克服网状铁素体的析出。采用图 6-21 所示的锻造及回火工艺,原始 γ 晶粒度在 7～8 级(超过标准 6 级),综合力学性能得到显著改善,见表 6-2。

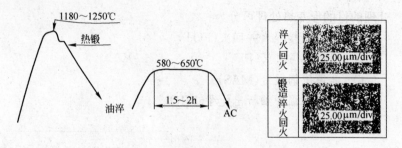

图 6-21　锻造淬火回火工艺

表 6-2　S43C FQT 和普通淬火回火的力学性能比较

工　艺	抗拉强度/MPa	屈服强度/MPa	δ/%	ψ/%	硬度 HB
普通淬火回火	870	652	23.5	49.5	287
锻造淬火回火	880	764	22.8	51.3	287

6.7.1.2　利用锻造余热恒温退火(FIA)

利用余热恒温退火,见图 6-22,既节能,又可得到完全的 F + P 组织,克服了贝氏体切削时的粘刀现象。

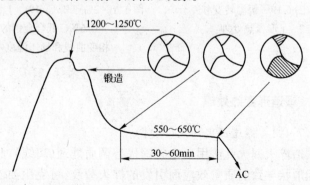

图 6-22　锻造恒温退火工艺(FIA)

不同材质不同热处理及其硬度的变化见表 6-3。

表 6-3　退火硬度 HB

材　　质	FIA	退　　火
SCR420H	161	156
SCM420H	161	156
S48C	187	181

FIA 处理和普通退火处理及其组织比较见图 6-23。

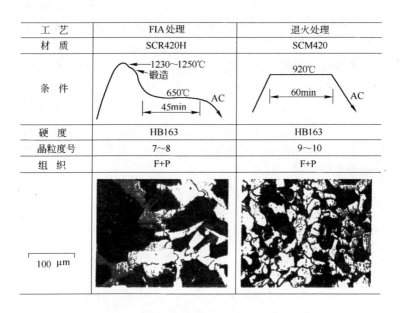

工　艺	FIA 处理	退火处理
材　质	SCR420H	SCM420
条　件	1230~1250℃ 锻造 650℃ 45min AC	920℃ 60min AC
硬　度	HB163	HB163
晶粒度号	7~8	9~10
组　织	F+P	F+P

图 6-23　FIA 处理和普通退火工艺及其组织

　　试验钢 SCR420H 和 SCM420 钢按图 6-23 所示工艺处理后组织的硬度比较见图 6-24。由图可见，γ 晶粒不总是越细越好，在一定的产品和一定生产条件下，较粗的晶粒会有益于生产效率。FIA 处理是个很好的例子。细晶粒(γ)在退火时易出现部分贝氏体,对切削加工不利,产生沿晶断裂且黏力,对工具磨损严重,锻造恒温退火(FIA)较粗晶可以大幅度提高工具寿命。

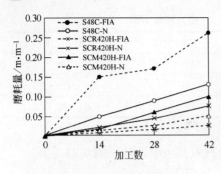

图 6-24　不同材质和热处理的
耐磨性差异

从图 6-24 可以看到合金钢的 FIA 处理比普通退火（N 符号）好，SCR420H FIA 的磨耗量是 SCM420H 的 1/3，SCM420H-FIA 是 SCM420H 的 1/2，而 S48C 钢反而恶化了 1 倍。

6.7.1.3　非调质钢 (micoro alloy steel for hot forging：MAS)

非调质钢锻造工艺如图 6-25 所示。非调质钢锻造后一般采用吹风冷却至 450℃，达到目标硬度和强度。Nb 或 Nb（V、Ti、Al、N 等）复合微合金化钢的锻造温度和冷却速度需要进行控制，不像 V 钢那样自由。微合金化钢的加热温度要避开晶粒异常长大区，以免混晶，或产生不均匀组织，特别是贝氏体或魏氏体组织。

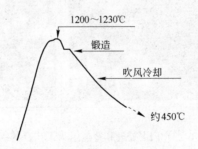

图 6-25　非调质钢锻造工艺

6.7.1.4　锻造恒温微细析出处理(FIR)

锻造恒温微细析出处理工艺，见图 6-26。

锻造前的坯料加热使 Nb、V、Ti 固溶于 γ 中，在锻造时有部分析出可阻止再结晶，防止晶粒长大，取得 γ→F＋P 相变后的细化

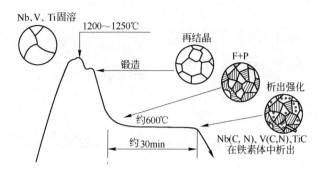

图 6-26 锻造恒温微细析出处理

组织,在 600℃恒温处理时 Nb(C,N)或 V(C,N)、TiC 或它们的复合析出物在铁素体相或珠光体的铁素体片内析出,达到析出物强化的目的,使钢达到调质钢水平。

汽车重要部件如连杆、曲轴等都可以用 Nb、V、Ti 微合钢生产。生产实例是中碳钢加 Nb、V,$w(C_{eq})$ 为 1.22;比较钢为中碳钢 $w(C_{eq})$0.58,晶粒度和热处理工艺的关系见表 6-4 和图 6-27,力学性能见表 6-5。不难看出 FIR 形变热处理加 Nb、V 微合金化对锻制品的性能有突出的改善。

表 6-4 中碳微合金化钢锻造恒温处理工艺与组织

热处理温度和时间 \ 锻压比	3		5		10	
	组织	晶粒度	组织	晶粒度	组织	晶粒度
500℃,30 min	F+P	8.5	F+B+P	9.5	F+B+P	11
550℃,30 min	F+P	8.5	F+P	9.5	F+B+P	11
600℃,30 min	F+P	8.5	F+P	9.5	F+P	11
空冷(参考)	F+B+P	8.5	F+B	9.5	F+B	11
中碳素钢(参考)	—	—	F+P	7	—	—

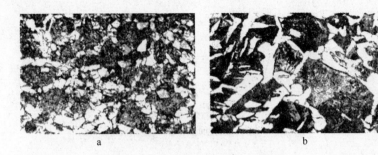

图 6-27 热处理温度为 600℃ 的组织(400×)

a—FIR 工艺锻造中碳 V-Nb 钢锻压比等于 5;

b—FIR 工艺锻造中碳钢锻压比等于 5

表 6-5 Nb-V 微合金化钢热处理及性能(同中碳钢比较)

条 件	抗拉强度/MPa	屈服强度/MPa	伸长率/%	面缩率/%	硬 度	屈强比
500℃,30 min	1157	777	12.3	19.9	374	0.67
550℃,30 min	1211	933	12.8	26.6	363	0.77
600℃,30 min	1201	983	13.4	30.5	392	0.82
空冷(参考)	1218	840	13.0	23.0	377	0.69
中碳钢(参考)	672	382	24.4	59.5	184	0.57

以上数据是 FIR 处理的 F+P 得到的强度特性。SCM435、SCR435 等合金钢调质处理后其屈强比小于 0.8。

工业用钢 F+P 钢的基本强度,铁素体相为 300 MPa,珠光体为 900 MPa,提高 F+P 钢的强度主要是强化铁素体相和珠光体的铁素体片,方法是加 Si、Mn 固溶强化,加 Nb、V、Ti 等微合金元素的碳氮化物的析出强化。

各种形变热处理的实效比较见表 6-6。

表 6-6 各种形变热处理的力学性能比较

指 标	FIR	非 调 质	淬 火 回 火
σ_b/MPa	1121	1157	782
σ_s/MPa	889	777	585
屈强比	0.81	0.67	0.75
δ/%	13.5	12.3	23.8
组 织	F+P	F+B	索氏体
热处理工艺	锻后 600℃,30 min, AC	锻后风冷至 500℃ 后缓冷	842℃水冷 538℃回火

由表 6-6 可见,FIR 工艺大幅度提高了屈强比和屈服强度,并且具有与非调质钢大致相同的伸长率。

6.8 省略球化退火工艺的热轧棒材时的温度控制

关于冷锻钢的成分设计,在本书中已有详细叙述,这里只强调 C+N 对冷锻时应变时效性的影响,见图 6-28。图 6-29 示出低 C-Mn-Al 镇静钢的传统轧制和控制轧制时热轧件的温度变化。

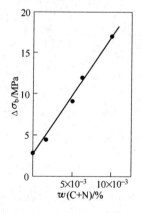

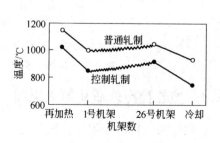

图 6-28 固溶 C+N 量对
静态应变时效的影响

图 6-29 普通轧制和控制轧制时
热轧件的温度变化

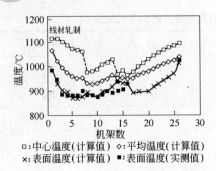

□:中心温度(计算值)　◇:平均温度(计算值)
×:表面温度(计算值)　■:表面温度(实测值)

图 6-30　连轧线材断面温度变化

免球化处理钢的设计需要加入足够数量的 Nb、Ti、V、Al 等用以固定 C + N，降低应变时效性。加 Nb 或 Nb、Ti 复合应用效果更好，轧制工艺见图 6-29。线材轧制工艺温度变化见图 6-30。图 6-31 示出棒钢轧制温度模型的应用。

从图 6-31 可见，从方坯 195 mm^2→ϕ30 mm 连轧温度的数学模型在神户棒钢厂应用效果很好。控制组织、改善材质、省略 2 次加工退火热处理用钢棒，在热轧时精确实行形变热处理是热轧技术的关键。

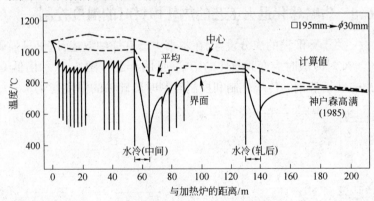

图 6-31　连轧机在实行控轧控冷生产、省略 2 次加工
退火工程的热轧钢棒的温度变化

6.9　控轧控冷软质化退火原理

利用控轧控冷技术生产软质化钢材，可以提供免热处理软质化退火材，其原理见图 6-32。控制轧制可以细化 γ 晶粒，使原本高的淬透性降低，促进了 γ-α 相变或 γ-P 相变。低温热轧，结合缓慢

冷却,跨越了原本可能发生的贝氏体(B)转变而发生珠光体转变,可见软质化处理的前提为:(1)加入 Nb、Ti、V 等微合金化元素,实行控制轧制调整 γ 细晶组织;(2)轧后缓慢冷却使其上部组织转变完全。图 6-32 示出了普通热轧(可能是粗晶 γ)和控制轧制(细晶γ)所引起的 CCT 曲线前移,这是应变诱导相变的结果。

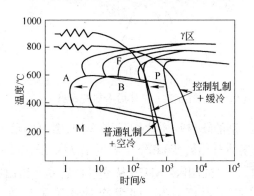

图 6-32 控轧控冷软质化原理

6.10 软质化线材生产技术

作为二次加工工程用原线材的钢的淬透性越高,线材直径越小,热轧材强度越高(因有贝氏体甚至是马氏体转变)。因此在二次加工工程中需要中间退火,所以对省略退火的原线材软质化的要求是合乎发展的。

在摩根财团开发斯太摩生产线时在冷床上加缓冷装置,这是以结构碳素钢、合金钢的软质化为目的的,图 6-33 示出此模式图。

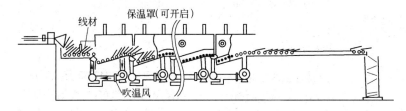

图 6-33 缓慢冷却模式图

对任何一种钢都应知道珠光体的转变开始温度和终了温度，见图 6-34。

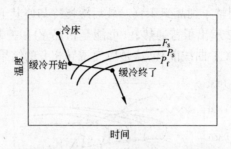

图 6-34 热轧后冷却模式图

SCM435 钢的线材软质化图见图 6-35，图中所示为缓冷开始温度 t_{F_s}（铁素体开始转变）和终了温度 t_{P_f}（珠光转变终了）对抗拉强度的影响。实践指出 SCM435 从铁素体转变开始温度 750℃ 到珠光体转变终了温度 650℃ 间缓冷对软质化有效，其冷速为 0.1℃/s，总需时间 1000s。终轧温度越低，在 650℃ 保温时间越长，软化效果越好，见图 6-36。

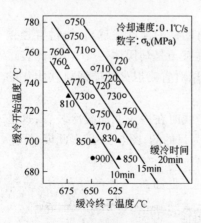

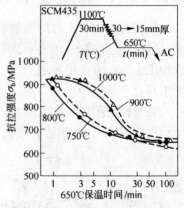

图 6-35 SCM435 钢冷却开始温度
和终了温度对抗拉强度的影响
（最低抗拉强度为 710 MPa）

图 6-36 SCM435 钢终轧温度
（图内温度）和 650℃ 保温时间对
热轧态的抗拉强度的影响

6.11 棒材软质化技术

棒材轧制速度和线材轧制速度相比要小得多,因而温度控制比较容易,但是对冷却速度的控制差别很大,需要有能进行缓冷和急冷的装置。

低温轧制850℃终轧,需要慢速0.25℃/s以下冷却生产软质SCM440钢棒,其热轧冷却参数见图6-37和图6-38。

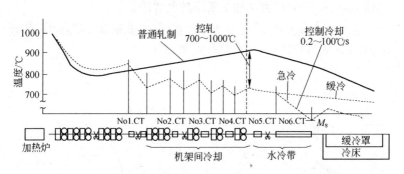

图 6-37 棒材轧制、冷却温度参数

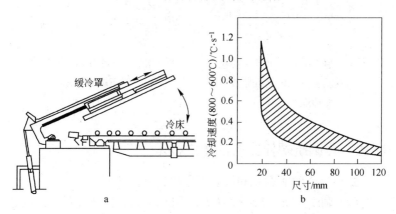

图 6-38 SCM440 棒钢的形变热处理时冷却速度控制

a—冷床缓冷示意图;b—棒材尺寸和冷却速度

SCM440 钢属于 Cr、Mo 高淬透性合金钢,一般的退火工艺需缓慢冷却,见图 6-39。原 γ 晶粒越粗大,冷却速度越慢,越易得到 F＋P 的组织。普通热处理需要很长时间转变才结束,特别是完全退火需要长时间,但是图 6-39 所示热加工可以促进相变,可以把临界转变曲线提高,加速冷却,而原 γ 晶越细越好。微合金化钢细晶 γ 组织的形变热处理,可免退火工艺生产 F＋P 组织。图 6-39 指出抑制贝氏体混入 F＋P 中的技术关键有两点:(1)γ 晶的热机械处理得到细晶组织;(2)热加工件实行较快速冷却,而且是速度越快越好,但不能超过热加工所示的临界冷却速度。

热轧温度对热轧后的硬度非常敏感,温度越低硬度越低,见图 6-40,由图可见 710～750℃ 热轧效果最佳。

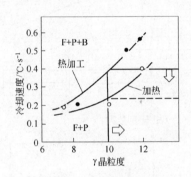

图 6-39　SCM440 棒钢的 γ 晶粒度和不发生贝氏体转变临界冷却速度的关系

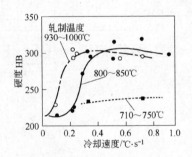

图 6-40　SCM440 钢热轧温度和冷却速度对轧制后的硬度的影响

6.12　非调质螺栓线材的生产技术

螺栓生产的非调质和调质工程比较见图 6-41。

(1)调质方法。7T、8T 级螺栓用 0.45％C 钢热轧材经球化退火软化后冷镦成形,再经过淬火回火调质处理达到所需要的强度和韧性,最后涂镀,烘烤而出厂,见图 6-41 右。20 世纪 70 年代后螺栓线材生产开始非调质化,见图 6-41 左,大幅度简化了生产工艺。

非调质螺栓	调质螺栓
控制轧制	普通热轧
↓	↓
拉 拔	球化退火
↓	↓
螺栓成形	拉 拔
↓	↓
涂 镀	螺栓成形
↓	↓
烘 烤	淬火·回火
	↓
	涂 镀
	↓
	烘 烤

图 6-41 螺栓生产非调质和调质工程比较

(2) 非调质方法。非调质螺栓线材直接冷镦成形,前面省略了球化退火,后面省略了淬火回火处理,这一变化产生了经济效益,并对环保有益。

20 世纪 70 年代开发的 7T 非调质线材 0.12C-0.25Si-1.33Mn-0.04Nb,9T 钢 0.08C-0.75Si-1.7Mn-0.0018B-0.15Ti。7T 钢为 F+P 组织,9T 为 B 组织,其晶粒度都在 12 级以上。热轧制度是高温加热以利于 Nb、Ti 碳氮化物固溶,低温终轧以利于晶粒细化和沉淀强化。图 6-42 示出钢的化学成分、冷却速度控制与组织状态。

非调质螺栓(钢)生产技术要点如下:

(1) 螺栓冷镦前的拉拔率最佳化,以便取得良好的包辛格效应,降低冷镦抗力。

(2) 盘圆强度波动(内外圈)小,一般说生产 7T、8T 六角螺栓的镦粗没问题。

(3) 钢的强度和影响强度的控制冷却因素参看图 6-42。9T

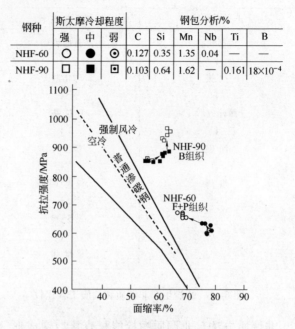

钢种	斯太摩冷却程度			钢包分析/%					
	强	中	弱	C	Si	Mn	Nb	Ti	B
NHF-60	○	●	◉	0.127	0.35	1.35	0.04	—	—
NHF-90	□	■	▣	0.103	0.64	1.62	—	0.161	18×10⁻⁴

图 6-42　强度－延性平衡比较

以上的高强度非调质螺栓,使用范围受到限制,可用于冷镦率小的紧固件。

(4) 非调质螺栓的推广应用应与磨具的改进同步发展。

6.13　快速球化技术

中碳钢棒线材作为机械结构用往往需要二次加工,为确保冷加工性能需要长时间的球化退火处理,浪费能源,也浪费工时。

S45C 钢轧后的组织通常是铁素体＋珠光体,而铁素体体积分数因原 γ 晶粒度和轧后冷却速度的不同而发生很大的变化。

热轧温度越低,则 γ 晶粒越细,相变后的铁素体晶粒也进一步细化,当热轧后的冷却速度大到 10℃/s 时,铁素体晶粒和 γ 晶粒大小相等;当冷却速度小于 4℃/s 时,γ 晶粒在冷却过程中长大,而铁素体晶粒也同样长大,见图 6-43。

普通热轧铁素体呈现网状析出,而控制轧制铁素体呈粒状析出,并且 γ 晶粒越细,而铁素体体积分数越高。碳含量越高,铁素体体积分数越低,碳与球化程度没有线性关系,但铁素体量越高,球化程度越好,见图 6-44。作为球化成核的渗碳体其均匀性对改善球化组织有利。铁素体体积分数越高,球化组织越好。

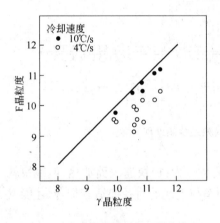

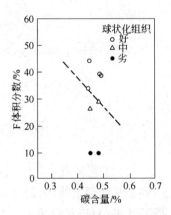

图 6-43 中碳钢热轧后的 γ 晶粒度和
冷却速度对铁素体晶粒度的影响

图 6-44 铁素体体积分数和
球化程度的关系

所谓快速球化处理就是除低温热轧细化 γ 晶粒组织外,从碳化物析出开始温度高约 40℃(参看 6.8 节)缓慢冷却,如 S48C 和 SCR420 钢的快速球化处理时间可以减半而达到传统球化处理相同的硬度。

6.14 高频热处理高强度钢棒线材

高频热处理作为善待人类的"绿色工程"是有发展前途的,日本对其非常重视,将其作为国家超级钢研究课题。

(1) 高频连续淬火回火概念。高频淬火回火连续处理生产线见图 6-45,电加热无污染,加热速度快,完成淬火回火只需 30 s。表面加热后空冷得到断面均匀的硬度分布和组织,主要处理两种钢材:1)强度为 930～1420 MPa 的 PC 棒钢;2)1715～2060 MPa 级的弹簧钢丝。

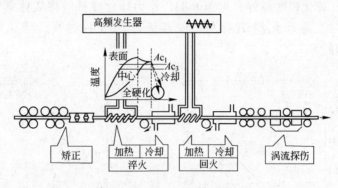

图 6-45　高频连续热处理概念

(2) 工艺特点。具体工艺特点为:1)快速表面加热,但很快就达到全断面温度均匀;2)电功率与钢线的直径要适宜配合,才能发挥高效率;3)喷水冷却。

(3) 高频淬火回火的特点。高频处理材的强韧性好,强度指标和加热炉处理材同等,伸长率、面缩率、冲击韧性显著提高,见图 6-46 和图 6-47。这是因为高频加热快,抑制了晶粒长大,组织细化的结果,同时也抑制了表面脱碳,见图 6-48。

(4) 高频淬火、回火处理改善抗延迟断裂性。图 6-49 示出了高频淬火、回火处理大幅度延长了延迟断裂时间。

(5) SKD61 工具钢高频淬火回火处理。高频淬火回火处理对提高 SKD61 延性、韧性、抗延迟断裂性能同炉加热淬火回火处理相比(FHQT)非常好,见图 6-49 和图 6-50。

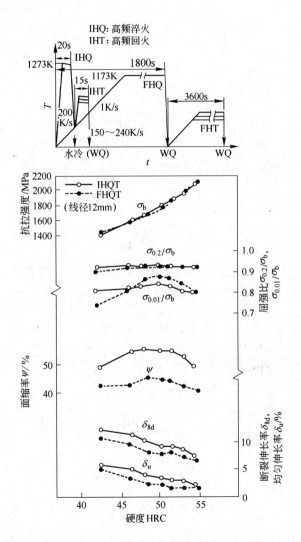

图 6-46　SUP12 高频淬火回火和炉加热淬火回火材的拉伸性能

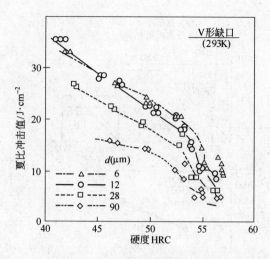

图 6-47 SUP12 高频淬火的冲击韧性、硬度和晶粒直径

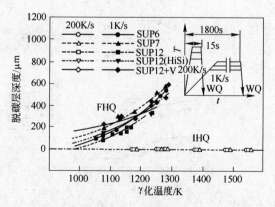

图 6-48 弹簧钢炉处理和高频处理表面脱碳

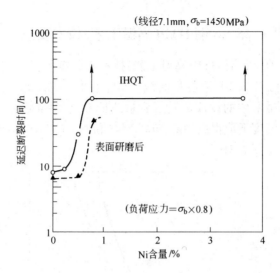

图 6-49 高频淬火、回火处理(IHQT)改善抗延迟断裂性能

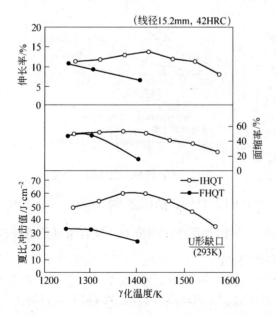

图 6-50 SKD61 钢高频淬火回火强韧化效果

6.15 低C高Nb钢HTP(高温工艺)技术要点

低C高Nb钢HTP(高温工艺)技术要点如下：

(1) 低C高Nb溶度积曲线。按溶度积原理,要求有高含量固溶Nb,最节约的设计是低C含量或低C、N含量就可以在有效的热加工温度下取得高固溶Nb。NbC和Nb(C,N)的溶度积及其溶解曲线见图6-51。

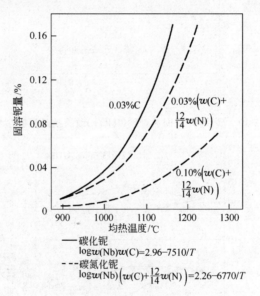

图6-51 碳化铌和氮化铌的固溶度

从图6-51可见,1150℃的固溶Nb 0.09%～0.12%。把钢中N按$\frac{12}{14}$比折合为C,如图中虚线所示。N含量越低越好,可设定为小于40×10^{-4}%。

(2) 低C高Nb钢的HTP高温生产工艺。热机械轧制工艺示意图见图6-52。在再结晶区高温段热加工执行第1阶段轧制,这里高温抗力低,经再结晶区多道次轧制反复进行再结晶得到细化的晶粒γ,通过待温,到第2阶段执行非再结晶区轧制。上述热轧按图示的变形量进行。在 γ/α 相变前结束终轧而后加速冷却得到细晶贝氏体组织,或空冷得铁素体加珠光体组织(可能很少,依 C 量而定)。

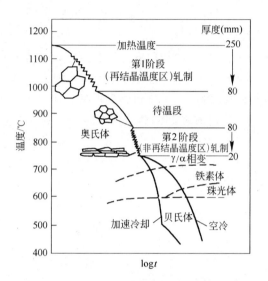

图 6-52　热机械轧制工艺示意图

(3) HTP 钢的组织控制。按图 6-52 加速冷却可得所需要的贝氏体组织。HTP 钢变形 CCT 曲线见图 6-53。

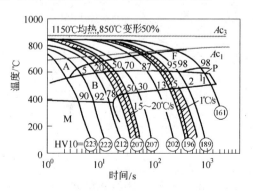

图 6-53　HTP 钢变形 CCT 曲线

γ晶界面积是 γ→α 相变时 α 形核优选位置,形核面积越大,相变后的 α 越细化,冷却越快,新生 α 核的长大越受到抑制。

(4) 低 C 高 Nb 钢的再结晶停止温度和轧制流变应力。不同变形温度下 HTP 钢的平均流变应力见图 6-54。通过热扭转试验模拟热轧以确定再结晶停止温度 T_{NR}。试验条件为:每道次真应变 0.25、间隙时间 30 s、冷却速度 1 ℃/s。图 6-54 所示的数据显示 1060℃是该钢的 T_{NR},这也是奥氏体中碳化铌应变诱导析出开始温度。所以在这个温度以下进行的变形都会增加奥氏体晶粒的拉长程度,这也是热机械轧制的精髓所在。即使在这个温度区进行最终厚度 3~4 倍的总变形,HTP 钢的终轧温度也比常规终轧温度高 100℃以上。这为轧制力较低的轧机提供了开发低 C 高 Nb 钢采用 HTP 工艺的机会。

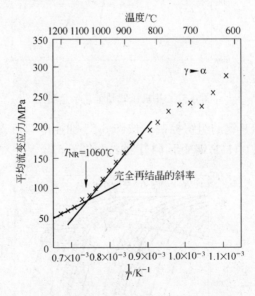

图 6-54　不同变形温度下 HTP 钢的平均流变应力

在 HTP 钢中,发现 3 种不同种类的颗粒:

1) 大的(300 nm)立方体颗粒,或多或少均匀分布;2) 许多直径约为 30 nm 的立方体和圆形的非共格颗粒;3) 2～8 nm 非常细小的在铁素体内均匀析出的析出物。

后两种析出相的例子示于图 6-55 中。

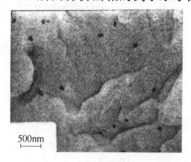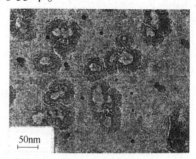

图 6-55　不规则分布的奥氏体中析出相和细小的铁素体中析出相

图 6-56 示出变形奥氏体和等轴奥氏体随冷却速度的加快,铁素体晶粒细化情况。形变奥氏体具有进一步细化 α 的作用。实际生产指出当冷却速度超过某一临界值时,如 15 ℃/s,则出现无碳化物贝氏体转变。高 Nb 更具有促进贝氏体形成的作用,见图 6-58。高固溶 Nb 的

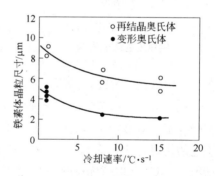

图 6-56　奥氏体轧制和冷却速率对最终铁素体晶粒度的影响

作用相当于水冷,即所谓贝氏体转变的"内处理"。

终冷温度对屈服强度的影响是很敏感的,见图 6-57。终冷温度在 500℃ 屈服强度最高,此温度是贝氏体转变最佳区域。低于此温度会产生马氏体,马氏体会降低屈服强度。图 6-58 为终轧温度下固溶铌含量对空冷和加速冷却 HTP 钢中贝氏体量的影响。

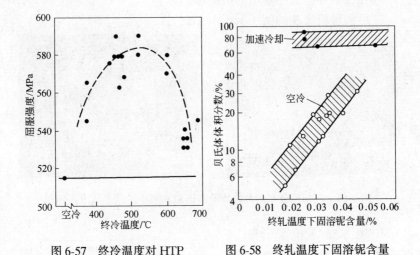

图 6-57   终冷温度对 HTP
钢屈服强度的影响

图 6-58   终轧温度下固溶铌含量
对空冷和加速冷却 HTP 钢中
贝氏体量的影响

(5) 小结。利用不同的合金成分和采用 HTP 概念的轧制工艺研究了含 0.03％C、0.10％Nb 钢的工艺-组织－性能关系。该工艺的优点在于与常规热机械轧制工艺相比终轧温度可以提高 100～200℃，并保持优良的韧性、塑性和可焊性。

最好的组织是低碳贝氏体。这种组织可以通过加速冷却工艺或添加合金元素获得。此外 NbC 的析出强化作用也可以最大化。通过参照终轧温度下固溶铌量，在图 6-59 中总结了这些互补作用。

HTP 概念已经在不同公司现有设备上得到采用。为了使固溶铌的作用最佳化，推荐采用低的碳含量(典型的为 0.03％)、低的氮含量(50×10^{-4}％以下)和低于 TiN 化学当量比的钛，可防止钢水中或凝固过程中形成 TiN。

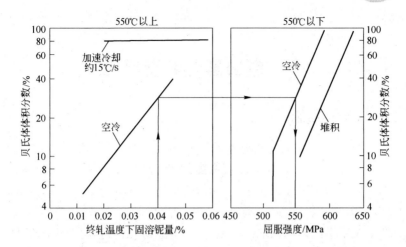

图 6-59　固溶铌和冷却条件对 HTP Nb 钢的组织和屈服强度的影响

7 氢致延迟断裂研究

7.1 延迟断裂

如图 7-1 所示,延迟断裂是环境氢从紧固件表面沿晶界进驻晶界并向内扩散,氢原子在此聚集,并在应力作用下最后导致沿晶界开裂。所谓延迟断裂是一个过程,促进该过程的 3 个因素为:材质、应力和环境氢,缺一不可。如果实用中缺一个条件,该结构件处于发生事故的潜伏期,处于安全状态。研究指出,钢中氢存在于位错,强度越高,位错越多,吸氢量越大,因为钢的强化多数情况是位错强化。如加工产生位错、析出物的共格应变场位错、退火孪晶位错、滑移位错等。氢原子很小,只在位错驻留,再大的缺陷反而不驻留单原子氢,2 个原子氢相碰,就成氢分子,产生气压附加于外应力形成断裂的推动力。上述表明位错是氢陷阱。

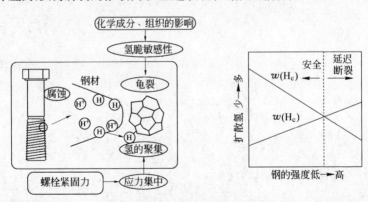

图 7-1 氢致延迟断裂评价法

如图 7-1 左图所示只有提高钢的材质,降低钢的氢脆敏感性,或外加防氢入侵的防护措施,或改善预应力件的应力集中系数,都可保证高强度钢结构的安全性,前一个是冶金材料的研究课题;后两个是设计技术。

如图 7-1 右图所示,强度越高,致氢脆所需的最低氢含量,即临界扩散氢[H_c]越低,而钢吸氢能力越高。当钢中扩散氢达到或超过[H_c]时钢材发生断裂,断裂前没有任何征兆,在低于屈服强度下而发生突然断裂。这种断裂从受力到断裂有一时间过程,故称之为氢致延迟断裂。

临界扩散氢的定义为:在标准条件 100 h 内不断裂的扩散氢量,为临界扩散氢。

延迟破坏是在静的应力下,材料经过一定时间后没有塑性变形,却突然发生脆性沿晶断裂的现象。这是由环境、应力、材料 3 因素相互作用产生的一种环境脆化,它的特点为:

(1)强度越高,敏感性越大;

(2)发生在常温附近,低于 100℃ 时,温度越高,敏感性越大,不同于低温脆性破坏;

(3)宏观上没有塑性变形,不同于蠕变断裂;

(4)在静负荷下发生,不同于疲劳破坏;

(5)在远低于屈服强度的应力下也能发生的低应力破坏。

凡是有位错的"地方"就吸氢,可谓氢陷阱。200℃ 以下的加热能把陷阱中氢驱除的称为扩散氢,其陷阱称为低能陷阱;需要 200℃ 以上的加热才能去除的氢为非扩散氢,其陷阱为高能陷阱。一般螺栓制作工序中用 180～230℃ 烘烤 4 h,可免除延迟断裂的危险。材质研究与工程结构设计就是让钢中吸氢量[H_e]低于临界扩散氢[H_c]。此种结构是安全的。

7.2 钢中的氢和延迟断裂

钢铁材料随着强度的增加,微量氢引起延迟断裂,这是众所周知的事实。图 7-2 示出一些典型高强度钢的抗拉强度与延迟断裂强度的关系。该图说明在水环境中测试的高强度钢的有效强度在统计上只有 1.2 GPa。

图 7-2 表明钢琴丝在相同强度级别钢中示出了最高的抗氢延

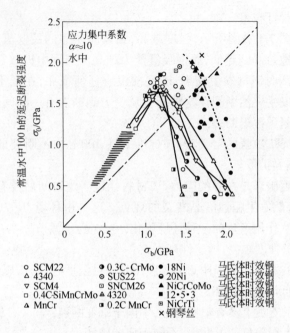

图 7-2　抗拉强度与延迟断裂强度的关系

迟断裂强度,这是由于钢丝在冷拔过程中晶粒或组织高度伸长抑制了裂纹扩展,高密度位错抑制了氢的扩散,降低了扩散系数,增长了延迟断裂的潜伏期的结果。

由于钢的组织不同,吸氢行为的差别,以及氢的存在状态、位置与基体的结合能的差异造成了大于 1.2 GPa 的高强度钢的抗氢延迟断裂强度 σ_0,随着抗拉强度 σ_b 级别的提高而急剧下降。这表示高应力下运行的设备,如预应力钢件、大型建筑、汽车、船舰构件、飞机等与人们相关的环境中材质优化与设计的合理性是非常重要的。

最近研究表明,并不是钢中全部的氢都有害,而是其中的可扩散氢是有害的。而进入深的陷阱中的氢与基体结合能高的氢难以扩散,这部分氢称为非扩散氢。非扩散氢对延迟断裂无影响。现代的研究工作已经用可视化方法,分辨出钢中氢的存在状态。

分辨出上述两类氢,全溶分析氢的方法是办不到的,日本采用的四重极质量分析仪,具有很高的精度,可达 $0.01 \times 10^{-4}\%$ 。分析方法为:把试样以一定的升温速度如 $10℃/min$,缓缓加热,测出各个温度下的放氢速度,以时间进行积分,求出放氢速度与温度的变化曲线,见图 7-2。

7.3 钢中氢存在状态的观察

7.3.1 不同组织和加工的吸氢作用

对于氢在钢中的扩散系数,bcc 组织比 fcc 组织大。铁素体(bcc)在室温下扩散系数大,氢的平衡浓度极小,但加工后吸氢增多。纯铁加工后,氢的扩散系数减少两个数量级而吸氢量增加两个数量级。铁素体钢中出现珠光体时扩散系数减少,当 100% 珠光体时示出最低值。球状碳化物比珠光体扩散系数大;铁素体渗碳体界面有和位错同样大的陷阱作用。

7.3.1.1 加工铁素体中的氢

纯铁冷加工后在相同的吸氢处理后放氢速度的差异见图 7-3。

加工度为 0% 也有一最小的峰值,这是少量的位错线吸氢的结果。随着加工度的加大,吸氢量加大,这时位错密度增加,并出现位错胞、点缺陷等结果。铁素体组织只有一个 $200℃$ 左右的峰值。

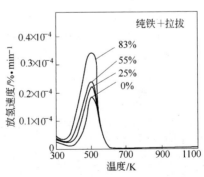

图 7-3 冷加工后铁素体放氢图

放氢速度在放氢温度下的积分应是钢中氢的总量。该值是预示钢的抗氢致断裂的倾向。峰值温度的高低表示陷阱能的大小。纯铁只有一个峰值,随着钢组织的复杂化还有第 2 峰值、第 3 峰值……峰值温度越高,表明陷阱能力越大。第1峰值氢在常温应力作用下可扩散,而高温峰值氢难以扩散,所以前者为有害氢,后者为无害氢。

7.3.1.2　珠光体加工后的吸氢行为

冷加工后的铁素体/碳化物双相组织钢的放氢曲线见图7-4。

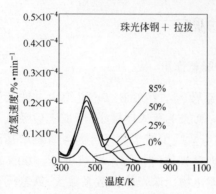

图7-4　冷加工后的铁素体/碳化物双相组织钢的放氢曲线

从图7-4看出,加工后出现了第2峰氢,随着加工度的加大峰值加大,并向高温侧移动,这表明吸氢量增加且更加稳定。而第1峰氢85%加工的反而低下,表明高加工氢向更高温度峰移动,另有资料表明随着保温时间延长也有此现象。氢变得更加稳定而不易扩散了。

7.3.2　钢中氢的可视化研究

现已有很多方法观察钢中氢的存在。示踪原子法观察重氢D、氢还原碘银化物的银粒子法、显微晒图法等都可用电子扫描SEM等直接看到氢的存在位置,即所谓氢陷阱。钢中的氢在应力作用下才能从陷阱中释放,见图7-5。

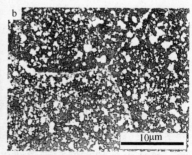

图7-5　氢的可视化图

a—没加负荷;b—加80%的上屈服点负荷

图 7-5 中试样为浸泡吸氢后 4 点应变片的中心部,曝晒 168 h 后应力对释放氢的影响。可看到氢与乳剂反应的银粒子分布情况与图 7-5a 中相对应的氢的存在位置。沿晶界分布的氢陷阱是延迟断裂源。

图 7-6 为利用银染色技术对 SCM440 马氏体钢进行氢扫描,其氢在钢中均匀分布,是非常好的抗氢致延迟断裂超纯净钢,晶界无碳化物的好组织。图 7-7 为塑性变形 304 不锈钢氢扫描,其固溶处理奥氏体不锈钢中的氢分布在退火孪晶线上。

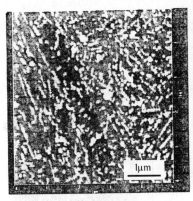
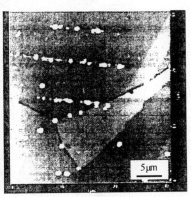

图 7-6　利用银染色技术对 SCM440　　　图 7-7　塑性变形 304
马氏体钢进行氢扫描　　　　　　不锈钢氢扫描

7.4　延迟断裂是第 1 峰氢所致

图 7-8 是 82B 共析钢在 20% NH_4SCN 水溶液充氢试料测定抗拉强度和延性与第 1 峰氢和第 2 峰氢的关系。明示了强度、延性与第 2 峰氢无关而与第 1 峰氢的含量有严格的线性关系。

延迟断裂断口形貌为沿晶脆断,因此可以断定第 1 峰氢陷阱是沿晶界分布。第 1 峰氢 0.8×10^{-4}% 引起脆断,而第 2 峰氢高达 3.9×10^{-4}%,没有脆断。后者施于 200℃ 烘烤去除了第 1 峰氢,只剩第 2 峰氢。第 2 峰氢材料断口为延性,可见第 2 峰氢是无害的,见图 7-9。

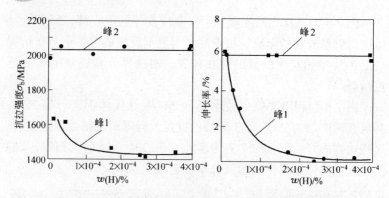

图 7-8　第 1、2 峰氢含量对 82B 钢的延迟断裂性能的影响

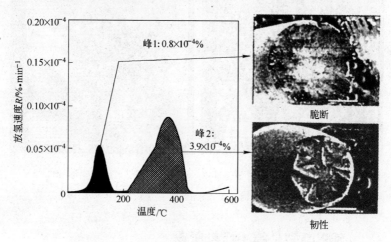

图 7-9　延迟断裂由第 1 峰氢引起

7.5　铌在高强度钢的氢陷阱中作用研究

　　Nb、V 对抗延迟断裂性能影响的研究,近来很兴盛,以下简述这方面的研究成果。

7.5.1　高铌钢的强化行为和吸氢曲线

　　随着铌量的升高抗拉强度升高,0.15% Nb 达到饱和见图

7-10；以后随着铌量的增加,对强度影响很小。NbC 是微细的,界面氢陷阱吸氢量小,是由于 NbC 较早的失去共格性,共格应力场消失的缘故,抗氢试验结果指出,随铌的增加,抗氢致裂纹性能得到改善。

铌钢随着铌含量增加吸氢量降低,可能与晶界强化有关,见图 7-11。

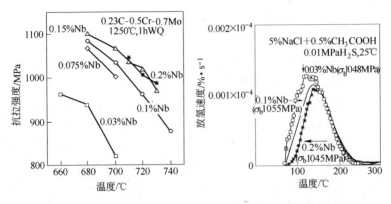

图 7-10 铌对强度的影响   图 7-11   氢热分析曲线

7.5.2 Nb、V 和 Nb、V 复合应用对抗氢致断裂的影响

试验钢的化学成分是以 0.24C-0.10Si-0.2Mn-0.5Cr-0.7Mo 为基,分别加入 0.2%V、0.10%Nb、0.05%Nb + 0.10%V,炼成超纯净的 4 个试验钢。热处理工艺见图 7-12。表 7-1 为充氢条件。

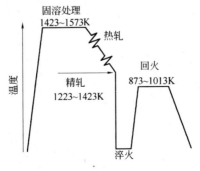

图 7-12 热处理工艺

表 7-1　充氢条件

NaCl	CH₃COOH	发　　　泡	温度/℃	pH
5%	0.5%	$0.1\times10^5\,Pa\,H_2S+0.9\times10^5\,Pa\,N_2$	25	2.8

试验钢经图 7-12 工艺和表 7-1 充氢条件,制成试样,进行下述的各项研究得如下结果:

(1) Nb、V 的沉淀强化。NbV 钢的抗回火软化性能最好,见图 7-13。

Nb、V 或 Nb 与 V 复合应用均表现出回火二次硬化效应,只有基本成分钢随回火温度升高而强度单调地下降,而且 0.2%V 和 0.05%Nb+0.1%V 钢具有同等的二次硬化效应,单加铌效应偏低。1000 K 以上回火的 4 个钢处于同一水平。

(2) Nb、V 吸氢(陷阱)行为 。在表 7-1 条件下浸渍 100 h 充氢后氢热分析结果见图 7-14。图中 4 种材料按吸氢量减少倾向如下:0.2%V、0.05%Nb+0.1%V、基体、0.1%Nb。0.2%V 吸氢量最多,0.1%Nb 最少。

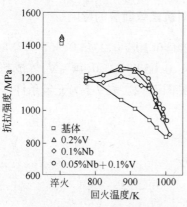

图 7-13　Nb、V 抗回火软化性
(1523 K 固溶,1423 K 终轧水冷)

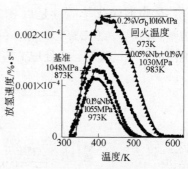

图 7-14　氢热分析
(升温速度为 0.167 K/s,
1523 K 固溶,1423 K 终轧水冷)

（3）回火处理后的吸氢行为。图 7-15 示出了扩散氢与回火温度关系。0.2% V 峰值氢最高，0.05% Nb + 0.1% V 次之，而0.1% Nb 又次之，并且温度向低温移动，而基体扩散氢量随温度单调下降。800 K 以下，差别趋于零。

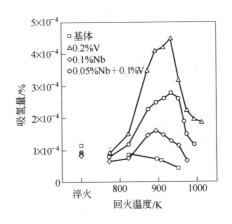

图 7-15　回火温度和吸氢量
（1523 K 固溶，1423 K 终轧水冷）

（4）抗氢致裂纹性。抗氢致裂纹性与原始 γ 晶粒度有关，基本倾向是晶粒越细，抗裂纹发生的临界应力越高，见图 7-16。但在相同晶粒度条件下，抗氢致裂纹的临界应力按 0.1% Nb、0.05% Nb + 0.1% V、0.2% V、基体钢次序而下降。

上述现象说明吸氢量少的 0.1% Nb 钢抗氢性能最好，0.05% Nb + 0.1% V 次之，0.2% V 最次。但基体钢虽吸氢最少，它抗氢性能最差，这与氢陷阱的布局关系很大。Nb、V 对抗氢致裂纹性的影响与沉淀物的尺寸也很有关系。

（5）氢陷阱的分布与沉淀物形态。MC 型碳化物平均尺寸与回火温度关系见图 7-17。V 的 VC 粒子从 880 K 的 3 nm 开始长大到970 K 的 4 nm 以上，而后随温度升高急剧长大，而 NbC 尺寸稳定，Nb-V 和钒钢的碳化物平均尺寸的变化是由 VC 的长大引起的。

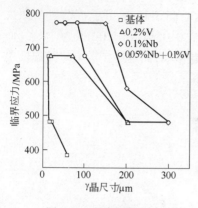
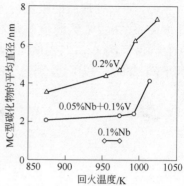

图 7-16　抗氢致裂纹
（抗拉强度为 1050～1100 MPa）

图 7-17　MC 型碳化物平均尺寸
（固溶温度为 1523 K，终轧温度为 1423 K）

　　氢陷阱在钢中均匀分布最好的钒钢吸氢量最大，但 VC 是均匀分布，并且是高能陷阱、氢呈非扩散性。高 0.1%Nb 钢 NbC 细小均匀分布，且比 VC 较早地失掉与基体的共格性，位错消失因而不像 VC 那样在应力场中吸入大量氢，NbC 无共格、无应力场，所以高铌钢高温回火吸氢最少。

　　析出物分布形态对延迟断裂的影响是很敏感的。沿晶界分布的氢陷阱中的氢危害最大，这时也许总吸氢量并不高，但抗延迟断裂临界强度却很低，如本章的基本成分钢，见图 7-18 无铌钢和 0.1%Nb 钢的金相照片。

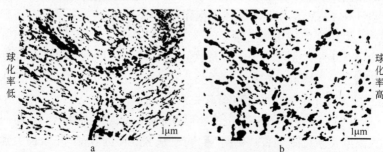

图 7-18　加铌钢和不加铌钢的金相组织
a—不加铌钢，抗拉强度 1048 MPa，600℃回火球化率低；
b—0.1%Nb 钢，抗拉强度 1055 MPa，700℃回火球化率高

图 7-18a 是不加铌基础钢,析出物球化率很低,且有显著沿晶粗大渗碳体。而图 7-18b 0.1%Nb 钢的 NbC 球化率较高,且分布均匀。这是基础钢抗延迟断裂性能不好,而 0.1%Nb 钢好的组织上的原因。

(6)析出物的形态和断裂源。图 7-19 所示为 VC 粒子周围吸氢是因为析出物共格应变场的作用而 NbC 已失去共格性不吸氢。图 7-19 左图中的断裂是沿晶界分布的氢陷阱,而这种陷阱明显有沿晶倾向。

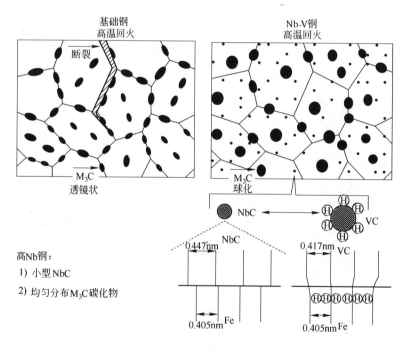

图 7-19 碳化物析出形态对断裂源的影响示意图

吸氢量低的钢并不是抗氢延迟断裂性能就好,本试验中基础钢和 0.1%Nb 钢,吸氢量都很低,但 0.1%Nb 钢是本研究中抗延迟断裂临界强度最高的钢,而基础钢是最低的钢,这与氢陷阱分布相关。上述两种钢的断口形貌见图 7-20。

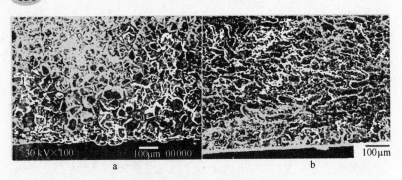

图 7-20　基础钢和 0.1% Nb 钢的断口形貌(1532 K 固溶,1423 K 终轧)

a—基础钢,σ_b 为 1048 MPa,873 K 回火;

b—0.1% Nb ,σ_b 为 1055 MPa,973 K 回火

小结:

(1) 铌比 Ti、V 的沉淀强化效果好;

(2) 利用 Nb、V 复合强化可得到高的强度和更好的韧性;

(3) 吸氢量少的铌钢具有更好的抗氢性能,因为具有良好的碳化物形貌与分布;

(4) 0.2% V 钢、0.05% Nb + 0.1% V 钢、0.1% Nb 钢依序抗氢优越。

7.6　微合金化元素 Nb、V、Ti、Mo 等的沉淀强化和氢陷阱行为

7.6.1　沉淀强化

试样制备方法为:以 0.10C-2.0Mn 为基单独加入或复合加入 Nb、V、Ti、Mo,加入量按合金碳化物化学比计算。钢经真空冶炼,锻造后 1250~1300℃加热 2 h 淬火处理,200~700℃、1 h 回火,研究析出强化和吸氢行为。

电子显微镜观察指出,Nb、V、Ti、Ti-V、V-Mo 的碳化物为板状 MC 型碳化物;钼为棒状 M_2C 型碳化物,尺寸在 10 nm 级和基体共格应变。图 7-21 示出碳化物强烈的二次硬化性。

单一碳化物从强到弱的强化顺序：NbC＞TiC＞VC＞Mo$_2$C；复合碳化物为：(VMo)C＞VC、TiC＞(TiV)C，表明碳化物成分的不同，析出强化能发生了变化。

各种碳化物最大析出强化是在最大的共格应变，应按 Gerold and Harberkord 理论评价，碳化物尺寸按 10 nm 计，用 Thermocal C 计算碳化物体积分数计算值和实测值，见图 7-22。铌的数据偏离甚远说明 NbC 早已失去共格，但仍有强的沉淀强化作用。

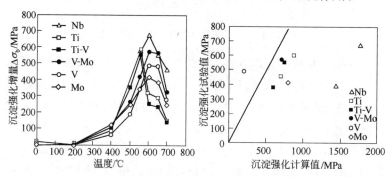

图 7-21　碳化物的沉淀强化作用　　图 7-22　沉淀强化与试验值的关系

7.6.2　氢陷阱容量

不同回火温度下所形成的各种碳化物，它们的容氢能力不同，可用氢陷阱容量表示。它们的差别见图 7-23。氢陷阱容量同沉淀强化的关系，见图 7-24。

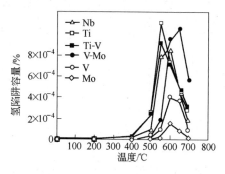

图 7-23　各种碳化物对氢陷阱容量的影响

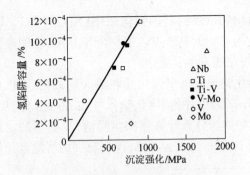

图 7-24　氢陷阱容量与沉淀强化的关系

　　氢陷阱容量的测定方法为:试样经 200～700℃、1 h 回火后在 NH$_4$SCN 溶液中浸泡 42 h,电解后,在室温存放 96 h 用升温法研究放氢量,结果见图 7-23、图 7-24。图 7-24 表明除 NbC 和 Mo$_2$C 外析出强化与氢陷阱容量有很好一致性的关系。而 NbC、Mo$_2$C 氢陷阱容量虽低,但强化量大,这和析出物与基体共格应变场有关。此时 NbC 是部分共格,而 Mo$_2$C 和板状析出 MC 型碳化物不同,而是棒状析出而成非共格。

　　在同样氢容量 Nb 比 Mo,Nb 比 Ti、V 有更强的沉淀强化能。

8 齿 轮 钢

8.1 Nb 在各种齿轮钢中的应用

表 8-1 所示钢的化学成分是经典的化学成分。热机械处理 (TMCP)的应用和微合金化技术的发展以及对钢材高性能的追求、低成本市场竞争力，使齿轮用原材料的供货状态发生了巨大的变化。冶金厂家利用生产线生产钢材自身的热量进行热机械处理不断取得成功，给用户带来低成本原材料。诸如省略球化退火材，省略再加热常化处理材，直接切削材等。这些优化工艺，除了应用微合金元素 Nb、V、Ti、Al、B 等外，对钢中的基本成分(表 8-1)进行调整也是必须的，通过调整钢的连续冷却转变曲线的时间、空间、温度的位置以满足工业大生产的需要。本章所述含 Nb 渗碳齿轮钢的化学成分如表 8-2 所示。

表 8-1　渗碳齿轮用钢主要成分

JISH 钢	主要成分/%						近似 SAEH 钢
	C	Si	Mn	Ni	Cr	Mo	
SMn420H	0.20	0.25	1.35				
SMnC420	0.20	0.25	1.35		0.53		
SCr415H	0.15	0.25	0.75		1.05		
SCr420H	0.20	0.25	0.75		1.05		5120H
SCM415H	0.15	0.25	0.75		1.05	0.25	
SCM418H	0.18	0.25	0.75		1.05	0.25	4118H
SCM822H	0.22	0.25	0.75		1.05	0.40	
SNC415H	0.15	0.25	0.50	2.20	0.40		
SNC815H	0.15	0.25	0.50	3.25	0.85		
SNCM220H	0.20	0.25	0.80	0.55	0.50	0.25	8620H
SNCM420H	0.20	0.25	0.55	1.80	0.50	0.25	4320H

表 8-2　本章中所述含 Nb 新产品齿轮渗碳钢的化学成分（％）

序号	C	Si	Mn	Ni	Cr	Al	Nb	Mo	V	N	Ti
1	0.24	0.24	0.76		1.03	**0.028**	加				
2　A 　　B 　　C 　　D				1.1	0.03 ~ 0.192						
3	0.19	0.09	0.68		1.02	**0.029**	0.042	**0.38**			
4	0.17	0.20	0.83		1.10		0.035	**0.16**			
5	0.22	**0.78**	0.59		1.04	加	加	**0.35**	**0.15**	加	
6	0.18	0.28	**1.20**		**0.47**		加			加	加
7	0.20	0.25	0.8		1.03	0.029	0.04		**0.011**		
8	0.20	**0.08**	0.4	**0.50**	0.6		0.02	0.8			**0.001**
9	0.18	0.10	0.5		**1.22**		加			加	

注：黑体为本钢特征元素。

8.2　合金元素对渗碳异常层的影响

渗碳异常层由晶界氧化层和不完全淬透层构成，它对齿轮的强度特性的影响很大，这是众所周知的。消除或减少渗碳异常层非常必要。图 8-1 所示的合金元素对晶界氧化深度的影响指出：除 Mo、Ni、Cu 没有影响外，Si、Mn、Cr 对晶界氧化深度产生影响并都有峰值含量，存在选项与优化含量的设计。图 8-2 中所示的合金元素都是提高淬透性的，随含量的增加，非马氏体层的深度减少。

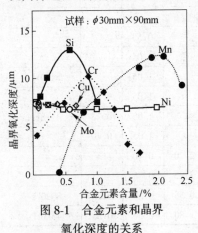

图 8-1　合金元素和晶界
氧化深度的关系

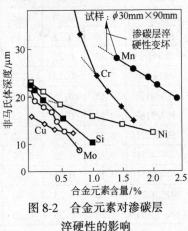

图 8-2　合金元素对渗碳层
淬硬性的影响

综合图 8-1、图 8-2 的影响因子,降低氧化层深度,优化渗碳层的淬硬性,对渗碳齿轮钢的成分优化设计方法要点及成分设计列于表 8-3。

表 8-3 设计方法

要 点	成 分 设 计
减少晶界氧化层	减少 Si,Mn,Cr
强化渗碳层的晶界	减少 Mn,Cr 提高 Mo,加 B
高韧化渗碳层	加 Ni,Nb
降低成本	加 B

已开发的系列齿轮钢,并有生产实例的部分钢种及其成分列于表 8-4。

表 8-4 钢种代号及化学成分(%)

代 号	C	Si	Mn	Ni	Cr	Mo	Nb	B
CM201	0.20	0.10	0.70		0.95	0.40	加	
CM202	0.20	0.10	0.45		0.60	1.00	加	
CM203	0.20	0.10	0.45	1.00	0.30	0.80	加	
CM204	0.20	0.10	0.45	2.00		0.80	加	
E202M	0.20	0.25	1.20		0.48		加	加

这些钢种各具特点列于表 8-5。

表 8-5 钢种特征与经济效益

钢 种	减少晶间氧化	强化晶界	齿根疲劳强度	齿根冲击韧性	点蚀性能	经济效益
CM201	○	○	○	○	○	○
CM202	◎	○	◎	○	○	△
CM203	◎	○	◎	◎	○	△
CM204	◎	◎	◎	◎	◎	△
E202M	△	○	△	△	△	◎

注:◎最好,○好,△差(与 SCM420 比)。

生产证明,这些钢种在变速齿轮和差动齿轮的应用中改善了渗碳层的性状,提高了疲劳寿命。

8.3　析出物对晶粒长大行为的影响

渗碳是耐磨、耐疲劳的齿轮、轴承等零部件的表面处理之一,γ晶粒在 1173 K 经过长时间加热,保温后,有时发生晶粒粗大化。特别是冷加工如冷镦部件 γ 晶粒更容易在局部部位发生极大的粗化现象,其结果给渗碳部件带来诸如韧性、疲劳性能下降,强度不均匀,产生部件变形等质量方面的问题。

近年来,随着冷锻零件越发普及,渗碳温度也在攀升。因此渗碳用钢防止晶粒粗化是重大课题之一。

8.3.1　微合金元素 Nb 对 JIS420 钢 γ 晶粒长大的影响

SCr 420 钢是典型的含 1% Cr 的渗碳钢,以此为基加入不同的合金元素及其不同的含量研究对 γ 晶粒长大的影响具有广泛而实际意义,并具触类旁通的效果。

试样原始状态为 70% 冷加工。经不同温度再加热 1.8 ks 水冷,试验结果见图 8-3。图 8-4 示出 SCr 420 钢加 Nb 后 γ 晶粒长大行为。图 8-5 示出了 Nb 的抑制晶粒长大效果。SCr420 1223K 开始晶粒粗大化,加 Nb 后显著地提高了晶粒异常长大温度。图 8-6 示出 Nb 含量同粗化温度关系。

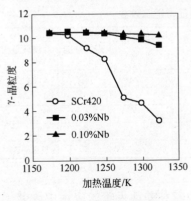

图 8-3　加热温度同 γ 晶粒度关系

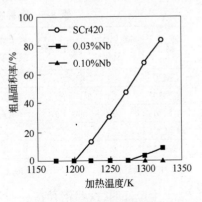

图 8-4　温度同粗晶率的关系

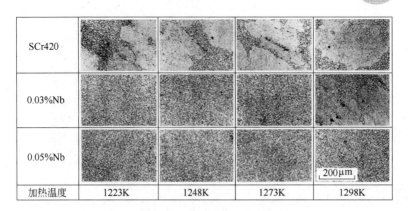

图 8-5 再加热温度对基体钢和含 Nb 钢的金相组织

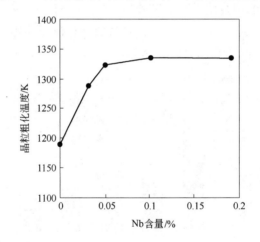

图 8-6 γ晶粒粗化温度同 Nb 含量的关系

8.3.2 Nb 的化合物析出形态和数量

8.3.2.1 析出物种类

图 8-7 是 SCr420 钢和 0.1％Nb 钢球化退火后的析出物的电子显微镜分析结果。如图所示有 3 种沉淀物：AlN、Nb(C,N)（图中未标注的微细质点）和 AlN·Nb(C,N)。而 Nb(C,N)是很微细的析出物，此析出物随温度升高而减少。

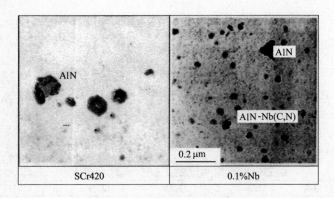

图 8-7　析出物的种类和形貌

AlN 和 AlN·Nb(C,N)随着温度的升高而减少,微细的析出物
在较高的温度下呈亚稳定状态。单位面积内析出物质点数随再加
热温度的升高而降低,见图 8-8。

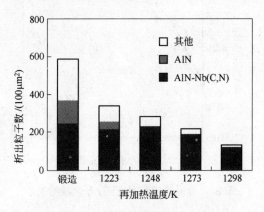

图 8-8　再加热温度与析出粒子数关系

8.3.2.2　试样处理工艺

TMT(热机械处理)工艺见图 8-9。

8.3.2.3　析出物的量和 Al、N 的影响

经图 8-9 所示 TMT 工艺处理后得试验结果,见图 8-10、
图 8-11。

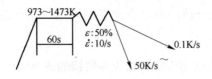

图 8-9 TMT 示意图

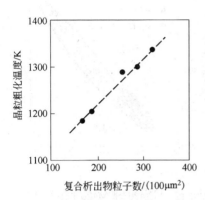

图 8-10 析出物质点数同粗
化温度的关系

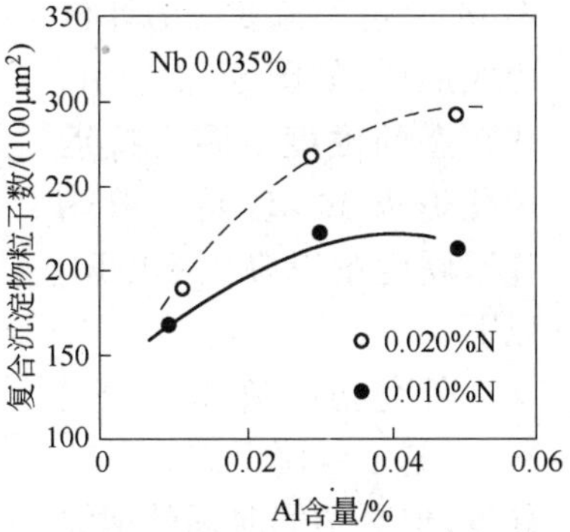

图 8-11 Al 含量和 N 含量对
复合析出物的数量的影响

小结：

（1）加 Nb 抑制再加热 γ 晶粒粗化有效；

（2）随 Nb(C,N) 和 AlN 复合析出物量的增多，晶粒粗化温度升高；

（3）AlN、Nb(C,N) 复合析出物比 AlN 稳定性高。

8.4 超级冷锻高温渗碳齿轮钢

汽车用轴承、齿轮、方向节轴等传动部件要求成形性要好，淬透性好，渗碳性好，淬火后变形小，抗弯性能好，齿面还要求抗点蚀性能也好。冷镦钢要求硬度 HRB 小于 80，一般说 0.2％C 钢需要球化退火后才能冷锻。现代冶金厂为降低成本占领市场，供应热轧态直接冷锻钢材。同时为满足高温渗碳的要求，供应 1050℃ 高温渗碳时 γ 晶粒不长大的齿轮原材。为适应生产的需要，要求合理的 TMCP 与合适的微合金元素的应用以及钢的基体成分的最佳化是必要的。

8.4.1　高温渗碳用免球化退火冷锻钢的成分设计

在冷成形与硬度的关系方面,可用流变应力评价冷成形性,如图 8-12 所示。热轧态的硬度下限已接近球化退火态。但是一般热轧后硬度难以降到 80HRB 以下。

研究指出降低 C、Si、Mn 可进一步降低轧态下的硬度,但必须同时调整钢的淬透性,而 B 是最佳选择,加微量 B 可补充淬透性的

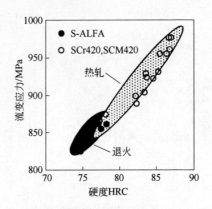

图 8-12　SCr420、SCM420 和 S-ALFA
钢的流变应力和硬度的关系

不足。另外,要使高温渗碳 γ 晶粒不长大,而选择适当的微合金元素的碳化物或碳氮化物作为晶粒长大阻止剂,则研究课题可迎刃而解。实际上加微量 Nb 已经有实例,前面已有介绍。

8.4.2　超级冷锻钢的位置

超级冷锻钢硬度低,晶粒粗化温度高,见图 8-13。

超级冷锻钢 S-ALFA 热轧态硬度 70～80HRB,粗化温度 1000～1100℃。

钢的 γ 晶粒粗化温度与钢中析出物的体积分数和析出物临界尺寸有关,即与析出物的稳定性和析出物的种类有关,而与钢的最终组织无关。

8.4.3　抑制渗碳过程中 γ 晶粒长大机制

Nb、B 对 SCr420 钢加热时 γ 晶粒长大倾向的影响见图 8-14。

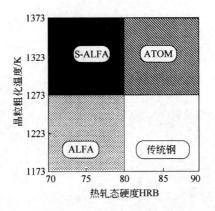

图 8-13 超级冷锻钢的位置

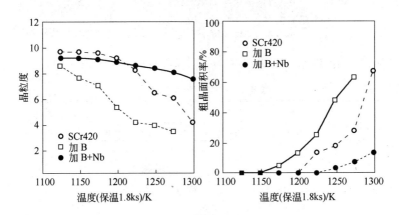

图 8-14 Nb、B 对 SCr420 钢加热时 γ 晶粒长大倾向的影响

单加 B 有促进晶粒长大倾向,而 Nb、B 复合添加阻止晶粒长大效果十分显著。NbCN 还有稳定 N 的作用,可减少或消除 B 的氮化物,从而保证 B 的有效性,促进 B 强化 γ 晶界,提高淬透性。

SCr420 钢加 B 和 0.05%Nb,冷轧变形 70%,在不同温度下加热晶粒长大行为见图 8-15,可见加 B、Nb 应用成功。图 8-15 有力地说明了 Nb、B 有细化晶粒作用。新钢成分见表 8-6。

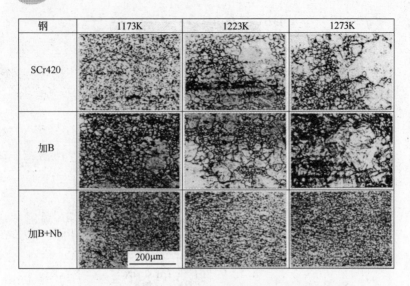

图 8-15　Nb、Nb + B 对 SCr420 钢不同温度下组织的影响

表 8-6　新钢的化学成分(%)

C	Si	Mn	Cr	B	其他
0.18	0.10	0.50	1.0~2.0	0.0015	Nb, Ti

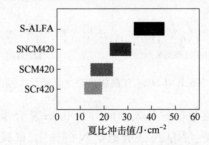

图 8-16　新钢的韧性(最优)

小结:

新开发的加 Nb 超级冷镦钢 S-ALFA 钢的性能全面优于 SNCM420、SCM420、SCr420。该钢适于汽车全部齿轮生产。

8.5 高强度变速齿轮钢

8.5.1 钢的化学成分与渗碳层的性质

新钢的成分设计为：P、Si 极低，其他主要成分按 $(w(\mathrm{Ni}) + 3.5w(\mathrm{Mo}))/(10w(\mathrm{Si}) + w(\mathrm{Mn}) + w(\mathrm{Cr})) = 2.0$ 优化。降低 Si 含量、提高 Mo 含量是提高渗碳钢的夏比冲击值最有效的方法。新齿轮钢的化学成分见表 8-7，渗碳层的性质见表 8-8。

表 8-7 新齿轮钢的化学成分（%）

C	Si	Mn	P	S	Ni	Cr	Mo	Nb
0.20	<0.08	0.40	<0.012	0.012	0.50	0.60	0.80	0.02

表 8-8 渗碳层的性质

钢	表面(HV)	芯(HV)	有效深度/mm	内氧化/μm	残余奥氏体含量/%
新钢	748	415	0.95	6	20.3
SCM420	718	430	0.85	12	16.0

8.5.2 新钢齿轮的基本性能

图 8-17 所示为新钢齿轮的疲劳寿命与齿根应力的关系曲线，可以看出在较高的齿根弯曲应力 750～800 MPa 下，疲劳寿命仍可达 10^7。

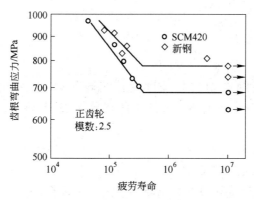

图 8-17 新钢齿轮的疲劳性能

8.5.3　新钢齿轮

图 8-18 为用新钢制作的人字形齿轮外貌,并且达到了小形化并减重目标。

图 8-18　精制齿轮外貌
a—小齿轮；b—原来齿轮

小结：

(1) 研制成功的高强度变速齿轮钢(0.2C-0.05Si-0.4Mn-0.5Ni-0.6Cr-0.8Mo-Nb)降低了渗碳异常层,改善了渗碳层的韧性。

(2) 与 SCM420 钢比新钢的齿轮的疲劳强度和冲击强度分别提高了 1.2 倍和 2.0 倍。

(3) 实际应用试验指出新钢的强度提高了 20%。

8.6 高温渗碳 γ 晶粒粗大化防止技术及 1050℃ 高温渗碳钢的开发

目前,渗碳部件制造工艺的发展对渗碳钢有两个突出的要求:
(1)省略中间热处理;(2)1323 K 高温渗碳化。高温渗碳容易发生
局部晶粒异常长大,为此开发了利用微合金元素的析出物量多而
细小,均匀分布以防止渗碳过程中晶粒粗化技术;本开发钢在
1323 K 高温渗碳时能防止晶粒粗化。

晶粒粗化对一系列如疲劳、冲击韧性、热处理变形、渗碳层性
能等产生恶劣的影响。因此渗碳前需进行正火或退火处理,以消
除冷加工的影响。

一般情况下,渗碳温度的提高可缩短渗碳时间,如 1 mm 渗碳
层 930℃ 需 12 h,而 1050℃ 只需约 3 h。但是高温渗碳特别容易发
生晶粒粗化,因此渗碳后需要一次冷却到相变点以下发生相变,然
后再在更低的 γ 化温度下再加热把粗大了的组织重新细化处理。

本文重点叙述省略上述的中间热处理技术的高温渗碳钢。试
验钢的成分见表 8-9。SCr420 钢加 Nb、Al、N 微合金化。

表 8-9 试验钢的化学成分(%)

序号	C	Si	Mn	P	S	Cr	Al(固溶)	Nb	N
7	0.18	0.26	0.79	0.016	0.014	1.03	0.028	0.005	0.0136
8	0.20	0.26	0.80	0.016	0.014	1.04	0.027	0.010	0.0144
9	0.21	0.25	0.82	0.015	0.013	1.04	0.029	0.020	0.0160
10	0.20	0.26	0.82	0.015	0.013	1.05	0.029	0.041	0.0155
11	0.21	0.25	0.80	0.014	0.014	1.03	0.011	0.041	0.0112

8.6.1 防止 γ 晶粒粗大化技术

8.6.1.1 Gladman 公式

γ 晶粒正常长大可用 Zener 理论解析,晶粒异常长大可用
Gladman 理论解析。

Gladman 公式为：

$$r_c = \frac{6R_0 f}{\pi}\left(\frac{3}{2} - \frac{2}{Z}\right)^{-1}$$　　　　　(8-1)

式中　r_c——晶粒粗化的临界尺寸；

　　　f——析出物的体积分数；

　　　R_0——初始 γ 晶粒半径；

　　　Z——混晶比，$Z = \dfrac{R}{R_0}$（R 是长大了的晶粒尺寸，本文为 5 级晶粒度）。

晶粒异常长大发生在"钉扎"晶界移动的析出物的半径超过 r_c 时，"钉扎"晶界的质点数在减少。因此部分晶粒失去"钉扎"而长大，另一部分晶粒仍被"钉扎"不长大，因此呈混晶状态，Z 值变大的双峰分布的异常长大现象。

公式 8-1 是微合金化元素的用量设计的理论基础。

（1）在渗碳期间，有量大细小的析出物（$r < r_c$）析出，控制技术是按微合金元素 Nb 的溶度积公式，加入足够多的 Nb，并在钢坯加热时保证完全固溶。

（2）在第二次加工后，常化、退火或渗碳升温过程中完全溶解的 Nb(C,N) 又重新析出以抑制再结晶和晶粒长大。上述两点综合于示意图 8-19 中。析出物量的大小决定热轧加热温度和渗碳温度差。即过冷度越大，析出物量越多、越细小、越分散越好。

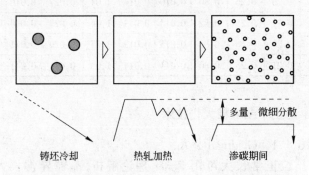

图 8-19　渗碳时析出物的量大、细小的控制技术

8.6.1.2 Nb(C,N)、AlN 的固溶析出行为

图 8-20 定量地示出了 AlN 和 Nb(C,N)的析出和固溶行为。AlN 因为两种钢的 Al、N 含量相同,所以析出行为相同,两曲线一致。

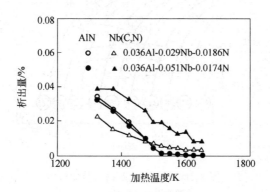

图 8-20 AlN、Nb(C,N)固溶行为

另外,Nb(C,N)因 Nb 含量不同的两种钢,Nb 含量高者未固溶的 Nb(C,N)量高,含量低者未固溶的 Nb(C,N)量低,两者差别明显。高 Nb 钢要完全固溶,应升高温度。图 8-20 表明在 1400 K 以下仍有数量可观的 AlN 和 Nb(C,N)。

8.6.1.3 冷却途中的析出行为

图 8-21 是 SCr420-Nb 钢的 CCT 曲线,表 8-10 是图 8-21 中的不同冷却速度时的 AlN、Nb(C, N)的析出率。AlN 在实用的冷却下几乎是不析出的,少量的 AlN 是热轧或锻造时不溶解的残余 AlN。它是固溶处理不充分的结果。另外,Nb(C,N)大量析出是在慢速冷却范围内,在 γ→α 相变区;在比较快速冷却区,析出很少。

表 8-10 AlN、Nb(C,N)冷却中的析出率

冷却速度 /K·s⁻¹		50	20	10	5	2	1	0.5	0.2	0.1	0.05
AlN	析出率/%	2	1	2	1	1	2	2	4	4	7
Nb(C,N)		24	29	32	32	32	41	44	50	68	82

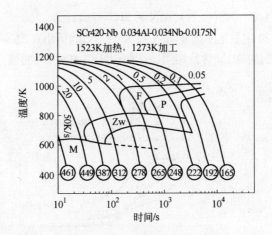

图 8-21   SCr420-Nb 钢的转变行为

(圆圈内数字为 HV 数值)

8.6.1.4   加热时的析出行为

图 8-22 所示是升温时 AlN 及 Nb(C,N) 的析出行为,从图看出,在加热温度高于 1000 K 时大量析出 AlN 和 Nb(C,N),说明渗碳加热过程中在未到渗碳温度前就已经在远比渗碳温度低的低温区析出了大量粒子。

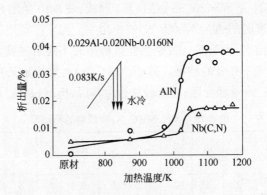

图 8-22   升温时 AlN、Nb(C,N) 的析出行为

8.6.2 生产实践

8.6.2.1 热轧→SA→冷加工→渗碳

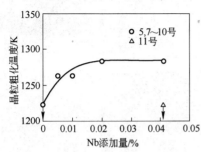

图 8-23　Nb 含量与晶粒粗化温度的关系

SA 为球化退火。SA 处理是生产比较小的齿轮或轴承渗碳前的冷锻工序所必需的坯料软化工艺。Nb 对 SA 处理中晶粒粗大化行为如图 8-23 所示。

图中 5 号不加 Nb,11 号为高 Nb 低 Al 钢,这两点粗化温度低于 1220 K 以下,这是 Nb 含量高,冷却快出现贝氏体的结果。另有数据表明只加 Al 的钢在此工艺中晶粒粗化严重,必须加 Nb 才行。从图 8-23 可看出,添加 Nb,在质量分数 0.02%、1273 K 时晶粒粗化饱和。

8.6.2.2 热轧→冷拔→渗碳

热轧→冷拔→渗碳,这是简单轴类生产工艺。一般采用加 Al 钢生产可以防止晶粒粗大化。

此工艺生产渗碳轴类件,钢中加 Nb 反而出现晶粒粗化温度降低的异常现象,见图 8-24。随着 Nb 的增加,粗化温度呈线性下降。9 号的冷却速度为

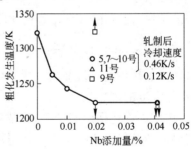

图 8-24　Nb 含量和粗化温度的关系
（当钢中混有贝氏体时）

0.46 K/s,粗化温度降低很多,而冷却速度为 0.12 K/s,粗化温度升高很多,而 10 号、11 号在冷却速度为 0.46 K/s 下,粗化温度也下降很多,这原因可从化学成分和钢的组织异常得到解释,见图 8-25。

比较图 8-24 与图 8-23 可知:Nb 对粗化温度的影响有相反的

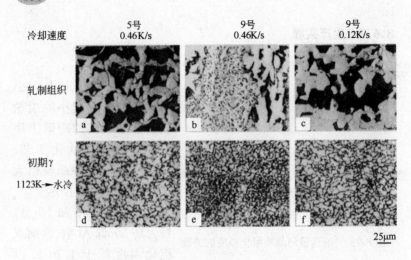

图 8-25 　热轧钢中 Nb 含量和冷却速度对组织的影响(a～f)

效果,这是由于钢中出现异常组织贝氏体而引起的。对于含 Nb 钢采用 0.46 K/s 冷速,超出了临界冷却速度而发生了贝氏体变相,或许这是原 γ 晶已异常长大造成穿越了 B_s 点(贝氏体开始温度)的结果,而 0.12 K/s 是最佳化冷却速度。

根据 Gladman 公式混晶比 $Z = \dfrac{R}{R_0}$,冷却发生局部贝氏体转变,使再加热后的 γ 混晶比加大,这造成了(见图 8-24)Nb 反而降低粗化温度的现象。

由以上论述得出结论:采用热轧→冷拔→渗碳工艺生产渗碳轴类件,热轧坯中不得有贝氏体组织,控制慢速冷却非常重要。

8.6.2.3 　热锻→正火→(高温)渗碳

大型齿轮和 CVT 传动部件,要求高温渗碳,加深渗碳层。表 8-11 为模拟高温渗碳时的晶粒度。

表 8-11 　9 号钢模拟高温渗碳时的晶粒度

条　件	1323 K,5.4 k s	1333 K,5.4 k s	1343 K,5.4 k s	1343 K,18 k s
晶粒度	8.9 号	9.0 号	8.6 号	7.7 号

小结：

(1) γ 晶中固溶的 AlN 在实用的冷却速度范围内是不析出的,而 Nb(C,N) 在 $\gamma \to \alpha$ 相变时析出一部分。在加热时则在 $\alpha \to \gamma$ 相变时急剧而大量地析出。

(2) 加 Nb 降低粗化温度是由于发生部分贝氏体转变导致渗碳时 R_0 变小,Z 值增大的结果;在冷速较快时过高的 Nb 含量钢易发生贝氏体转变。

(3) 随着 Nb 量增加粗化温度升高,在钢中有 AlN 的条件下 0.02%Nb 达到饱和。

(4) 9 号钢确认在 1323～1343 K 高温渗碳晶粒不粗化。

8.7 Nb、Ti、B 复合应用以及形变热处理型高强度齿轮钢

Nb、Ti、B 的复合应用以及形变热处理型高强度齿轮钢的工艺要点为：

(1) 化学成分见表 8-12。根据 TiN 的化学比可知,Ti 含量相对于 N 含量是过量的,全部 N 形成 TiN 后才能抑制 BN 的析出,并促进加 B 后提高淬透性的效果。Nb 既有细化晶粒又有强化晶界作用。Nb、Ti 复合加入使 NbTi(C,N) 析出温度比单独加 Nb 高出 100℃。其稳定性高,一般铸造状态析出的粗大 NbTi(C,N) 只有在高温 1300℃ 时才溶解。

(2) 在线热加工必须应用形变热处理概念。必须是高温锻造继之中温锻造,才能使析出物先溶解而后析出。

(3) 渗碳前的过程必须使 NbTi(C,N) 有一次全溶解过程,在 1050℃ 高温渗碳时析出物才能呈弥散细小分布,阻止晶粒长大和异常长大。

(4) B 的应用节约了 Cr、Mo、Ni 等并保证了淬透性。

(5) 该钢已在载重汽车上获得应用(齿轮箱)。

表 8-12 为开发钢的化学成分,特点是钢中加 Nb、Ti、B 进行微合金化。

表 8-12 试验钢的化学成分(%)

C	Si	Mn	Cr	Nb	Ti	B
0.18	0.28	1.20	0.47	加入		

齿轮制造工艺流程如下:

炼钢浇铸→锻造开坯→棒钢热轧→锻造(高频加热)→等温退火→机加工→渗碳。

渗碳后的钢中析出物的组成、大小和 γ 晶粒直径的关系以及加热温度的影响见表 8-13。表 8-14 示出 Nb、Ti、B 的复合应用,全面提高了 SCM420 钢的强度和韧性指标。碳氮化物的析出行为和 B 的强化晶界机制分别示于图 8-26 和图 8-27。

表 8-13 不同温度锻造后的析出物情况

锻造加热温度	渗碳后的 γ 晶粒尺寸 /μm	未固溶的粗大析出物 ≥0.1 μm	微细析出物
通 常	32~211	5 个 /μm² Nb 占 45%	16 个 /μm² Nb 占 83%
高 温	16	2 个 /μm² Nb 占 18%	136 个 /μm² Nb 占 75%

表 8-14 开发钢同 SCM420H 钢的强度特性

项　　目	开 发 钢	SCM420H
夏比冲击值 /J·cm⁻²	13.4	7.5
3 点弯曲强度 /kPa	2640	1530
疲劳强度 /kPa	6960	6660
滚压点蚀疲劳强度(10⁷ h)/kPa	26950	24500

从图 8-26 看到 NbTi(C,N)在 1200℃ 以上析出,而后,随温度下降,NbTi(C,N)增加,主要开始析出 NbC。NbTi(C,N)完全溶解温度接近钢的熔点。NbC 的大量析出是在 900~1100℃。

1300℃ 下仍然有足够量析出物。图 8-26 实用性强,它是锻造加热温度、开锻温度和终锻温度的制定依据,是高温渗碳晶粒不长大的抑制机制。

由图 8-27 可见,B 的强化晶界作用是由于 B 在晶界偏析强化

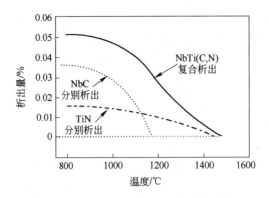

图 8-26 复合析出物和分别析出物溶解度比较

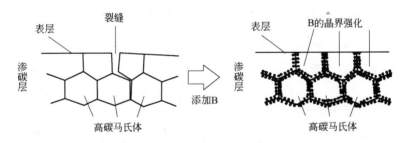

图 8-27 B 的强化晶界机制

晶界的结果,同时提高钢的淬透性也缘于此。但这些情况只有 B 在晶界上才生效,当热变形晶界发生大的迁移而 B 不能及时跟踪时,B 的作用就会消失。如果要恢复 B 的作用则需要有 B 回复到再结晶 γ 晶界的过程才行。

8.8 HS822H 钢和 SCM922H 钢

高强度 HS822H 钢的化学成分见表 8-15。抗回火软化性能见图 8-28,可很明显看出,HS822H 的性能优于 Cr-Mo 钢和 Ni-Cr-Mo 钢。

表 8-15 HS822H 化学成分(%)

C	Si	Mn	Ni	Cr	Mo	V	Al、Nb、N
0.22	0.78	0.59	0.32	1.04	0.35	0.15	适量加入

HS822H 钢抗点蚀疲劳性能很优越,寿命大于 10^7,明显优于 Ni-Cr-Mo 钢和 Cr-Mo 钢,见图 8-29。

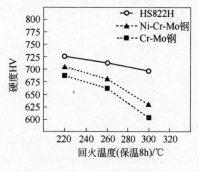

图 8-28　抗回火软化性的比较　　　图 8-29　点蚀疲劳强度的比较

SCM922H 钢的化学成分见表 8-16,与 HS822H 钢相比,Si 含量低,Mo 含量高,Cr 含量高,无 Ni。

表 8-16　SCM922H 钢的化学成分(%)

C	Si	Mn	Cr	Mo	Al、Nb、N
0.20	0.08	0.65	1.30	0.70	适量加入

SCM922H 钢 的 冲 击 功 大 于 HS822H 钢,见图 8-30。 SCM922H 钢的弯曲疲劳强度高于 SCM822H 钢,见图 8-31。

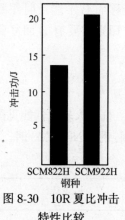

图 8-30　10R 夏比冲击
　　　特性比较

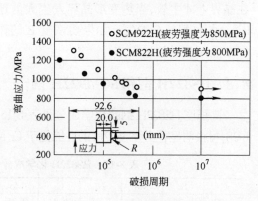

图 8-31　弯曲疲劳特性比较

8.9 等离子高温渗碳钢(渗碳时间缩短)

等离子高温渗碳钢的化学成分见表 8-17。渗碳后的显微组织见图 8-32。齿轮的疲劳强度见图 8-33。

表 8-17 化学成分(%)

钢	C	Si	Mn	Cr	Mo	Nb
SCM418	0.19	0.25	0.83	1.16	0.16	——
SCM418Nb	0.17	0.20	0.81	0.11	0.16	0.035

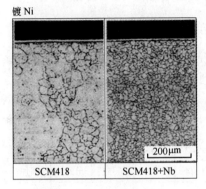

图 8-32 等离子渗碳钢(1253 K) 的显微组织

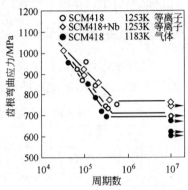

图 8-33 齿轮疲劳试验

试验条件为:试片 25 mm,齿轮模数 2.5,等离子渗碳剂 Ar + C_3H_8,炉压 150 MPa,线电流密度为 1.1 A/m,渗碳→扩散→降温 1103 K,真空淬入 353 K 油槽,433 K 回火。

结论:

(1) 渗碳温度提高 50 K,时间减少一半。

(2) 金相组织变化见图 8-32。

(3) 疲劳性能见图 8-33,从图可知,疲劳强度高,疲劳寿命长。

8.10 高面压渗碳用双相钢

高面压渗碳用双相钢的化学成分特点为:高 Si,加入 Cr、Mo

提高了抗回火软化性能,利用 V 沉淀强化,提高了 Si 而降低 Mn,
提高 Ac_3 点。渗碳后的组织内部为 F + M 双相,渗碳层为贝氏
体,具体成分见表 8-18。淬火后变形小,面压高。

表 8-18　钢的样品化学成分(%)

元素	C	Si	Mn	P	S	Cr	Mo	Nb	V
含量	0.23	1.75	0.42	0.016	0.010	1.52	0.38	加入	加入

渗碳和喷丸技术相结合生产的齿轮达到 15% 以上的高面压
化。此钢适于汽车所有齿轮(包括变速齿轮、差动齿轮)制造。

8.11　低变形齿轮钢

低变形齿轮钢的化学成分见表 8-19。高 Si 的 Nb 微合金化齿
轮经 840℃ 淬火后的变形性得到了大幅度改善,见图 8-34。

表 8-19　低变形齿轮钢的化学成分(%)

低变形齿轮钢	C	Si	Mn	Cr	Mo	Nb
DP1(SCM822 代替)	0.23	1.42	0.69	0.51	0.86	添加
DP2(SCM420 代替)	0.20	1.44	0.70	0.51	0.70	添加
DP3(SMnC420 代替)	0.20	1.44	0.70	0.51	0.30	添加

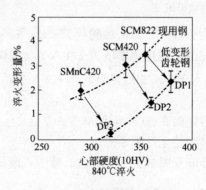

图 8-34　淬火变形量的比较

8.12 差动齿轮强化技术

差动齿轮要求强度特性有三点:冲击强度、面压疲劳强度和耐磨性。一般来说提高抗面压疲劳强度须提高渗碳层的深度,但因而导致冲击强度降低。本节叙述了解决该课题的方法:差动齿轮的强化技术。

试验钢的化学成分见表8-20,试验方法为气体渗碳 + 高频淬火表面硬化处理。

表 8-20 试验钢化学成分(%)

元素	C	Si	Mn	P	S	Cr	Mo	Nb	固溶 Al
含量	0.19	0.09	0.68	0.021	0.027	1.02	0.38	0.042	0.029

试验结果为:

(1)渗碳层的碳浓度对钢的韧性影响十分敏感。当 C 含量大于 0.8%时,沿晶脆断率随 C 含量增加而增加;C 含量大于 1.0%时,沿晶脆断率达 100%。

(2)渗碳层的碳含量为 0.7%时,对抗扭矩效果有突出的贡献,能提高抗扭能力 30%。

(3)由于调整了 SCM22 钢的 Si 含量并加 Nb 微合金化,细化了原 γ 晶粒,改善了钢的淬火变形性。

8.13 超细晶粒渗碳齿轮钢(SAE950 209)

此钢和超级冷锻钢的差别是 C、Si、Mn 含量较高,淬透性较高,因此没有加 B,此钢属典型的 SMC420 加 Nb 钢。化学成分见表8-21。

表 8-21 试验钢的化学成分(%)

钢	C	Si	Mn	Cr	Nb
SMC420	0.20	0.23	0.75	0.10	—
A	0.21	0.23	0.74	1.09	0.031

续表 8-21

钢	C	Si	Mn	Cr	Nb
B	0.21	0.25	0.75	1.11	0.049
C	0.20	0.24	0.75	1.10	0.102
D	0.20	0.24	0.74	1.09	0.192

　　此钢的试验程序见图 8-35。Nb 对晶粒粗化温度的影响,见图8-36。新齿轮钢和传统齿轮钢的化学成分见表 8-22。

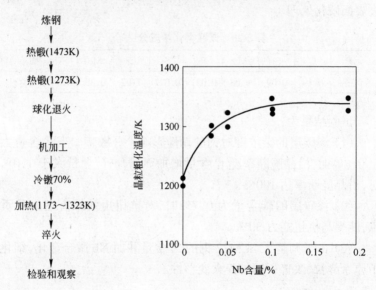

图 8-35　SMC420 钢　　　　图 8-36　Nb 对晶粒粗化温度的影响
试验过程

表 8-22　新齿轮钢和传统齿轮钢的化学成分(%)

钢　种	C	Si	Mn	Cr	Nb
新　钢	0.20	0.22	0.75	1.01	0.034
JIS SCr420	0.21	0.23	0.76	1.03	—

　　晶粒异常长大的温度和加热时间的关系曲线指出:含 Nb 钢具有优异的抗粗大化能力,见图 8-37。疲劳性能见表 8-23。反复弯曲疲劳性能见图 8-38。冷镦裂纹率见图 8-39。

表 8-23 疲劳性能

渗 碳	新 钢	JIS SCr420
	1183 K, 10.8 ks	
晶 粒 度	8.4	6.4
有效层深度 /mm	0.73	0.76
疲劳极限 /MPa	845	740

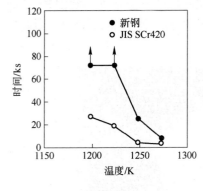

图 8-37 晶粒异常长大温度
与时间的关系

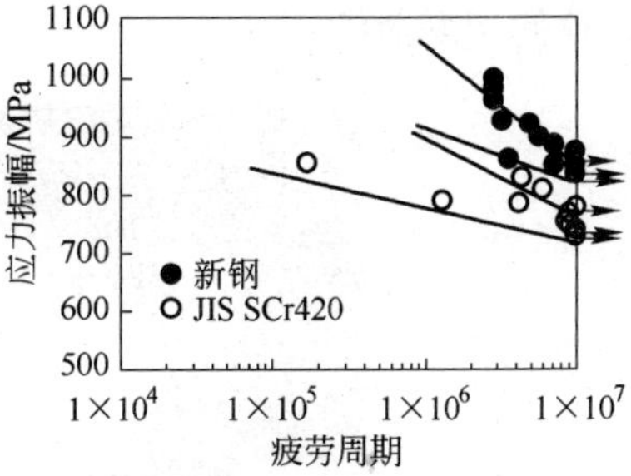

图 8-38 反复弯曲疲劳性能

新钢冷镦性能非常好,小于 80% 冷镦时新钢裂纹率为"0",即 100% 合格。

新钢的切削工具磨损与 SCr420 钢相同。切削速度与工具寿命见图 8-40。

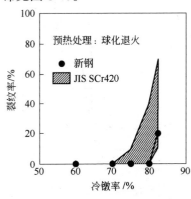

图 8-39 冷镦裂纹率比较

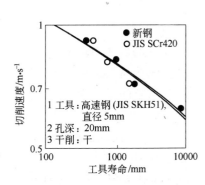

图 8-40 工具钻削寿命

8.14 "ATOM"钢加 Al、Nb 后防止晶粒粗大化作用的差别

齿轮生产工艺中当渗碳或其后的淬火处理,γ 晶粒有时发生异常长大,见图 8-41。像 SCr420 + Al 钢在渗碳温度下的局部晶粒长大脱离了正常长大规律(图 8-42 中虚线所示),称之为异常长大。这种异常长大的晶粒对渗碳部件产生一系列不利因素,如淬透性均匀性、渗透层均匀性、耐磨性、抗压性都会变得很坏,最终导致使用寿命缩短。

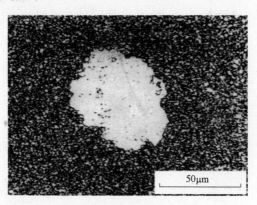

50μm

图 8-41   SCr420 + Al 钢冷加工后渗碳处理

图 8-41 是图 8-42 的晶粒的粗大化温度下的异常长大的混晶组织。钢的化学成分见表 8-24 中的 SCr420 的加 Al 钢。图 8-42 的虚线为无 Al 钢。无 Al 钢 γ 晶粒的长大为正常长大。加 Al 钢在 925℃ 以下钢中 AlN 有钉扎晶界移动的作用,阻止晶粒长大。当温度高过 925℃ 时一些细小

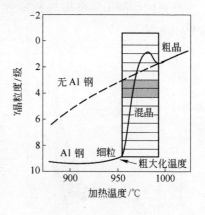

图 8-42   晶粒长大行为

的 AlN 质点开始溶解,而另一些大的质点开始长大,从而导致晶粒异常长大。"ATOM"钢的化学成分见表 8-24。

表 8-24 "ATOM"钢的化学成分(%)

钢 种	C	Si	Mn	P	S	Cr	Al(固溶)	Nb
开发钢	0.21	0.24	0.76	0.015	0.010	1.03	0.028	添加
加 Al 钢	0.20	0.23	0.76	0.014	0.011	1.02	0.032	<0.002

8.14.1 SCr420 钢加 Al

根据 Zener 提出的钉扎理论,分散析出粒子的钉扎力用式 8-2 表示,而晶粒长大速度用式 8-3 表示。

$$\Delta G_{pin} = 3\sigma V f / r \qquad (8-2)$$

$$dr/dt = M(2\sigma V/r - 3\sigma V f/r) \qquad (8-3)$$

式中 σ——晶界表面能;

     V——摩尔体积;

     r——析出粒子平均直径;

     f——析出粒子体积分数;

     M——晶界易动度。

式 8-2 表明析出粒子的 r 越小,f 越大,钉扎力越大;而式 8-3 表明钉扎力(式 8-3 括号右项)越大,晶粒长大速度越小,式 8-2、式 8-3 描述了正常长大规律。

在非正常长大温度区,如图 8-42 阴影部位,可用 Gladman 理论解释。

根据溶度积原理,温度一定,溶度积一定,钢中的析出物量亦一定。但是,在 Ostwalld 成熟时,小于平均尺寸的析出粒子开始溶解而大于平均尺子的粒子开始长大,系统向自由能减低方向移动,粒子长大速度与粒子稳定性有关。随着粒子长大,粒子总数减少,减到一定程度,锁定晶界的作用消失,晶粒开始异常长大。

Gladman 公式所表达的析出物临界直径 r_c 与晶粒异常长大的关系可用式 8-4 表示：

$$r_c = (6R_0 f/\pi)/(3/2 - 2R_0/R) \tag{8-4}$$

式中 R_0——基体平均晶粒尺寸；

      R——晶粒长大了的尺寸；

   R_0/R——混晶比。

晶粒长大倾向决定于 r_c，当 r 大于 r_c 时晶粒开始异常长大。首先从局部开始长大了的晶粒的表面自由能开始降低，从而加大了大小晶粒的自由能差。自由能差别越大，小晶粒越加速溶解，而大晶粒越急剧长大，而系统靠消耗小晶粒表面自由能向平衡驱动，这种情况在析出粒子大量消失时发生。

AlN 的稳定性比 Nb、Ti、Zr、V 等的碳化物或氮化物稳定性小，所以提高渗碳温度、使用 Nb 微合金化是最佳选择（综合评定），AlN 的应用也可以加大 Al 和 N 的含量，提高晶粒异常长大温度，这一点在前面已经叙述。用 Al 微合金化时，负面影响是对连铸表面质量不利。

8.14.2   SCr420 钢加 Nb

加 Nb 微合金化能有效地解决晶粒异常长大问题。钢的成分可参见表 8-24 中的开发钢。图 8-43～图 8-46 分别表示含 NbSCr420 钢的晶粒粗大化特性、疲劳极限、反复疲劳寿命以及转动寿命。

渗碳温度从 900～1050℃ 间没发现 Nb 钢的晶粒异常长大现象。新钢显著地优于 SCr420 和 SCr420 + Al 钢。开发钢的冷镦性和易削性均与 SCr420 + Al 钢相同。开发钢的硬度为 161HV，和加 Al 钢的硬度 143～164HV 相近。

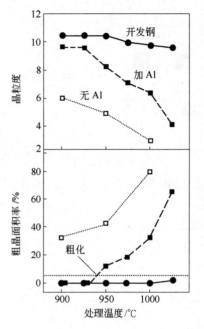

图 8-43 开发钢的晶粒粗大化特性

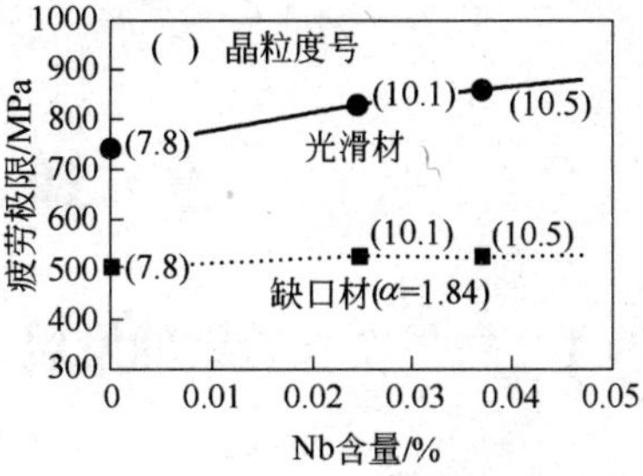

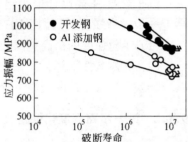

图 8-44 Nb 量和疲劳极限

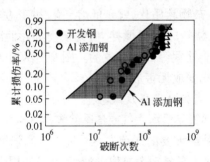

图 8-45 开发钢反复疲劳寿命

图 8-46 开发钢的转动寿命

9 弹 簧 钢

9.1 高强度弹簧钢的发展课题

9.1.1 现状

汽车悬挂弹簧设计应力已达 1300 MPa 水平,并已实用化。再进一步提高强度遇到如下问题:

(1) 伴随强度的提高抗腐蚀疲劳强度下降;

(2) 抗弹减性下降;

(3) 抗氢致延迟断裂性下降。

9.1.2 进一步高强度化课题点和对策

9.1.2.1 降低非金属夹杂物

硬质夹杂物如 Al_2O_3、TiN,或大型夹杂物均可成为疲劳断裂源。对策是:夹杂物软质化,就是低熔点化,使其在热轧时变形;冶炼时加强脱气,浇铸时加强搅拌,使夹杂物上浮而除去;夹杂物细小化或进行变质处理等都是有效的。图 9-1 示出 Al_2O_3-SiO_2-CaO 系夹杂低熔点化变成无害形状。

9.1.2.2 腐蚀疲劳强度改善

汽车悬挂弹簧受沿海大气或冬季除雪盐气氛腐蚀,所以提高抗腐蚀疲劳性能是最重要的课题之一。进一步高强度化弹簧钢中加少量 Ni 或 Cu 能有效地改善抗腐蚀疲劳,并已实用化,见图 9-2。

9.1.2.3 延迟断裂特性的改善

延迟断裂特性的改善第 7 章已有详细叙述。钢中氢能在静态应力下经过一定时间发生突然断裂。防止氢致脆断的对策有:细化晶粒,强化晶界,增加氢陷阱。图 9-3 是改变硬度与延迟断裂强度比关系曲线,从图可以看出加 Nb、B 能提高延迟断裂强度比。

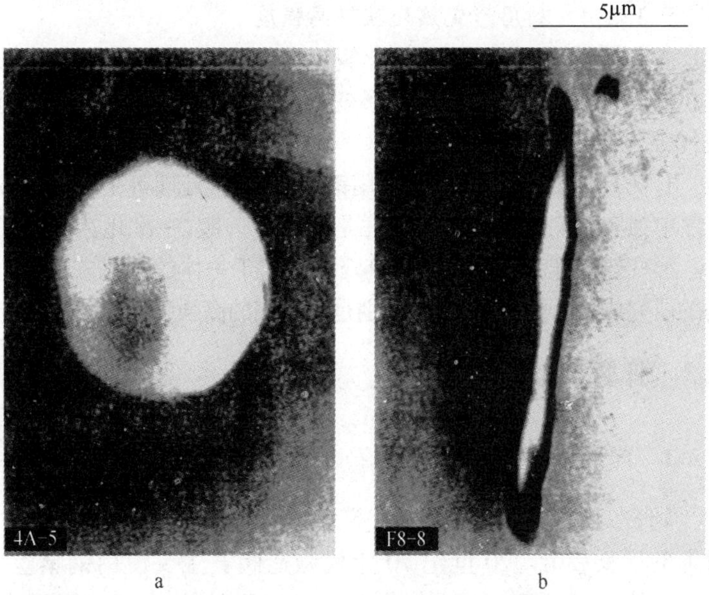

5μm

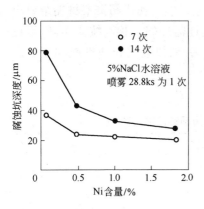

a   b

图 9-1 钢中氧化物电子显微镜观察图

a—通常冶炼；b—氧化物形态控制

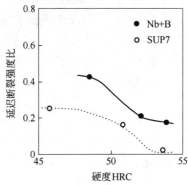

图 9-2 Ni 对腐蚀坑深度的影响

图 9-3 加 Nb、B 提高延迟
断裂强度比

9.1.2.4　利用形变热处理提高强度

根据弹簧种类的不同,使弹簧钢强化的方法有多种,如冷加工强化、热处理强化、定形方法、形变热处理等。其中形变热处理是现代强化方法。

作为高强度化技术,以往采用钢材加工,热处理等是按顺序各个工序单独实施。而现代方法往往是结合在一起,一次化达到最终目标。形变热处理就是集变形与热处理工艺于一体的强化方法。超级钢的研究成果有的已实用化,特别是弹簧钢的高强度化前景很好。

9.2　弹簧钢丝

9.2.1　阀簧

阀簧的最主要指标是高疲劳寿命,发动机吸气阀要求 10^9 次以上的反复疲劳。20 世纪 70 年代制造阀簧主要使用钢琴丝,而现在主流产品是 Si-Cr 钢丝,用 Nb、V 细化晶粒,并提高抗回火软化性能,而 Si 量高达 2%。强度级已超过 2000 MPa 阀簧的破损源于由炼钢带入钢中的硬质夹杂物 Al_2O_3、MgO 和 SiO_2 等。因为质硬,拉丝时不变形而破坏基体的连续性。现代阀簧素材夹杂要求不大于 10 μm。为改善夹杂物延性需低熔点化。按图 9-4 所示设计渣成分,使硬质夹杂变为延性夹杂,以改善拉拔性能和疲劳性能。图中箭头所示是低熔点渣系。

典型的阀簧用钢的化学成分见表 9-1。

表 9-1　典型的阀簧用钢的化学成分(%)

钢	C	Si	Mn	Ni	Cr	Mo	V	Nb
2%Si 钢	0.59	1.93	0.85	0.25	0.91		0.1	
	0.63	1.95	0.77		0.71		0.08	
1.5% Si 钢	0.73	2.01	0.75		1.02	0.22	0.37	0.22
	0.52~0.67	1.5	0.7		0.67~1.51	0~0.91	0~0.41	
	0.6~0.7	1.3~1.6	0.5~0.7		0.5~0.7		0.08~0.18	

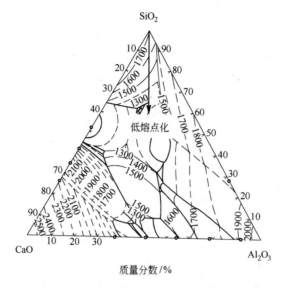

图 9-4　夹杂物低熔点化

9.2.2　悬挂弹簧的发展

汽车悬挂弹簧的发展见图 9-5。20 世纪 70 年代用 SUP6, 80 年代用 SUP7, 90 年代用 SUP12, 设计应力已发展到 1100 MPa, 见图 9-5。此时发现材料在腐蚀环境中由腐蚀坑引起破坏, 因此钢中开始加入 Ni、Cu 以改善耐蚀性, 加 Nb、V、Ti 以改善抗氢性能。

汽车弹簧亦属于减重要求部件, 1300 MPa 级弹簧已开发出来。

9.2.3　螺旋弹簧设计应力的变化

图 9-6 显示了日本汽车工业中螺旋弹簧设计应力的变化。1990 年初, 为减轻客车的重量, 采用轻型弹簧, 在那时高合金弹簧钢被研制开发出来以承受设计应力的提高。此时, 低 C-Ni-Mo-V 钢的设计应力达到 1300 MPa, 同时实现了重量减轻 20 % 以上。然

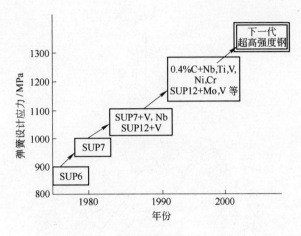

图 9-5   悬挂弹簧的发展示意图

而,由于该钢的成本太高,其合金成分比普通的弹簧钢含有更多的镍、钼和钒,因此,该钢已经很少使用。现在使用的强化螺旋弹簧,实用设计应力已经回落,见图 9-6。

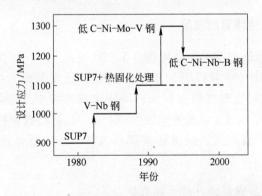

图 9-6   通常使用的强化螺旋弹簧设计应力的变化

20 世纪 90 年代中一种能满足设计应力为 1200 MPa 的新钢种正在逐渐地扩大其商业性生产规模。钢的典型成分为 0.4C-1.8Si-0.5Ni-1.1Cr-0.15V-0.025Nb-0.0015B。减少碳含量是为了增加腐蚀疲劳寿命,硅保留在较高的水平是为了保证具有良好的抗下垂性,添加镍是为了阻止麻点腐蚀,而铌及硼的加入是为了晶粒细化和强化原奥氏体晶界。1996 年 50CrV 钢加 Nb、Ti,采用非再结晶区热轧后直接淬火的非调质方法把强度从 1700MPa 提高到 2000MPa,疲劳强度提高 42%。

9.3 2000 MPa 级悬挂弹簧用微合金钢的开发

9.3.1 汽车悬挂弹簧用 2000 MPa 级微合金钢的开发

随着不断地强调减轻客车重量,人们也越来越多地将注意力放在了发展轻型悬挂部件上。集中在开发能承受更高工作应力的弹簧钢,从而允许使用更细的钢丝来减少卷曲弹簧的重量。现已开发出一种含微量合金的弹簧钢,其抗拉强度为 2000 MPa,其断裂韧性与通用的抗拉强度为 1725 MPa 的普通弹簧钢相同。可以获得非常好的耐疲劳性和抗垂弛性。这些条件的改善可以降低含碳量。并可获得细晶奥氏体组织,同时通过合理的形变热处理可以改善微合金碳氮化合物的分散度,进一步优化弹簧钢的各种性能。

(1) 钢的化学成分及工艺。表 9-2 给出了该钢的标定成分,并检测了各种合金添加物对组织和性能的影响。可以看出微合金钢与 9259 钢的显著差别就是含碳量较低,从而很大程度地改善了断裂韧性。该钢是经电炉冶炼、钢包精炼和连铸而生产出来的,热轧是在一套装备有斯太摩控制冷却装置的连轧机上进行的。

表 9-2 弹簧钢的典型成分(%)

钢类	C	Mn	Si	Cr	Nb	V	N
微合金钢	0.40~0.50	1.04~1.10	1.15~1.50	0.45	0.01~0.03	0.10~0.20	0.01~0.02
SAE9259	0.58	0.77	0.72	0.53		残余	

(2) 在热处理条件下的显微组织和性能。热处理条件是 925℃奥氏体化、油淬火和 340℃、2 h 回火。在微合金化弹簧钢的组织中发现有马氏体块状结构,在孪晶间界带内发现细小弥散的

碳化物、有可能是在再加热和热轧过程中未被溶解的 Nb 和 V 的碳氮化物。微合金钢拉伸性能见表 9-3,可见微合金化钢具有明显高的屈服强度和抗拉强度。

表 9-3　热处理的力学性能

力 学 性 能	SAE9259	微 合 金 钢
σ_s/MPa	1480	1870
σ_b/MPa	1700	2100
ψ/%	49	38.8
δ/%	—	9.7
硬度 HRC	49	55

(3) 疲劳性能。该微合金化钢的疲劳极限高于 SAE9259,示于图 9-7。

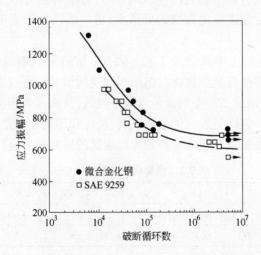

图 9-7　微合金化弹簧钢和 SAE9259 的 S-N 曲线

(4) 断裂韧性。图 9-8、图 9-9 表示出两种钢的断裂韧性,微合金化钢显示出较高的韧性。

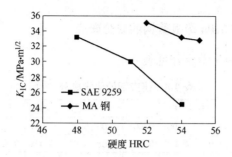

图 9-8 SAE 9259 和微合金化弹簧钢小圆 V 形断裂韧性

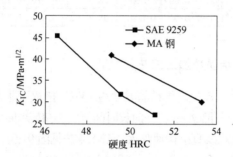

图 9-9 SAE9259 和微合金化弹簧钢的紧凑拉伸断裂韧性

总之,开发的微合金弹簧钢可以在汽车悬挂装置中有效地用做高应力卷曲弹簧。其较高的抗拉强度和较好的抗疲劳性能可以被用于减轻重量,并获得很好的抗垂弛性。

9.4 直接淬火工艺生产 1750 MPa 级板簧

在热轧生产线上,对加 Nb 50CrV4(与 SUP10 相当)钢实行奥氏体形变热处理(Ausforming),即直接淬火并 280℃ 回火,可以得到 2000 MPa 级的抗拉强度,而且疲劳强度与调质处理的 50CrV4 钢相比提高了 20%。这样有益的作用来源于直接淬火把热加工时所积蓄的高位错密度、变形带,继承到马氏体中,其微细的板条形态与碳化物的析出行为引起强韧化作用,以及热机械处理时阻止再结晶及晶粒长大的作用。

9.4.1 1750 MPa 级板簧钢的成分研究

研究钢的化学成分见表 9-4。

表 9-4 研究钢的化学成分(%)

钢种	C	Si	Mn	P	S	Cr	Al	N	V	Ti	Nb
50CrV4	0.54	0.32	0.97	0.007	0.003	1.09	0.021	0.011	0.12	<0.01	<0.005
TiN	0.53	0.34	0.97	0.007	0.004	1.08	0.017	0.008	0.12	0.08	<0.005
TiC	0.53	0.35	0.97	0.005	0.006	1.08	0.019	≤0.003	0.12	0.08	<0.005
Nbl	0.53	0.34	0.98	0.007	<0.003	1.08	0.023	0.010	0.12	<0.01	0.032
Nbh	0.54	0.34	0.98	0.007	0.004	1.08	0.025	0.011	0.12	<0.01	0.061

9.4.2 非再结晶热加工工艺(TMT_N)

由于加 Nb、Ti 提高再结晶温度约 100℃,拓宽了非再结晶控轧温度区间,固溶 Nb 把 $\gamma \rightarrow \alpha$ 转变向长时间侧的 B_s 转变推后几分钟,才有充分时间实行在线直接快速淬火。TMT_N 法见图 9-10。

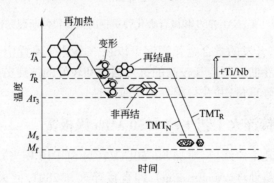

图 9-10 再结晶与非再结晶控轧后直接淬火的
工艺比较与马氏体形貌示意图
(实际工艺:750~850℃(亚稳 γ 区),50%~70%压缩变形随后直接淬火)

图 9-11 表示 Nb、Ti 钢经热机械处理后晶粒变细,晶粒细化显著;而 50CrV4 晶粒度不变。

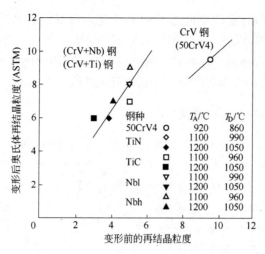

图 9-11 50CrV4 微合金化热变形前后的奥氏体晶粒度的变化

9.4.3 变形温度与变形抗力

普碳钢加 Nb 后其高温抗力升高,这使轧制力较小的老式设备轧制困难,但是钢的成分调整和合理的压下量,非再结晶的变形量可以道次变形量叠加。同时像 Nb、Ti 这样的元素可以把再结晶温度升高约 100℃,升高 100℃使热塑性的提高与抗力的提高相抵有余。所以实行非再结晶控轧,一般说是可以为一般设备所承受的,见图 9-12。

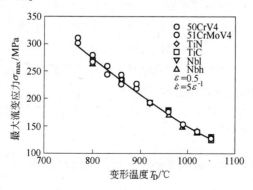

图 9-12 变形温度与最大流变应力

各种微合金化钢高温下的流变应力与变形温度的关系见图 9-12。从图可以看出，各种析出粒子均匀地分布在一条曲线上，表明它们具有相同的影响力。析出粒子对变形阻力的影响只与析出物的尺寸有关，而与微合金元素的其他性质几乎无关。

9.4.4　组织与组织优化

9.4.4.1　奥氏体化温度对奥氏体晶粒度的影响

Nb、Ti、V 对奥氏体(γ)晶粒度的影响只有高于 900℃ 奥氏体化时才显示出来。这表明作为析出粒子对晶粒长大的阻止作用与析出物的稳定性、析出物体积分数及析出物个性有关，见图 9-13。而 Nb、Ti 的含量越高，细化晶粒作用越大。

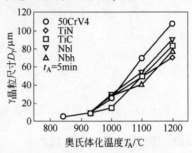

图 9-13　γ 化温度对 γ 晶粒尺寸的影响

9.4.4.2　直接淬火组织的优化

TMT_N 热机械处理工艺为：1100℃ 加热后，经 990℃、30% 热变形，加上 890℃、50% 热变形，接着 800℃ 等温 360 s 后形成非再结晶组织，这属于变形 γ 组织，其布满了变形带、亚结构，见图 9-14。图 9-15 分析了组织优化的亚结构。图 9-16 分析了晶界结构。上述结果明显可见变形 γ 晶界的 C、P 偏析得到改善(图 9-15)。直接淬火后的原始 γ 晶粒的亚结构被继承并进一步细分化形成含大量的板条束的亚结构，从而改善钢的最终性能，主要是抗疲劳性能、抗氢致脆性和抗弹减性。

图 9-16 示出 TMT_N 改善 P 的晶界偏析。与通常的热处理相比，晶界 P 的偏析获得了明显改善。

9.4.5　1750 MPa 级板簧钢化学成分及生产技术

试制钢是比较钢 50CrV4 加 Nb 0.043% 而成。比较钢

50CrV4 详细成分列于表 9-5。

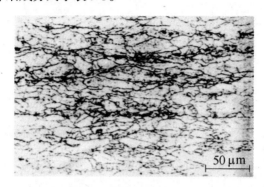

图 9-14 变形 γ 组织（TMT_N）

（γ 化温度 1100℃，990℃、30％变形＋890℃、50％变形）

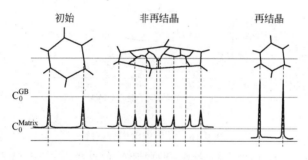

图 9-15 晶界 C 偏析情况

表 9-5 比较钢 50CrV4 的化学成分（％）

钢	C	Si	Mn	S	P	Cu	Cr	Al	V	Mo	Sn	Ni
50CrV4	0.53	0.33	0.91	0.008	0.019	0.07	1.14	0.019	0.11	0.01	0.01	0.05

工艺参数：

CHT：900℃，γ 化 850℃，36％变形，后续回火。

TMT 50s Nb2：非再结晶区 50％热轧后保温 50 s，淬火后，280℃回火。

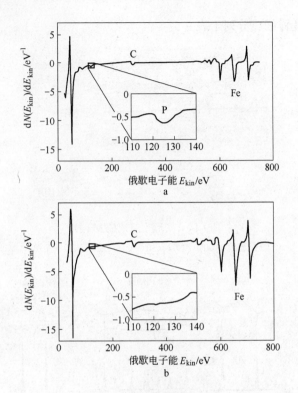

图 9-16　晶界俄歇谱分析磷

a—CHT(普通热处理):840℃,30 min 油淬,加回火;b—TMT$_N$:840℃,

30 min 加热,770℃,ε=0.5,9 min 油淬,280℃,60 min 回火

9.4.6　不同钢种不同工艺制度高强度弹簧钢性能比较

9.4.6.1　表面状态对性能的影响

图 9-17 示出热轧表面与研磨表面对疲劳性能的影响,TMT 50s Nb2 抗疲劳性能最好,优于普通热处理 CHT Nb2 钢,更优于 CHT 50CrV4 钢。

9.4.6.2　冲击韧性与抗拉强度

图 9-18 示出了强度与冲击韧性的关系,总的趋势是强度上升而韧性下降。CHT Nb2、TMT 50s Nb2 和 CHT 50CrV4 韧性依次下降。

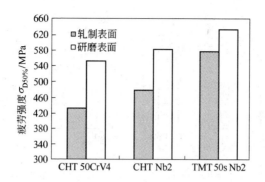

图 9-17 不同钢种不同工艺与疲劳强度
（变形 50% 轧制表面与研磨表面）

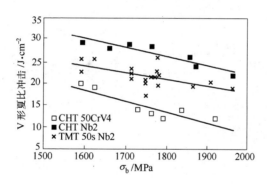

图 9-18 V 形夏比冲击与抗拉强度

9.4.6.3 缺口强度与断裂韧性

如图 9-19 所示，TMT 50s Nb2 具有和普通工艺生产的 CHT 50CrV4 同水平的较高的抗拉强度，而且断裂韧性非常好。表明该钢对表面缺陷不敏感，抗裂纹传播性能好。

图 9-20 所示为周期次数与局部缺口疲劳强度关系。从图可以看出 TMT 50s Nb2 抗缺口疲劳性能非常好。

9.4.6.4 抗裂纹扩展

图 9-21、图 9-22 分别示出抗裂纹扩展能力和疲劳性能。

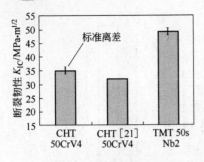

图 9-19 工艺制度与断裂
韧性的关系

(CHT $\sigma_b = 1800\,MPa$; TMT 50s Nb2

$\sigma_b = 1750\,MPa$)

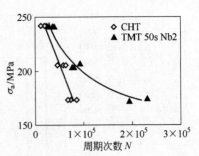

图 9-20 周期次数与局部
缺口疲劳强度的关系

($\sigma_b = 1750\,MPa$)

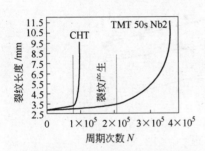

图 9-21 CHT 和 TMT 50s
Nb2 抗裂纹扩展的比较

($\sigma_a = 174\,MPa$, $\sigma_b = 1750\,MPa$,
抗裂纹深度为 2.9 mm)

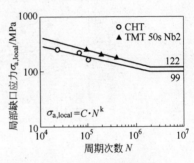

图 9-22 CHT 和 TMT 50s
Nb2 的疲劳性能比较

($\sigma_b = 1750\,MPa$)

9.4.7 结论

从图 9-18 看出加 Nb 50CrV4 采用在线直接淬火回火可得到抗拉强度达到 2000 MPa，而冲击韧性并不降低，并与强度良好配合。但实验指出，对于弹簧钢用断裂韧性 K_{IC} 指标更切合实际（见图 9-19 和图 9-21）。通过对 1750 MPa 级板簧钢的研究得出以下几点结论。

（1）悬排弹簧的疲劳强度的改善归功于 TMT 与 NbC 的作用；

（2）TMT 钢提高 K_{IC} 值 42%；

（3）显著地提高了在较高的周期应力下的抗裂纹特性；

（4）成功地开发了 1750 MPa 级板簧钢。

9.5　新型高强度弹簧钢 ND120S 的开发

Si-Mn 系的弹簧钢 SUP7（与 SAE9260 相当）和 Si-Cr 系 SUP12（与 SAE9259 相当）是汽车工业最常用的弹簧钢。设计应力为 1100 MPa，硬度超过 51HRC，腐蚀疲劳和延迟断裂特性急剧下降。因此用上述牌号钢制造 1200 MPa 级卷簧是不可能的。开发新钢种成为必然。

开发新钢种的思路是在上述钢的基础上改善钢的冲击韧性、腐蚀疲劳和延迟断裂性；对化学成分加以调整，通过降 C，采用 Nb、B 微合金化和热机械处理以细化 γ 晶粒等工艺，已成功开发出 ND120S 并已实用化（详见美国汽车工程师协会 SAE2000～01—0564）。

9.5.1　ND120S 钢的化学成分和力学性能

Si、V 能有效地提高抗弹减性，Nb、B 能细化晶粒，有效地强化晶界。

表 9-6、表 9-7 分别列出了 ND120S 和 SUP7 的化学成分和力学性能值。加以比较后，可以看出在相等强度水平上，ND120S 的韧性指标优于 SUP7。

表 9-6　SUP7 和 ND120S 钢化学成分（%）

项目	C	Si	Mn	Ni	Cr	V	B	Nb
ND120S	0.40	1.80	0.30	0.50	1.00	0.20	0.0015	加入
SUP7	0.60	2.00	0.90					

表 9-7　力学性能

性　能	ND120S				SUP7			
温度/K	573	623	673	723	573	623	673	723
硬度 HRC	55	54	52	48	58	57	55	50

性　　能	ND120S				SUP7			
σ_s/MPa	1620	1650	1550	1400	1680	1700	1740	1450
σ_b/MPa	1950	1920	1800	1620	2050	2010	1970	1820
δ/%	16	14	16	17	3	7	9	13
ψ/%	44	45	48	58	18	16	23	33
夏比冲击值/J·cm^{-2}	76	74	78	72	18	16	28	38

ND120S 钢明显地获得了细晶组织,见图 9-23。1120℃淬火晶粒度为 9 级。

NbC 阻止晶粒长大的作用随温度升高而降低,反之,随着温度下降而显著提高。晶粒度对冲击韧性的影响见图 9-24,ND120S在任何晶粒度下都优于 SUP7。这是 Nb、B 细化晶粒和强化晶界的结果。

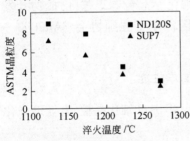

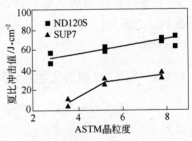

图 9-23　淬火温度对淬火后的
晶粒度的影响

图 9-24　γ 晶粒度与夏比
冲击值的关系

9.5.2　腐蚀疲劳性能的改善

腐蚀疲劳和延迟断裂强度都随强度的增加对缺口和表面缺陷而敏感,夹杂物腐蚀坑均可成为断裂源。实际上可看到大于 100 μm 点腐蚀坑的断裂源作用。SUP7 加 Ni 可减少腐蚀坑的产生。Ni 的作用如图 9-25 所示。加 Ni0.5%可达到实用抗点蚀性能效果。试验条件为 5%NaCl 溶液,盐水喷雾 28.8 ks 为 1 周期。腐蚀周期与腐蚀坑深度关系是:随 Ni 的增高而抗点蚀性越发得到改善。图 9-26 示出 ND120S 具有比 SUP7 优越的抗腐蚀疲劳特性。

图 9-27示出 ND120S 的抗延迟断裂特性也明显优于 SUP7。

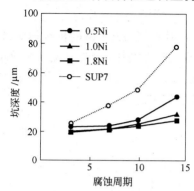

图 9-25　Ni 对抗点腐蚀性能的影响

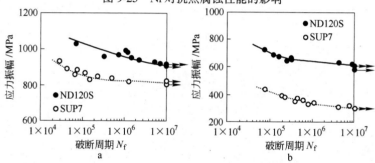

a

b

图 9-26　ND120S 和 SUP7 腐蚀疲劳性能

a—大气疲劳强度；b—腐蚀疲劳强度

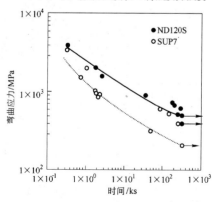

图 9-27　ND120S 抗延迟断裂试验

9.6　结论

Nb、B、Ni 的应用使 ND120S 钢的抗延迟断裂性能、抗腐蚀疲劳性能及抗弹减性(Si、V 的作用)明显优于传统的弹簧钢 SUP7、SAE9259 和 54SCV6。这些元素从 1999 年开始应用,应用后弹簧减重(与 SUP7 相比)20%。

10 非调质钢

微合金化碳素非调质钢的分类及其制造工艺特点见表10-1。

表 10-1 非调质钢的分类及其制造工艺

分 类	基 本 成 分	工 艺 特 点
热 锻	0.3%C+NbV	热轧→热锻→切削→产品
切削用	0.3%C+Nb 或 V	热轧→切削→产品
螺栓线材	0.2%C+Nb、V、Ti 中 1 种	热轧→螺栓成形→产品
高强度线材	0.2%C+Nb、V、Ti 中 1 种	PC线材高强度化

10.1 低合金高强度钢的淬透性

淬火硬度与 $w(\mathrm{Mn_{eq}})$ 的关系见图10-1。

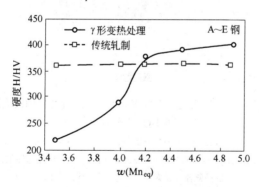

图 10-1 淬火硬度与 $w(\mathrm{Mn_{eq}})$ 的关系

10.1.1 微合金非调质钢的淬透性

马氏体转变的基本特性是钢的淬透性。钢的组织、成分是决定其力学性能的主要因素。钢的淬透性用 D_I 的大小表示,高淬透性和低淬透性钢的物理冶金效应不同,需要分别讨论。高低淬

透性的分界标准是 D_I 76.2～101.6 mm(对 25 mm 厚板)。

形变热处理(Ausforming)钢的淬透性可用 Mn_{eq} 表示。

$$w(Mn_{eq}) = w(Mn) + w(Cr) + w(Mo) + w(Cu) +$$
$$w(Ni)/2 + 10(w(Nb) - 0.02\%) + xw(B)$$

700℃的形变热处理(TMT)淬火后的硬度与 $w(Mn_{eq})$ 的关系见图 10-1。一般情况下，$w(Mn_{eq}) > 3.5$ 的钢种不必担心淬透性问题。在低温形变热处理时由于晶粒细化淬透性将显著降低，所以要充分发挥 TMT 效果，$w(Mn_{eq}) > 4.5$ 是必要的。诸因素对直接淬火钢的强韧性的影响见图 10-2。

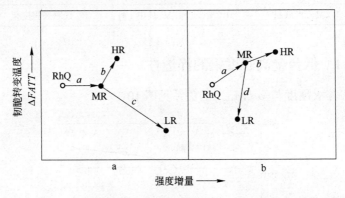

图 10-2   热轧工艺对直接淬火钢的力学性能影响模式图
(以再加热淬火为基准)
D_I 淬透性指标:a—高淬透性 ;b—低淬透性
热加工温度:HR—高温;MR—中温;LR—低温(未再结晶区加工)
a—微合金元素完全固溶,淬透性的变化;
b—奥氏体晶粒粗化淬透性上升;
c—形变热处理强化,组织细化;
d—铁素体相变促使淬透性下降组织细化

形变热处理状态,是由于在非再结晶区加工,有一定程度的类似于冷加工所引起的高位错密度、胞状结构、变形带、板条束等为下部组织转变所继承,呈细分化的高强高韧性的组织。而再加热淬火,晶粒粗大,淬透性上升,对韧性不利。这种形变热处理,例如

TMT 所产生的如上所述的组织为 Nb、Ti、V 等的析出提供大量在位形核。所以高淬透性是开发 800MPa 级以上的高强钢所必需的。微合金元素对高淬透性钢的淬透性的影响相对较小。

高温再结晶轧制时强韧性的变化和高淬透性有同样倾向。但是低温轧制就截然不同。低淬透性钢只提高韧性,强度有降低倾向。这是由于淬透性低,容易发生 $\gamma \to \alpha$ 转变。特别是在未再结晶区轧制,加工状态的奥氏体晶界、滑移带等处的铁素体生核位置增多,促进先共析铁素体或异形铁素体形成,因而导致残余奥氏体的淬透性提高。整体淬透性下降,低碳钢易出现扩散型贝氏体转变,直接淬火组织为铁素体 + 贝氏体 + 马氏体组织。Nb、Ti 固溶时对提高低 D_1 钢淬透性特别有效,并推迟先共析铁素体转变,因而提高高强度相(B、M)的体积分数。超低碳时容易贝氏体化,并在缓冷时再增加沉淀强化分数。微合金化元素 Nb、Ti、V 对 A_{r3} 点的影响见图 10-3。

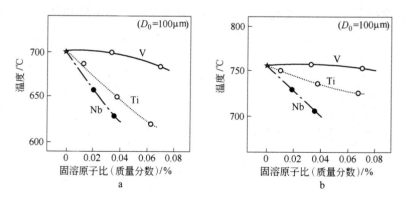

图 10-3　微合金元素对 A_{r3} 相变点的影响
(0.1C-1.5 Mn,奥氏体晶粒 100 μm)
a—10℃/s;b—0.5℃/s

Nb 强烈降低 A_{r3} 点,Ti 次之,V 几乎没影响。冷却速度越大,抑制相变的上述效应更加明显。

用 B 提高钢的淬透性,是众所周知的,大约 0.002% B 等于一

个 $w(\mathrm{Mn_{eq}})$。但是 B 在形变热处理钢中的作用有别于调质钢的再加热淬火。调质钢高温固溶态 B 富集于较粗大奥氏体晶界,故淬透性高,而形变热处理过程中分四个阶段:第一阶段奥氏体变形时硼仍沿晶界分布,淬透性高;第二阶段发生再结晶,硼不能即时跟踪晶界移动失去对淬透性的作用;第三段高温再结晶完毕,硼恢复晶界分布,淬透性恢复;第四阶段完成再结晶。如果长时间保温,由于 BN 形成,淬透性再次丢失。因此加硼钢必须加钛固定钢中残氮以保护硼的淬透效应;在不含 Ti 只含 Nb 的钢中 Nb(C,N) 亦有定氮作用。

10.1.2　Nb、Ti、V 对控轧控冷和直接淬火时的力学性能的影响

非调质高强度钢生产是在热变形态空冷或直接淬火,所得组织继承了未再结晶奥氏体所具有的亚结构、高位错密度、胞状组织等微细结构,这为沉淀强化提供了优越基体组织。Nb、Ti、V 对控制加工控制冷却或直接淬火钢的力学性能的影响见图 10-4。

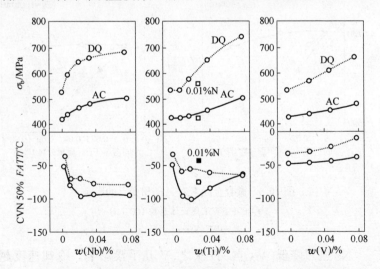

图 10-4　Nb、Ti、V 对控轧空冷或直接淬火时力学性能的影响
(化学成分:0.06C-1.4 Mn, 20 mm 厚)

Nb、Ti 提高了直接淬火的强度,改善了韧性,而 V 的效果较小。直接淬火组织为低碳贝氏体和细化的铁素体混合组织。Nb、Ti 降低 Ar_3 点使贝氏体组分增加,因而强度上升。一般说来控轧变形量大于 50%,强度饱和在 600~700 MPa,50% $FATT$(断面转变温度)为 -50℃ 以下。

Nb 含量对直接淬火钢强度的影响是:Nb 含量大于 0.02% 时,强度随 Nb 含量的增加而提高。

另有强化机制研究指出,钢的强韧性只与晶粒度 $d^{-1/2}$ 有关,而与细化晶粒剂无关,但 TMCP 与温度关系很大,只有 Nb 能拓宽热加工温度,所以 Nb 应用广泛。定量研究指出 $\Delta\sigma_b(MPa) \propto 7.7\Delta d^{-1/2}$。Nb 的沉淀强化 $\Delta\sigma_b(MPa) \propto 1140 \times \Delta w(Nb_{固溶})$,而 TiC 的析出强化 $\Delta\sigma_b(MPa) \propto 2140 \times \Delta w(Ti_{固溶})$,贝氏体组分强化 $\Delta\sigma_b(MPa) \propto 2.5\varphi(B)l(\%,贝氏体体积分数)$,V 的沉淀强化作用是显著的,但不能提高韧性,见图 10-4。

10.2 Nb 处理低碳贝氏体型高强度钢 Si、Mn 的互相抵消

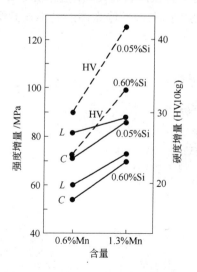

Si、Mn 元素在炼钢学上有重要的作用,但是很少有人了解它们对低碳高强度钢的力学性能上有相互抵消现象。Si、Mn 在实用化学成分范围内对 Nb 的沉淀强化效应产生了微妙的影响,表现出不同的物理冶金机制。对 0.14%C、0.05%Si 和 0.6%Si、0.6%Mn 和 1.3%Mn 钢的热轧状态钢的 Nb 对强化效果的影响见图10-5。L、C 分别表示轧向和横向的强度增量,虚线为 HV 增量。

图 10-5 Si、Mn 对 0.03%Nb 低碳钢的强化效应的互相抵消(热轧态)

从图 10-5 看出：低 Si 钢强度线位于高 Si 钢之上，表示 Si 有降 Nb 的强化效应，表明 Mn 有促进强化效应。金相组织观察表明 Nb 细化铁素体晶粒的同时能促进贝氏体形成产生混合组织，特别是在低 Si(0.05％Si) 水平，这个现象更明显。相反 Mn 有增强 Nb 的相变强化作用。

Si、Mn 对 Fe-C 相图 γ 区的影响是相反的，Si 扩大 γ 区，Mn 缩小 γ 区。因此 Si、Mn 对稳定 γ 相有相反的作用，Si、Mn 对加 Nb 钢强度的影响主要是 Si、Mn 对 γ 组织稳定性的影响。Nb 对铁素体和贝氏体强化物理机制是不同的，进一步涉及到 Si、Mn 的含量对相比例的影响。而 Nb 的析出强化在 Ac_1 处最大。固溶 Nb 和 Mn 均促进贝氏体转变。

10.3　直接淬火的 γ 组织的细化与相变组织的微细化

由于高温形变热处理产生 γ 晶粒细分化，而后导致珠光体(不同取向)团的细化。形变热处理后直接淬火的马氏体呈板条组织，图 10-6 中黑白板条示出板条的不同取向。珠光体的光学显微组织示意见图 10-7。

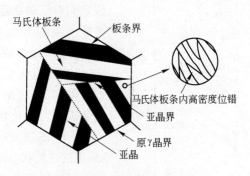

图 10-6　板条马氏体示意图

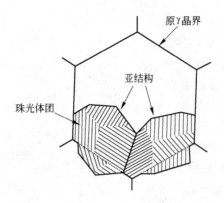

图 10-7 珠光体的光学显微组织示意图

10.4 马氏体型微合金非调质钢

采用两阶段冷却的 TSC 工艺(图 10-8)所开发的含 Nb、V、Ti 马氏体微合金非调质钢的化学成分和 41CrS4 调质钢的化学成分见表 10-2。

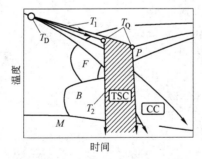

图 10-8 锻造后不同淬火温度的二部冷却工艺同连续冷却的比较示意图
T_D—锻造温度;T_Q—淬火温度

表 10-2 新钢和 41CrS4 钢的化学成分(%)

钢 种	C	Si	Mn	Cr	Al	S	Nb	Ti	V	N
新钢 NbVTi	0.31	0.61	1.5	0.23	0.03	0.03	0.05	0.02	0.01	75×10^{-4}
调质钢 41CrS4	0.43	0.25	0.75	1.14	0.03	0.03				

锻造温度在 Ar_3 到再结晶停止温度 T_{nr} 之间。本钢 920℃锻造，640～680℃淬火。铁素体晶粒度 D_F 小于 3 μm，铁素体量小于 25%。锻造温度 1200℃，640～680℃淬火，铁素体量小于 10%。钢的强韧性平衡和 41CrS4 QT 处理性能比较见图 10-9。

可以确定 NbVTi 钢强韧性全面达到调质钢的水平。

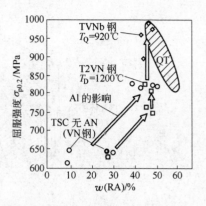

图 10-9　二部冷却后微合金化 NbVTi 钢和 VN 钢以及 41CrS4 钢的比较

AN—420℃时效；QT—41CrS4

10.5　900 MPa 高强度高韧性非调质钢

利用 V 的碳氮化物的析出强化型的铁素体-珠光体钢，依靠提高 C 来提高珠光体组分和强度，但其结果是韧性大幅度下降。因此提高韧性必须降低碳含量，而形成该类钢要同时满足高强韧性要求的 C 含量是不存在的，见图 10-10。能

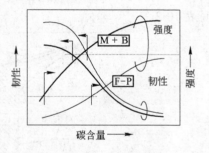

图 10-10　碳含量与强度、韧性的关系图

同时满足强度和韧性要求的钢是 M + B 型钢，化学成分见表 10-3。其碳含量在 0.04%～0.15%范围内，利用组织强化可同时满足强度和韧性要求。900 MPa 非调质钢的典型成分与力学性能见表 10-4。

表 10-3　900 MPa 级高韧性钢的化学成分（%）

C	Si	Mn	Cr	Mo	Nb	B
0.04～0.15	0.02～0.50	1.0～3.0	0.5～3.0	≤0.50	≤0.2	加

表 10-4　900 MPa 非调质钢化学成分和力学性能

化学成分/%							力学性能/MPa		
C	Si	Mn	Cr	Mo	Nb	B	$\sigma_{0.2}$	σ_b	σ_w
0.08	0.25	2.00	2.00	0.25	0.04	加入	1132	845	559

开发钢的强度和韧性的平衡位置见图 10-11。

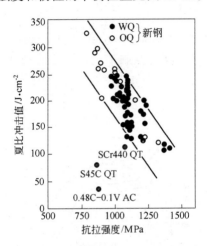

图 10-11　新钢在强度和韧性的平衡位置

新钢的强韧性处于高优的位置,使 SCr440 QT、S45C QT 和 0.48C-0.1V AC 钢为之逊色。

该钢的强韧化机理为:降低 C 保证韧性,加 Nb、B 和调整各元素含量得马氏体加贝氏体组织,从而得高强度,并利用马氏体或贝氏体的板条间的残余奥氏体提高抗解理开裂能力,从而提高韧性。900 MPa 级非调质钢的特点为:(1)省略淬火回火处理,降低制造成本;(2)具有调质钢以上的韧性;(3)抗疲劳强度大幅度提高,可轻量化部件,在相同硬度下具有比调质钢好的切削性。

10.6　TPCP 新概念及其非调质高强度钢开发

利用 TMCP 工艺生产的高强度厚钢板的强度与低温韧性的

平衡位置在 570 MPa,是当今轧机所能达到的极限水平。再提高强度就要损失低温韧性和焊接性能。在此背景下,新的构思诞生了,核心内容是极低碳钢利用 Nb、B、Mn 贝氏体化产生非常稳定的贝氏体组织加上析出强化的微量 Cu 沉淀,生产高韧性的570 MPa 以上的高强度型钢,供造船、机械构件、高层建筑等应用。

10.6.1　TPCP 概念

所谓 TPCP 是 thermo-mechanical precipitation control process 的缩写,意为热机械沉淀控制工艺。该工艺和 TMCP 不同,如图10-12 所示。

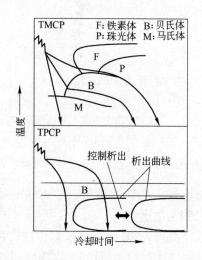

图 10-12　TMCP 法和 TPCP 法的比较

TMCP 钢的组织对冷却速度和加工温度非常敏感,不同的操作产生不同的组织。而 TPCP 工艺对冷却速度不敏感,产生非常稳定的贝氏体组织。

在 B_s 点下 Cu 的作用是 Cu 的上坡扩散沉淀强化,是 TPCP 中的第一个 P,即沉淀强化。

10.6.2 贝氏体钢的组织的稳定性与力学性能

组织稳定性决定于 Mn 当量,而力学性能、焊接性能决定于碳当量。

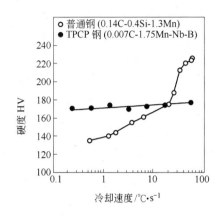

图 10-13 传统钢和 TPCP 钢的冷却速度和硬度的关系

$$w(C_{eq}) = w(C) + w(Mn)/w(B) + w(Si)/24 + w(Cr)/5 + w(Mo)/4 + w(V)/14$$

不加 Cu 的 TPCP 钢的硬度与冷却速度无关,而不加 Nb、B 的低碳贝氏体钢随冷却速度的提高而硬度急剧升高,见图 10-13。

Nb、Cu 的 $w(Mn_{eq})$ 用下式表示:

$$w(Mn_{eq}) = w(Mn) + w(Cu) + w(Mo) + w(Ni)/2 + 10(w(Nb) - 0.02\%) + xw(B)$$

式中,x 表示倍数,$w(Nb) > 0.02\%$ 有意义,实质上是固溶 Nb,0.07Nb 相当于 1Mn,Nb 的贝氏体化效果很大。

TPCP 钢的力学性能特点,如硬度 HV 对冷却速度不敏感,见图 10-13,而传统钢就很敏感。

韧脆转变温度与亚结构单位尺寸的 $-\frac{1}{2}$ 次方成反比,见图 10-14。亚结构见图 10-14 内示意图。

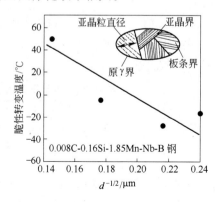

图 10-14 亚晶尺寸与脆性转变温度的关系

Cu 的时效硬化如图 10-15a 所示。Cu 对该钢的沉淀强化作用非常显著,如图 10-15b 所示,在冷却速度低于 1℃/s 时性能平稳,保持在 HV280 以上。

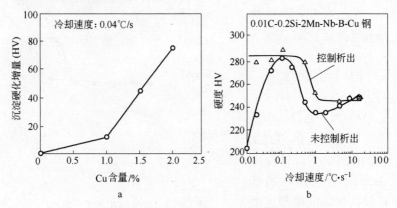

图 10-15   控制析出、冷却速度与硬度的关系

a—Cu 的时效硬化;b—控制析出、冷却速度与硬度的关系

TPCP 钢必须加入沉淀强化元素 Cu,方能产生 Cu 斯皮诺答尔分解(是一种沉淀机制),Cu 的上坡扩散形成高度弥散强化的富 Cu 析出相而强化钢。钢的成分示于图 10-15 和表 10-5。

10.6.3   超低碳贝氏体非调质棒钢

10.6.3.1   化学成分和组织控制

钢的化学成分如表 10-5 所示,特点是含有 2.0% Mn 并适量加入 Cu、Ni、Nb、Ti、B。

表 10-5   TPCP 钢的化学成分(%)

钢	C	Si	Mn	P	S	Al	Cr	Mo	其　　他
TPCP 钢	0.007	0.24	2.01	0.015	0.016	0.036	残量	残量	Cu、Ni、Nb、Ti、B
SCM435	0.34	0.22	0.80	0.016	0.014	0.026	1.08	0.21	

附加元素是用于调整 B_s 点和 Cu 的沉淀强化。钢中的 Nb、B 除调整贝氏体相变外,还可以用于热机械处理时细化晶粒(Nb 原

子的拖曳作用)。用 SCM435 钢作比较钢,SCM435、TPCP 钢棒的生产工艺较简单,其简要工艺为:转炉冶炼→连铸→控轧控冷生产 ϕ190 mm 棒钢。

10.6.3.2 力学性能

TPCP 钢和 SCM435 钢的力学性能比较见表 10-6。

表 10-6 TPCP 钢和 SCM435 钢的力学性能

试 样	位置	$\sigma_{0.2}$/MPa	σ_b/MPa	YR/%	δ/%	ψ/%
	表面	730	840	87	26	74
TPCP 钢	1/4D	708	818	87	25	72
	1/2D	689	813	85	22	66
	表面	644	820	79	23	62
调质 SCM435	1/4D	638	811	79	22	59
	1/2D	636	807	79	20	52

注:D 为钢棒直径,mm。

从表 10-6 可见,TPCP 钢的屈服强度比 SCM435 高,屈强比在 85% 以上,其他塑性指标也比 SCM435 钢优越。

从图 10-16 可看出:TPCP 钢的韧性比 SCM435 优越得多;TPCP 钢的韧脆转变温度为 -40℃,显著低于 SCM435 钢。

另有数据指出,TPCP 钢的疲劳强度也显著高于 SCM435 钢。疲劳寿命提高一个数量级,并且在循环 10^7 的疲劳应力显著高于 SCM435 钢 10^6 的疲劳应力。

图 10-17 显示 TPCP 钢的疲劳极限和强度的平衡,在传统调质钢的中等位置。

10.6.3.3 切削性能和焊接性能

由于 TPCP 钢中没有磨损工具的渗碳体存在(钢的组织见图 10-18),所以切削工具使用寿命长,见图 10-19。

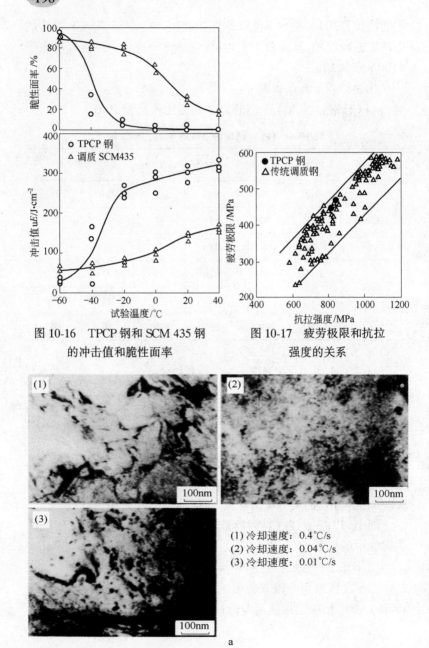

图 10-16　TPCP 钢和 SCM 435 钢
的冲击值和脆性面率

图 10-17　疲劳极限和抗拉
强度的关系

(1) 冷却速度：0.4℃/s
(2) 冷却速度：0.04℃/s
(3) 冷却速度：0.01℃/s

a

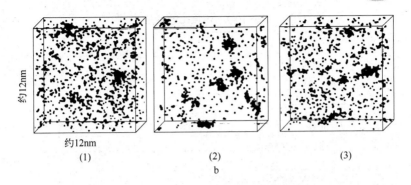

约12nm

约12nm
(1)   (2)   (3)
b

图 10-18　含 Cu 超低碳贝氏体钢的 Cu 的沉淀 TEM 显微组织(a)和不同冷却
速度时的三次元 Cu 原子像(原子探针测定)(b)
图 a 中(1)、(2)、(3)电子显微组织的 Cu 沉淀的原子像
分别与图 b 中(1)、(2)、(3)相对应

　　图 10-18 表明 TPCP 钢的强化是 Cu 沉淀的结果,图中(2)是
强度最高的组织与 Cu 的映像,可见(2)有高密度 GP 区。Cu 的时
效硬化见图 10-18a。

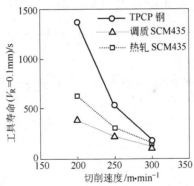

图 10-19　TPCP 钢和 SCM435 钢切削性能比较

　　表 10-7 列出焊接工艺参数,图 10-20 示出了焊缝性能。最高
硬度测定(JISZ3101)结果指出:SCM435 钢的最大硬度为母材的 5
倍,而 TPCP 钢几乎和母材相同。

表 10-7　焊接工艺参数

方　法	Ar + 20%CO_2, 20 L/min
保　护	
焊丝	JISZ3313 YGW23(KM-60)
电流/A	300
电压/V	34
焊速/mm·s^{-1}	5
热输入/kJ·mm^{-1}	2

（表头「方法」与「保护」合并在左列，右列第一行为 $Ar + 20\%CO_2, 20\ L/min$）

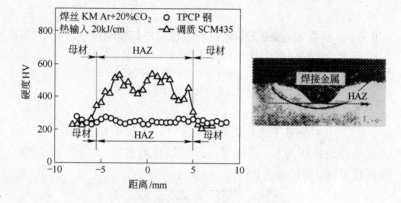

图 10-20　TPCP 钢和 SCM435 钢焊缝性能比较

小结：

（1）TPCP 钢 $\phi190$ mm 棒钢 σ_b 781 MPa, σ_s > 680 MPa；

（2）上平台冲击功为 5840 J，韧脆转变温度为 $-40℃$；

（3）疲劳强度为 459 MPa，比 SCM435 钢优越；

（4）切削性能好，工具寿命长；

（5）热影响区性能稳定，硬度平稳。

上述结果得到日本海事协会认可。

10.7　低合金高强度钢的 γ 晶粒超细化和超塑性

具有微细组织的金属和合金在 $0.4×$ 熔点温度时，在低应力作用条件下表现出异常的超塑性。具有超塑性的金属学条件是在变形温度下具有微细组织，并且有高稳定性，因而在变形时晶粒不长大,所以双相钢的双相组织是对超塑性行为最佳的体现者。利用超塑性进行大变形是加工工业成本最低的工艺。

低碳钢的板条马氏体在室温下进行强加工后急热到 A_3 点上,可得超微细 γ 晶粒,如果此钢加微量 Nb 其效果会进一步提高。采用表 10-8 的化学成分,用图 10-21 的工艺制度操作,可得超细组织,见图 10-22 和图 10-23。

表 10-8 钢的化学成分(%)

钢	C	Si	Mn	P	S	Nb	Al	N
KNb	0.15	0.19	1.16	0.019	0.006	0.014	0.014	0.0036
KCⅡ	0.15	0.34	1.29	0.019	0.006		0.030	0.0053

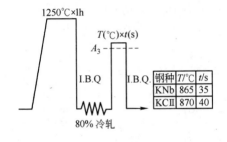

图 10-21 工艺操作示意图

图 10-22 是 80% 冷加工后升温到 A_3 以上温度,保温 30 min,冰盐水淬(I.B.Q.),而得金相组织。

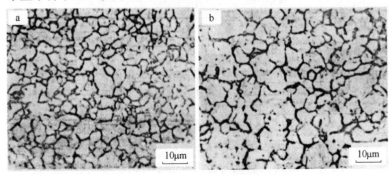

图 10-22 Nb 对超塑性钢组织的影响

a—KNb 钢,$\bar{d} = 5.0\ \mu m$;b—KCⅡ 钢,$\bar{d} = 5.7\ \mu m$

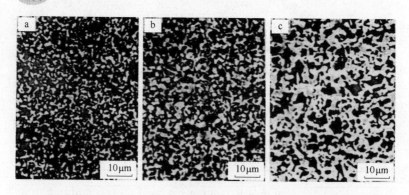

图 10-23　组织为 α+α′（板条马氏体，黑色）加 Nb 钢的超细组织

a—740℃、30min I.B.Q.，f_m=30%；b—760℃、30min I.B.Q.，f_m=45%；

c—800℃、30min I.B.Q.，f_m=70%

I.B.Q.—冰盐水淬火；f_m—α′断口数，%

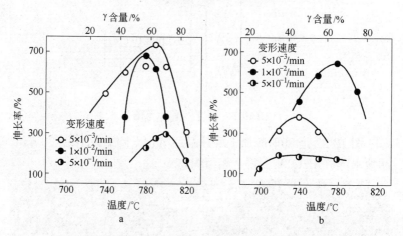

图 10-24　变形温度、变形速度与破断伸长率的关系

a—Nb 钢；b—无 Nb 钢

　　加 Nb 钢在双相区的超塑性区温度在 780℃左右，伸长率高达
600%～700%。而无 Nb 钢的超塑性与变形温度和变形速度有
关，但无 Nb 钢的高温组织的稳定性和 Nb 钢比相对较低。这一现
象对开发超级钢时 Nb 的应用将有积极意义，可通过提高热加工

温度,加大变形量。

10.8 Nb 在热锻和冷锻钢中的应用

10.8.1 曲轴、连杆用铁素体-珠光体钢

微合金锻钢和传统锻钢生产工艺比较见图 10-25。

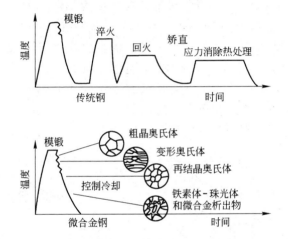

图 10-25　微合金锻钢与传统低合金淬火回火钢生产过程比较

汽车制造商们出于安全方面的考虑,改善钢的韧性很快成为微合金钢锻件的一个重要的要求。这导致了 Nb-V 钢的应用。这类钢的应用很广泛,如连杆、曲轴、凸轮轴、反向连杆、后桥轴、转动轴杆和支撑盖等。

Nb-V 锻钢的发展主要利用了 Nb 的三个作用:晶粒细化、降低珠光体片间距和沉淀强化。"METASAFE"超安全钢已成为 Nb－V 微合金锻钢的主要家族之一,其主要牌号的化学成分见表10-9。根据钢牌号的不同,它们的碳含量在 $0.15\% \sim 0.45\%$ 的范围内变化,与 V-Ti-N 钢相比碳降低了很多,这是韧性得到改善的一个主要因素。较低的碳含量也保证了钢具有良好的焊接性。

表 10-9 　主要 METASAFE 钢的平均化学成分(%)

钢　种	C	Si	Mn	Cu	Ni	Nb＋V
METASAFE800	0.22	0.15	1.5			0.19
METASAFE1000	0.43	0.15	1.5			0.16
METASAFE1200	0.21	0.55	1.5	1.4	1.5	0.13

　　METASAFE1000 钢(最低抗拉强度为 1000 MPa)在 1250℃下均热 1.5 h 大约有 0.03%～0.04%的铌固溶。因此,Nb-V 锻钢的成分设计应保证大约有 0.02%的铌非固溶,用于有效地细化晶粒,而固溶的铌起减少珠光体片间距及沉淀强化作用。如图10-26所示,0.03% 固溶 Nb 产生的沉淀强化使屈服强度提高约 150 MPa。钒的沉淀强化要想达到 0.03% Nb 的效果,约需 0.08% V。也就是说,Nb 的沉淀强化效果是 V 的 3 倍。

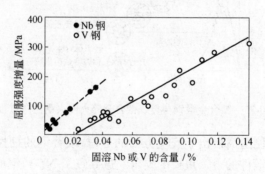

图 10-26 　0.45%C 钢中沉淀强化

　　因此,METASAFE1000 钢中铌的最佳含量应该是 0.05%～0.06% Nb。大约有 0.02%未溶的铌用于细化晶粒。

　　实验表明钢的疲劳寿命与原始奥氏体晶粒尺寸之间呈线性关系。因而,细的奥氏体晶粒除了可以改善钢的韧性外,对提高钢的抗疲劳寿命也是很有益的。表 10-10 中列举了一些用于锻件的Nb-V 微合金化钢的成分和力学性能。

表 10-10 一些用于锻件的 Nb-V 微合金化钢

钢	化学成分/%							力学性能		
	C	Mn	P	S	Si	Nb	V	σ_s /MPa	σ_b /MPa	δ /%
C38mod-BY	0.35 0.40	1.30 1.45			0.50 0.70	最大 0.05	0.05 0.12	最小 600	最小 900	最小 12
Perlitico De Forjia	0.48 0.55	0.60 1.00		0.035 0.005	最大 0.40	0.05 0.10		最小 450	800~900 最小	最小 15
HVO80SL	0.41 0.40	0.60 1.00	<0.035	0.020 0.040	0.15 0.35	0.04 0.06	0.08 0.13	最小 500	800	
HVO90SL	0.48 0.54	0.80 1.10	<0.035	0.020 0.040	0.20 0.35	0.04 0.08	0.08 0.13	最小 550	最小 900	最小 12

10.8.2 冷加工用低碳复相钢

加 Nb 是为了热加工时调整奥氏体晶粒度和控制冷却过程中的相变特性。为了控制相变,还要加入锰(1.4%~2.0%)和钼(0.4%~0.5%)。详细成分见表 10-11。

表 10-11 低碳微合金化复相钢的成分(%)

类 型	C	Mn	Mo	Nb	Ti	B
BHS-1	0.10	1.6~2.0	0.40~0.50	0.05	最大 0.035	0.001~0.004
FreeForm™	0.10~0.15	1.4~1.65	最大 0.12	0.05~0.12		

利用 BHS-1 钢制造汽车操纵杆和低位控制杆,可直接淬火并且不需要任何后续热处理。复相钢不仅具有较高的强度和相当的韧性,而且它优异的抗疲劳性能,是重要的产品质量指标和安全性能指标。力学性能见表 10-12。

表 10-12 用 Mn-Mo-Nb(BHS-1)钢工业规模生产的部件的力学性能

钢与 热处理	操 作 杆				
	屈服强度 /MPa	抗拉强度 /MPa	断面收缩率 /%	室温夏比 冲击功/J	至断裂的平 均千周(次)
BC1038(QT)	607	697	59	86	134.79±36.5
BHS-1	828	1049	43	96	261.85±46.9

续表 10-12

钢与热处理	低位控制杆						
	屈服强度 /MPa	抗拉强度 /MPa	断面收缩率/%	夏比冲击功/J		至断裂平均千周（次）	
				25℃	-40℃	平滑	缺口
1541(QT)	820	930	60	60	22	105.7	58.6
BHS-1(DWQ)	935	1197	63	50	32	>1000	>500

Mn-Mo-Nb 钢的铁素体-贝氏体-马氏体复相组织的应力-应变特性是最适合于冷拔和冷镦加工的。表 10-13 示出,在 40% 的冷变形之后钢的塑性仍然很好,并且最终构件具有足够的韧性,从而保证在服役过程中不会发生断裂现象,同时较高的冷拔变形率增加了钢的强度和疲劳抗力。

表 10-13　热轧 FreeForm™钢的试验数据和 Mn-Mo-Nb 钢棒力学性能

热轧 FreeForm™钢(尺寸为 0.562 in)经不同程度冷拔后的拉伸试验数据				
冷拔变形率/%	屈服强度/MPa	抗拉强度/MPa	总伸长率/%	断面收缩率/%
0	484	690	24.5	66
26	815	877	14.0	59
40	864	932	12.5	57

经冷拔试验后的直径 1.27～1.90 cm 的 Mn-Mo-Nb 钢棒的力学性能					
条　件	屈服强度 /MPa	抗拉强度 /MPa	断面收缩率 /%	夏比 V 形缺口冲击功/J	
				室温	-50℃
热轧后空冷(AC)	460	750	65	154	113
热轧后 AC+20%变形	972	1012	53	84	54

注:1in=0.0254 m。

比较表 10-12 和表 10-13 中钢的强度特性可以看到含有较高锰量和钼量的钢(BHS-1)具有较大的加工硬化速度。然而,这两种钢中,即使合金化程度较低的 FreeForm™钢,也能满足 5 级和 8 级螺栓的性能规格要求。最终产品螺栓性能见表 10-14。

表 10-14　生产试验得到的最终螺栓的性能(8 级螺栓)

钢　种	屈服强度 /MPa	抗拉强度 /MPa	断面收缩率 /%	室温下的夏比 V 形冲击功/J
8 级螺栓	896	1033	35	
1335QT	999	1144	64	47

钢 种	屈服强度 /MPa	抗拉强度 /MPa	断面收缩率 /%	室温下的夏比 V 形冲击功/J
BHS-1	965	1157	67	58

由 Mn-Mo-Nb 钢制造的紧固件,除强度和韧性指标外,其疲劳性能也优于由传统的淬火回火 C-Mn 钢(±Mo),如 AISI1038 或者 AISI4037 制造的产品。冷拔率对疲劳强度的影响见图 10-27。冷拔率高者失效周期长,而疲劳应力也高。尽管 Mn-Mo-Nb (TiB)FreeForm™钢合金化程度较低,但其疲劳极限比淬火回火的 AISI1038 钢提高了大约 20%,见图 10-28。

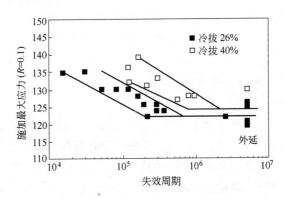

图 10-27 冷拔对 FreeForm™钢疲劳强度的影响

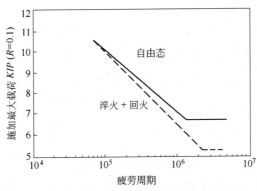

图 10-28 FreeForm™钢制造的螺栓与淬火回火
AISI1038 钢制造的螺栓的疲劳性能比较

生产出这些钢种之前,人们开发了 Nb-B 钢用于生产冷镦件。表 10-15 列出了这些均匀分布着岛状马氏体的低碳贝氏体基钢的化学成分。

表 10-15 用于生产紧固件的 Nb-B 微合金化钢棒的典型化学成分(%)

项 目	C	Mn	B	Nb
牌号 1	0.20	1.25	0.005	
牌号 2	0.15	1.25		0.05
牌号 3	0.10	1.50	0.005	0.08

注:元素含量为最大值。

"牌号 3"Nb-B 钢经过 75%拉拔以后,抗拉强度可以达到大约 1000 MPa。由于屈服强度具有类似的变化趋势,并且钢的塑性对于良好的冷镦性能要求而言是足够的,所以 8.8T 和 10.9T 规格的螺栓可以采用轧态的棒材来生产,而无需进行随后的热处理,即能满足 SAE 标准。

此外,在日本开发了一种适用于冷锻的具有针状铁素体组织的钢。这种含铌的微合金钢与前面讨论的那些钢之间主要的差别在于,为了满足高强度紧固件的技术要求需要进行最终的回火处理。即便如此,球化退火和随后的二次加热与淬火是不必要的。

表 10-16 给出了 Mn-Mo-Nb 和 Mn-Cr-Nb 针状铁素体钢的化学成分。为了使铌能够在奥氏体中全部固溶,钢坯的加热温度要达到 1250℃。终轧温度大约为 850℃,99%的热轧大压下,可以得到非常细的针状铁素体显微组织。

表 10-16 用于冷锻件的针状铁素体 Mn-Mo-Nb 和 Mn-Cr-Nb 钢的典型钢种的化学成分(%)

C	Si	Mn	P	S	Cr	Mo	Nb
0.05	0.25	1.72	0.015	0.011	0.07	0.33	0.051
0.09	0.23	1.59	0.011	0.015	0.51	—	0.045

在生产 8.8T 级螺栓时,采用这种钢可以完全代替传统的淬火回火钢。采用 Mn-0.5Cr-0.05Nb 钢已经成功地生产出了球状

连杆和其他汽车部件。生产 8.8T 螺栓采用 Mn-0.5Cr-Nb 钢代替调质钢的工艺比较见图 10-29。

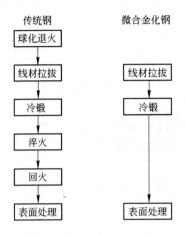

图 10-29 紧固件/螺栓生产工艺过程比较

采用非调质钢生产紧固件工艺简单,节能效果显著。

10.8.3 锻件直接淬火

Microtuff^R 钢在锻造温度高达 1290℃ 的条件下,钢的晶粒尺寸仍然能保持超过 ASTM 晶粒度 5 级的水平。固溶的铌可以有效地提高钢的淬透性,使钢的强度提高 20%。直接淬火能形成马氏体组织,并且能发生自回火。细晶自回火马氏体锻件具有极高的屈服强度(945~1225 MPa),同时其冲击转变温度低于 0℃。

表 10-17 给出了 Microtuff^R 钢的化学成分和力学性能。Microtuff10^{R}钢力学性能与传统的调质钢 AISI4140 钢相近。

表 10-17 Microtuff^R 钢的化学成分(%)和力学性能

C	Mn	P	S	Si	Cu	Ni	Cr	Mo	Nb	N
0.10~0.15 或 0.15~0.20	1.65~ 2.00	0.03 最大	0.03 最大	0.50~ 0.70	0.35 最大	0.20 最大	0.25	0.15~ 0.20	0.09~ 0.12	0.012~ 0.020

C	Mn	P	S	Si	Cu	Ni	Cr	Mo	Nb	N
屈服强度/MPa		抗拉强度/MPa		断面收缩率/%		伸长率/%		HRC		0℃下的夏比 V 形冲击功/J
945~1225		1190~1540		最小 25		最小 8		38~45		最小 40

Mrcrotuff^R 钢的应用示例

手工工具:敲击工具、切削工具、扳钳;
五金工具:吊钩、栓连接器、驳船连接器;
工业用:挖掘机的齿、传送链、钢轨防爬器;
农业用:耕地工具、切割刀刃、施肥开沟器

10.9　高强度高断裂韧性钢 HITS 钢

　　HITS 钢和 SNCM431 钢相比可谓低成本高性能,钢的化学成分见表 10-18。HITS 钢与 SNCM431 钢相比,低 P、S、Mn、Mo,加 B 目的是强化晶界;加 Cr、Mo、Nb 提高抗回火软化性能;加 C、Cr、Mo、B 改善钢的淬透性;无 Ni 可降低成本。钢的断裂韧性见图 10-30。HITS 钢具有较高的断裂韧性。

表 10-18　HITS 钢和 SNCM431 钢的化学成分(%)

钢　种	C	Si	Mn	Ni	Cr	Mo	Nb	B
HITS	0.41	0.23	0.45	—	1.0	0.49	0.03	加入
SNCM431	0.30	0.26	0.78	1.6	0.75	0.16	—	—

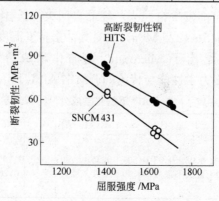

图 10-30　HITS 钢的断裂韧性

10.10 中碳 Nb、V 微合金化非调质棒钢的控制轧制

V 微合金化非调质钢用于销钉、轴类部件时,与调质钢相比韧性不足,因而用途受到限制。加 Nb 钢采用控轧控冷技术,通过细化晶粒改善了韧性。

10.10.1 试验钢的成分

基础钢为 0.33C-0.25Si-1.4Mn 钢,加 Nb 和 Nb、V 微合金化成分见表 10-19。

表 10-19 微合金化设计成分(%)

钢	Nb	V
基本成分	0.04	—
	0.04	0.04

10.10.2 热轧条件

十六机架连轧机包括:粗轧 8 座、中轧 4 座、精轧 4 座,采用控制轧制控制冷却技术,可生产各种省略二次加工应用中的热处理工序的热轧直接应用棒线材。具体条件如下:

(1) 加热温度。加热温度决定于铌和碳的含量,温度应在 NbC 完全固溶温度以上。0.33C-0.035Nb 钢采用 1220℃加热。

(2) 粗、中、终轧试验。得如下试验结果:

1) 坯料加热温度对强韧性的影响,见图 10-31。

2) 粗轧开始温度对强韧性的影响,见图 10-32。

3) 中轧、终轧开始温度对强韧性的影响,见图 10-33。

加热温度超过 900℃ 对力学性能的影响不甚敏感(见图 10-32)。加热温度高有利于热加工。采用 1225℃ 坯料加热并粗轧,用 825℃ 精轧(见图 10-33),Nb 及 NbV 复合应用钢的强韧性优越。图 10-34 指出精轧(中轧)温度对强韧性的影响,850℃ 以下最好。

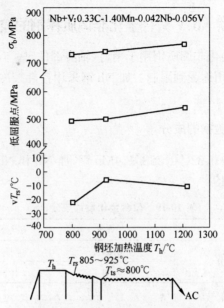

图 10-31 坯料加热温度对强韧性的影响

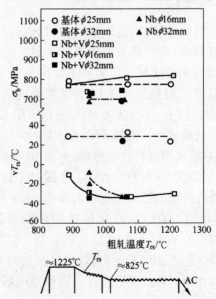

图 10-32 粗轧开始温度对强韧性的影响

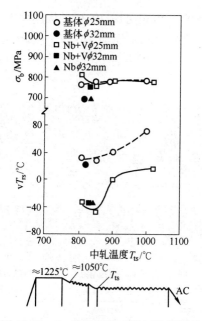

图 10-33　中、终轧温度对强韧性的影响

（3）γ 晶粒调整的动态再结晶的结果指出，晶粒度号 $N_\gamma = 1.8\log Z - 15.6$，动态再结晶参数 Z 与 γ 晶粒尺寸成直线关系，见图 10-34。

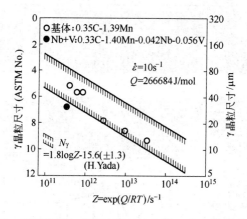

图 10-34　变形温度与变形速度互补参数 Z 和 γ 晶粒度的关系

　　热轧状态下的 γ 组织见图 10-35。从热变形 γ 看出不加 Nb 钢均属于动态再结晶组织。而加 Nb、V 的钢终轧温度 1020℃ 就已经出现"拉长了"的 γ 组织,但这种组织导致 γ→α 相变后的组织细化,见图 10-36。

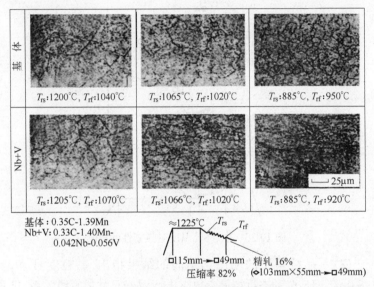

基体:0.35C-1.39Mn
Nb+V:0.33C-1.40Mn-
　　0.042Nb-0.056V

≈1225℃　T_{rs}　T_{rf}

□115mm→□49mm　精轧 16%
压缩率 82%　(◇103mm×55mm→□49mm)

图 10-35　热轧状态 γ 组织随热轧温度的变化

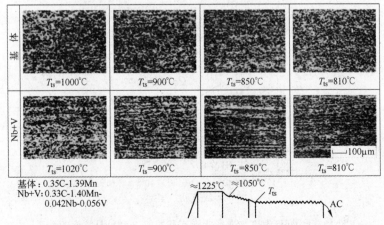

基体:0.35C-1.39Mn
Nb+V:0.33C-1.40Mn-
　　0.042Nb-0.056V

≈1225℃　≈1050℃　T_{ts}　AC

图 10-36　1/8D 处的组织随中轧精轧开始温度的变化

10.10.3 中轧和精轧组织

从组织上看终轧温度越低越好,发挥了细化晶粒的作用,既提高强度又提高韧性。加 Nb、V 钢的组织可见到热加工时变形带的遗传性,见图 10-36。

10.11 中碳 Nb、V 微合金化控制轧制棒钢的强度与韧性

10.11.1 抗拉强度与缺口抗拉强度的关系

抗拉强度与缺口抗拉强度的关系见图 10-37。

从图 10-37 看出：Nb-V 微合金化钢缺口韧性明显高于 0.35C-1.39Mn 调质钢。

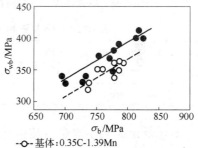

图 10-37 抗拉强度与缺口抗拉强度的关系

10.11.2 韧脆转变温度与晶粒尺寸的关系

Nb、V 微合金化改善低温韧性只有在细化了相变后的组织才能生效,如果加入 Nb、V 而没有实行控制轧制(或控制冷却),没有实现 γ 晶粒的热机械处理,或控轧控冷失败,有可能反而遭致晶粒粗化,这是需要注意的。只有珠光体团即原 γ 晶粒细化到 $d^{-\frac{1}{2}}$ 到 0.3 以上才能得到好的低温韧性,见图 10-38。

10.11.3 力学性能

控制轧制棒钢的力学性能列于表 10-20。

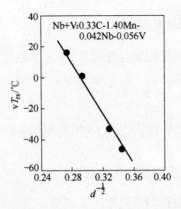

图 10-38　珠光体团尺寸与脆性断面转变温度的关系

表 10-20　Nb-V 钢和 S45C 力学性能

φ25 mm 钢	$\sigma_{0.2}$/MPa	σ_b/MPa	δ/%	ψ/%	$I.V$/J·cm^{-2}	vT_{rs}/℃
Nb-V 钢	632	810	29.4	66.3	213	− 33
S45C 调质钢	685	825	24.8	62.5	191	− 30

　　微合金元素 V 主要是沉淀强化,Nb 主要是晶粒细化和沉淀强化,Nb-V 复合作用影响变数复杂,本节介绍了用回归分析概括了 C、Nb、V 作用以及热加工工艺,即加热温度 1180～1250℃、粗轧开始温度 950～1066℃、终轧温度 810～836℃对晶粒尺寸 D 的影响结果,如表 10-21 所列。

　　以回归式的系数表述作用程度,通过 Nb 的韧化和 V 的强化,Nb-V 钢达到调质钢水平。

表 10-21　多重回归分析结果

σ_{sl}(kgf/mm^2)	$= 27.49 + 74.54w(C) + 130.62w(Nb) + 110.46w(V) - 0.11D(r=0.993)$
σ_b(kgf/mm^2)	$= 33.88 + 120.90w(C) + 61.73w(Nb) + 76.30w(V) - 0.10D$ $(r=0.926)$
ψ(%)	$= 68.39 - 12.01w(C) + 88.29w(Nb) + 11.30w(V) - 0.12D$ $(r=0.959)$

$I \cdot V(\mathrm{kgf \cdot m/cm^2})$	$= 13.27 - 9.80w(\mathrm{C}) + 144.44w(\mathrm{Nb}) + 29.38w(\mathrm{V}) + 0.12D$ $(r = 0.983)$

注：D 为钢棒直径；r 为相关系数；$1 \, \mathrm{kgf/mm^2} = 10 \, \mathrm{MPa}$；$1 \, \mathrm{kgf \cdot m} = 10 \, \mathrm{J}$。

小结：最佳热轧条件，粗轧互补参数 Z 参考图 10-34。终轧温度参考图 10-33。

11 螺栓钢（含调质处理高强度螺栓）

11.1 高强度钢的延迟破坏和氢陷阱的热处理作用

11.1.1 调质钢的回火处理

一般来说马氏体钢的回火是对马氏体的脆性进行调质（使其韧性化），其后才能应用。作为高强度螺栓的马氏体钢的回火处理可改善抗氢致断裂，具有更深层的意义。对于氢气来说，强度越高，成为氢陷阱的位错密度越大，因此钢的吸氢量越多对氢致脆化越敏感。所以提高强度的同时抑制位错密度增长是开发高强度螺栓钢的思考方向。图 11-1 示出一例，当 SCM440 和 ADS3 在同一强度 1290 MPa 时，则 ADS3 的位错密度经高温 650℃ 回火后大幅度下降，因此它的抗氢脆性优越。ADS3 属于实用化了的 13T 螺栓钢。这是 Nb 细化晶粒和 Nb、V 共同提高抗回火软化性能的结果。

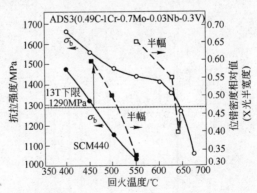

图 11-1 高温回火位错密度变小的强化示例

11.1.2 螺栓烘烤的意义

螺栓制造工艺中的烘烤实际是把有害氢转移到高能陷阱。

在螺栓生产工艺中的烘烤操作就是脱钢中第一峰氢。实际上氢穿越镀锌层是困难的,烘烤后仍有残存。只是把有害氢转移为无害的非扩散氢,见图11-2。随着烘烤温度的升高,氢气放出速度峰值向高于烘烤的高温方向转移。没有烘烤的高峰值在200～100℃之间,扩散氢在烘烤后消失;而在较高温进行烘烤后变成非扩散氢,峰值向更高温移动。

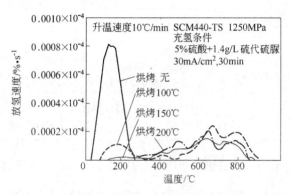

图 11-2　烘烤后扩散氢的变化

11.2　调质螺栓钢的抗延迟断裂性能的改善方法

淬火回火螺栓钢的抗延迟断裂性能的改善方法见表11-1。

表 11-1　淬火回火螺栓钢的抗延迟断裂性能的改善方法

序号	视点	方法	具体措施
1	强化原γ晶界	纯净化	重在减少 P、S,降 Mn 抑制 MnS 偏析
		晶界碳化物形态控制 (1)抑制板状碳化物析出 (2)转变成粒状碳化物	对于(1)采用高温回火,对于(2)增加 Mo 量
2	细化晶粒	加细化晶粒元素	加 Nb、Ti
3	超细组织	形变热处理(TMT)	Ausforming + 高频回火

序号	视 点	方 法	具体措施
4	降低晶内应变		高温回火 增加 Mo
5	晶内碳化物微细分散	晶内裂纹源(碳化物)微细化,降低位错堆积	高频回火
6	降低钢中氢	制钢时的各个环节:冶炼、铸造、线材脱氢或防止氢进入	脱气处理 缓冷
		涂镀时脱氢	烘烤
7	抑制从环境吸氢	增强表面阻挡层 减少内部氢陷阱	加 Ni、Si,高 Nb
8	氢无害化	利用微细碳化物,形成氢陷阱	加 V、Nb、Ti,增加 Mo,高温回火

除上述外,调质钢可利用 B 替代部分高价金属保淬透性。

11.3 80 kg 级和 90 kg 级高韧性非调质螺栓用线材

80 kg 级螺栓以往用 S45C 钢,为了冷镦成形,需要球化退火处理,为得到所需要的高强度和韧性,成形后还需施以淬火回火调质处理,这与非调质钢相比,浪费时间和能源,因此,该钢非调质化很有必要。

11.3.1 80 kg 级高韧性非调质螺栓钢的化学成分和生产

11.3.1.1 80 kg 级非调质钢的化学成分

80 kg 级非调质钢的化学成分见表 11-2。

表 11-2 化学成分(%)

项 目	钢	C	Si	Mn	Cr	Nb	V
非调质	KNCH8P	0.13	0.04	1.57	0.15	0.03	0.110
	KNCH8	0.3	0.26	1.53			
调 质	AISI1045	0.45	0.21	0.74			

表 11-2 列出了非调质钢 KNCH8P 同 KNCH8 以及调质钢 AISI1045 的化学成分。单从化学成分看 KNCH8P 合金成本显著地高，但是应考虑螺栓制造的总成本，而 KNCH8P 则具有显著的社会效益和对螺栓制造厂的支持力，这种支持力来源于下游企业用户。

11.3.1.2　材质设计与控制

本钢材质为铁素体加珠光体。因为这种组织对线材抗拉强度的波动性影响小，为严格控制成分，采用钢包冶炼。

11.3.1.3　热轧材的组织与性能

利用钢中的 Nb 进行热机械处理，细化晶粒，为在热轧后得到微细的铁素体加珠光体组织，采用低温控制轧制加控制冷却技术。热轧后的组织见图 11-3，从图可以看出：与其他两种钢相比，KNCH8P 组织细化明显。

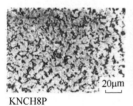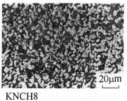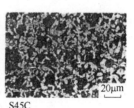

KNCH8P　　　　　　　KNCH8　　　　　　　S45C

图 11-3　光学组织

热轧状态的抗拉强度和面缩的关系如图 11-4 所示。从图看出：低温控制轧制加控制冷却材 KNCH8P 明显优于其他三种钢，特别优于 S45C 球化处理材。镦锻试验结果见表 11-3。

表 11-3　冷镦临界压缩比

KNCH8P	热轧冷拔	＞80％	$H_0/d = 1.5$
KNCH8	热轧冷拔	＞80％	$\varphi = \dfrac{H_0 - H_1}{H_0} \times 100$
AISI1045	球化冷拔	＞80％	

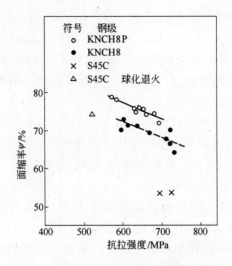

图 11-4　热轧材的抗拉强度和面缩率的关系

11.3.1.4　从坯料到螺栓的力学性能的变化

在螺栓制造过程中必须注意性能的变化。图 11-5 所示就是
一例。

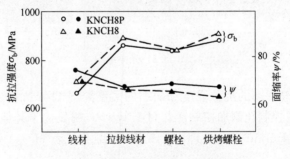

图 11-5　从坯料到螺栓性能的变化

KNCH8P 冷拔后的抗拉强度的变化用 $\Delta\sigma_b = 51 + 4.71\psi$
（MPa），ψ 为面缩率，用 15 %～50 % 表示。

上述数据决定了 800 MPa 非调质螺栓用线材所需要的力学
性能。

11.3.2 90 kg 级螺栓钢

Boratto 等设计了一种铌钛微合金化钢(0.09C-0.2Si-1.9Mn-0.6Cr-0.04Nb-0.03Ti),用其生产的盘条具有针状铁素体组织,在轧制状态下,抗拉强度在 900 MPa 左右。他们的研究证实在523 K 低温时效后既能增加强度,又能提高冷镦紧固件的延性,以满足 10.9 T 级螺栓的全部技术要求。

11.4 抗延迟断裂螺栓钢 ADS-2

用于汽车发动机的抗延迟断裂钢(anti-delayed fracture steel, ADS)来说,汽车发动机的输出功率越高,汽车安全性也越重要,抗拉强度超过 1200 MPa,就有可能发生低应力氢致延迟断裂,因此要求钢具有抗延迟断裂性。延迟断裂是沿晶破断的一种,可以强化晶界设计成分,采用高温回火的方法改善抗延迟断裂性能。 ADS-2 钢的化学成分和以往使用的 SCr430、SCM435 比较钢的成分列于表 11-4。钢水要求纯净化,因此需要炉外精炼。

表 11-4 ADS-2 的化学成分(%)

钢 种	C	Si	Mn	P	S	Cr	Mo	Nb
ADS-2	0.34	0.34	0.36	0.011	0.006	1.26	0.40	0.019
SCr430	0.31	0.31	0.62	0.017	0.010	0.95	0.05	痕迹
SCM435	0.35	0.19	0.67	0.019	0.010	0.95	0.17	痕迹

ADS-2 钢和比较钢相比,前者较低 Mn、P、S 可以减少晶界偏析,为提高晶界强度而加 Nb,并且细化 γ 晶粒以促进晶界纯净化;提高 Cr、Mo 含量主要是提高抗回火软化,避开回火脆化温度,允许采用高温回火。加 Nb 后 ADS-2 钢经高温回火后的强度得到大幅度改善,见图 11-6。

ADS-2 钢经高温回火后性能显著改善,作为 10.9 T 螺栓用钢回火温度可以提高到 550℃ 以上。

ADS-2 钢的延伸性和抗延迟断裂性见图 11-7 和图 11-8。

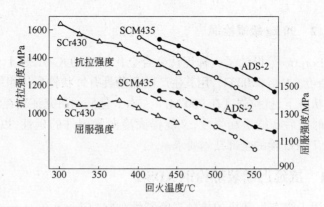

图 11-6　ADS-2 的强度

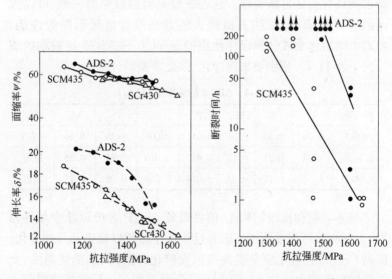

图 11-7　ADS-2 的延伸性　　　图 11-8　ADS-2 的抗拉强度与

延迟断裂时间(评价)

ADS-2 钢的抗延断裂在强度 1400~1500 MPa 内显然优于比较钢 SCM435 钢。而断裂时间大于 200 h(标准为 100 h)。

11.5 13 T 高强度螺栓钢 ADS-3

11.5.1 13 T 螺栓钢的化学成分与性能

ADS-3 在化学成分上是将 ADS-2 的化学成分作了进一步优化，S、P 更加纯净，提高了 C、Mo、Nb 含量，并加 V0.32%。因此，和 ADS-2 相比进一步提高了抗回火软化性能，并强韧化了晶界，使形变热处理（ausforming）后晶界更加纯净化，因而抗延迟断裂性能提高了一步。ADS-3 同 ADS-2、SCM440 钢的化学成分列于表11-5。与 ADS-2 相比，ADS-3 的抗延迟断裂性能提高了一级，成为 13 T 螺栓钢。该钢已实用化。

表 11-5 ADS-3、ADS-2、SCM440 化学成分设计及 ADS-3 成分优化（%）

成 分	ADS-3	ADS-2	SCM440	性能优化要素	
C	0.49	0.34	0.39		
Si	0.28	0.28	0.17		
Mn	0.31	0.37	0.82	降低	
P	0.009	0.08	0.025	降低	强化晶界、净化晶界
S	0.004	0.005	0.010	降低	
Cr	1.02	1.26	1.11		
Mo	0.68	0.4	0.16	提高	提高的回火温度
Nb	0.034	0.026	—	加入	γ晶粒细化
V	0.32	—	—	提高	析出物微细化

图 11-9 示出 ADS-3 钢回火温度与抗拉强度关系，该钢的抗回火软化性显著提高，表现出二次硬化现象。图 11-10 示出 13 T 级 ADS-3 钢的抗延迟断裂性能。

11.5.2 ADS-3 的实用性能

11.5.2.1 断口形貌

图 11-11 所示是 ADS-3 的断口形貌，从图可以看出 SCM440（520℃回火）的断口为沿晶断口，而 ADS-3（620℃回火）为韧塑性断口。

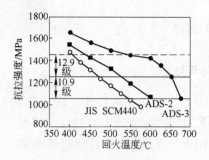

图 11-9　回火温度与抗拉
强度的关系

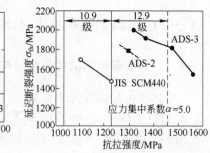

图 11-10　抗拉强度对延迟
断裂强度的影响

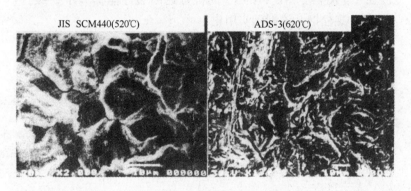

图 11-11　ADS-3 的断口形貌

11.5.2.2　冷成形性能

ADS-3 钢同 AISI4140 钢相比,球化处理后的冷成形性能优于 AISI4140 钢。ADS-3 钢在 750℃ 、6 h 炉冷后临界压缩比为 80%。 AISI4140 钢 750℃ 、6 h 炉冷后临界压缩比为 75%。

由以上研究可得到结论如下:

(1)ADS-3 钢和 11 T 级 SCM440 钢有同等或以上的延迟断裂强度比(延迟下限强度/缺口抗拉强度)。

(2)根据第(1)点,ADS-3 钢可用于大型钢结构。

(3)根据强度级别 ADS-3 钢可用于汽车发动机的连杆与汽缸的连接。

(4) ADS-3 放氢研究指出,其可在 200℃ 以上放完氢,而 SCM440D 在 150℃ 以下放完氢,说明作为氢陷阱,SCM440 钢是位错,而 ADS-3 是碳化物。

11.6 耐火螺栓钢(JISB-1186-1995)

为保证人民生命财产的安全,在一些大型结构物,如体育馆、停车场、火车站、候机楼等人口聚集的公共建筑场所正在发展耐火钢的应用,而耐火螺栓钢也获得了相应的需要与应用。表 11-6 和表 11-7 分别列出 F10T 螺栓钢的化学成分以及常温和 600℃ 时的力学性能。钢中 Cr、Mo、V、Nb 的功能是为提高耐火性能的。

表 11-6   F10T 耐火螺栓钢化学成分(%)

元素	C	Si	Mn	Cr	Mo	V	Nb	B
F10T	0.25	0.25	0.80	1.00	0.50	0.05	0.01	
普通	0.22	0.10	0.85	0.30				0.002

表 11-7   F10T 耐火螺栓钢的力学性能

F10T 耐火螺栓钢	屈服强度/MPa		抗拉强度/MPa	伸长率/%	面缩率/%
	常温	600℃	常温	常温	常温
	≥900	≥300	1000/1200	≥14	≥40

11.7 无晶界碳化物马氏体新概念及高强度螺栓钢的新进展

11.7.1 无晶界碳化物马氏体新概念及其应用

无晶界碳化物的马氏体组织可称为抗氢延迟断裂组织,这种组织的获得需要经过超纯钢的冶炼,要求 S、P 含量超低,而后进行 γ 形变热处理得到原始 γ 晶粒微细分化,即引进变形带和高位错密度的板条马氏体组织。回火后没有明显的原 γ 晶界和沿晶界碳化物,Nb 的微合金化更有利于细化 γ 晶粒。晶界碳化物极少的马氏体钢的抗延迟断裂性,见图 11-12。断裂强度见图 11-13,由图可见改良 AF SCM440 钢比普通 QT SCM440 钢断裂强度提高 1 倍。

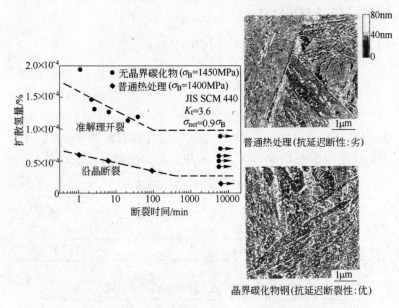

图 11-12　晶界碳化物极少的马氏体钢的抗延迟断裂性

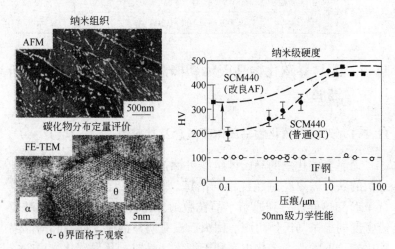

图 11-13　改良 AF SCM440 钢与普通 QT SCM440 钢断裂强度的比较

图 11-12 右上图是 SCM440 钢 QT 材,右下图是 SCM440 钢 AF
材。无晶界碳化物或少晶界碳化物马氏体组织钢抗氢延迟断裂性
能优越,晶界碳化物控制材料是通过改良的 AF(Ausform)处理而
得到。图 11-3 同时示出该钢的纳米级硬度和组织。这种无晶界
碳化物马氏体组织可称为抗氢延迟断裂组织。钢的抗拉强度提高
了 2 倍,疲劳寿命也提高了 2 倍。

11.7.2　改良 Ausform 改善高强度钢抗氢性能

改良 Ausform 工艺为:1323 K,1.2 ks 奥氏体化,终轧温度
1063～1093 K,变形量 50% 的线材水淬。然后高周波加热以
150 K/s 升温至所定温度进行保温 10 s,而后回火(通过此工艺生
产的钢称为 AF 钢)。

作为比较的工艺为:1153 K,0.9 ks 奥氏体化油淬,并在盐浴
炉所定温度回火(通过此工艺生产的钢称为 QT 钢)。

把试验钢 SCM440 钢调制成各个级别强度的钢,而后在试验
条件下测定环境氢含量(H_E)和临界氢含量(H_C),结果见图 11-4、
图 11-5。

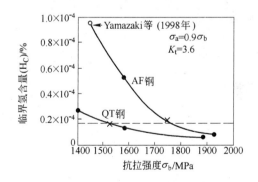

图 11-14　AF 钢、QT 钢的抗拉强度与临界氢含量(H_C)的关系

(K_t 为应力集中系数)

无晶界碳化物钢的 Nb、Nb-V 复合微合金化和改良 Ausform
结合生产高强度螺栓钢的成分优化设计,可参考表 11-1。

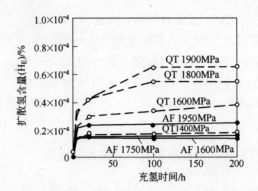

图 11-15   AF 钢、QT 钢、0.1 mol/L HCl 腐蚀试验后的扩散氢
含量与强度之间的关系

    AF 处理的 SCM440 钢显著地降低了钢的吸氢性能,并大幅
度提高了抗拉强度。

12 直接冷加工棒线材

12.1 冷镦线材

冷镦线材的典型应用是螺栓,表 12-1 列出 4.8~12.9 级别的螺栓用钢及其制造工艺。

表 12-1　螺栓制造工艺及原材料

级别	最小强度 /MPa	制 造 工 艺	原 材 料
4.8	420		
5.8	520	R→Dr→CH	SWRCH8A~22A
6.8	600		
8.8	800($d \leqslant 16$) 830($d > 16$)	R→As→Dr→CH→H	SWRCH40k/48k
		R→Dr→CH→H	SWRCHB323
		R→Dr→CH	非调质线材
9.8	900	R→As→Dr→CH→H	SWRCH40k/48k
		R→A→Dr→As→Dr→CH→H	SCr440,SCM435
		R→Dr→CH→H	SWRCHB323,423
		R→Dr→CH	非调质线材
10.9	1040	R→A→Dr→As→Dr→CH→H	SCr440, SCM435
		R→Dr→CH→H	SWRCHB423,526
		R→(A)→Dr→CH→H	新 B 钢
12.9	1220	R→A→Dr→As→Dr→CH→H	SCM435
	(1300)	R→As→Dr→As→Dr→CH→H	特殊元素
	(1600)	R→LP→Dr→CH→BL	SWRS82B＋Cr

注:R—轧制;A—退火;As—球化;LP—铅浴;H—淬火回火;Dr—拉丝;CH—冷镦;BL—发蓝。

以往,4.8~6.8 T 螺栓用低碳钢和 8.8~9.8 T 螺栓用中碳钢,冷镦前均需球化退火。最新发展使用硼钢,除形状复杂的螺栓以外均不用球化退火,可直接冷镦。8.8 T 螺栓可用非调质钢,不用球化退火,但在形状上受到一定限制。

10.9 T 以上的螺栓因氢致延迟断裂需要使用 Cr、Mo 合金钢,需加 Nb-B、Nb-Ti、Nb-V 或者单独用 Nb、V、Ti 等进行微合金化,以制造氢陷阱改善抗氢性能。

汽车用螺栓特别是连杆、汽缸等的螺栓的性能要求严格。用 Nb、Ti、V 微合金化,P、S 超纯净化,提高回火温度的 1300 MPa 高强度螺栓细晶粒钢正在推广应用。

氢致延迟断裂机理,正在广泛深入研究,强度级别向 1600 MPa 发展。螺栓制造工艺的各种吸氢因素以及螺栓形状等降低应力集中因素也在探索和改善之中。

12.2 超级冷镦盘圆钢

12.2.1 概述

Ti 微合金化极低碳盘圆钢表面有异常粗晶层,致使冷镦件表面粗糙呈橘皮状。就金属物理性质而言这是铁素体二次再结晶的结果。图 12-1 示出加钛极低碳钢盘圆表面异常粗晶。

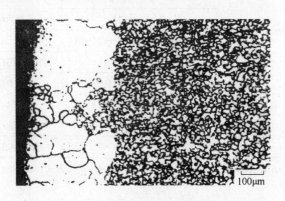

图 12-1 加钛极低碳钢盘圆表层异常粗晶

12.2.2 问题点

超级冷镦钢开发课题的关键为:(1)在消除晶粒异常粗大的同时保证在高应变下具有低的变形抗力;(2)在省略离线退火的条件下,不增加生产成本的同时,能进行工业大生产。

12.2.3 化学成分调整

化学成分调整注意以下内容:

(1) 因 TiC 固溶温度较 NbC、Nb(C,N)、TiNb(C,N)低,所以 TiC 阻止再结晶温度也低。因此当含 Ti 钢终轧温度或盘卷温度在生产大圆盘条(直径大于 19 mm)时,要在过低温度下操作是比较困难的。所以必须采用较高温度的再结晶阻止剂,以提高钢的再结晶温度。众所周知 Nb 或 Nb-Ti 复合微合金化可提高单 Ti 微合金钢的再结晶温度 $40 \sim 50 ℃$。

(2) 保证大圆盘条在连续冷镦机上生产螺钉、螺帽时具有低的变形抗力,特别是大变形时的抗力要充分低,因此钢中的碳应低于 $40 \times 10^{-4}\%$。

(3) 微合金化设计与最佳成分筛选。试验用料见表 12-2,试生产用料见表 12-3。根据碳氮化物的化学比,微合金元素用量采用过比设计。目的为:1)IF 化;2)还要利用固溶 Nb、Ti 等的对晶界移动的拖曳作用阻止高温操作时晶粒长大;3)T1 为 Ti 的不足量添加,T2 为过量添加;4)Ti-Nb 复合应用为最佳选择,Ti 的作用是利用 H 相 $Ti_4C_2S_2$ 固定 C,而剩余 C 为 NbC 所固定。这样处理可有富余的固溶 Nb,它主要通过富集晶界而起拖曳作用。

表 12-2　试验室用料成分(%)

代 号	C	Al	Ti	Nb	B
Ti	0.0045	0.03	0.064	—	—
TiB	0.0045	0.032	0.061	—	0.018
TiNb	0.0051	0.022	0.034	0.032	

表 12-3 试生产用料成分（%）

代 号	C	Al	Ti	Nb
T1	0.003	0.01	0.036	—
Nb	0.004	0.004	—	0.026
TN	0.004	0.004	0.04	0.02
Th	0.008	0.028	0.056	
T2	0.004	0.057	0.132	—

试验参数如加热温度、变形温度、变形量、冷却开始温度与冷却速度以及冷却急停温度(F.FST)等的变化范围,见图 12-2。

12.2.4 工业试制工艺

工业试制工艺,见图 12-2。

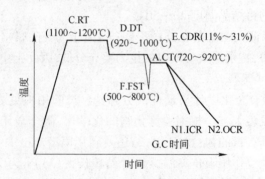

图 12-2 热轧模拟实验参数及制造工艺示意图

12.2.5 试验结果

试验结果如下:

(1) Ti 钢盘卷表面晶粒粗化的工艺参数对试验结果的影响。图 12-3 示出变形量小于 20% 时在慢冷的条件下盘卷内圈的晶粒也发生粗化;图 12-4 示出急冷停止温度的影响,在缓慢冷却时对晶粒粗化很敏感,停止温度过低 500℃,粗化加快。停止温度

800℃为最佳。含 Ti 钢的盘圆晶粒粗化问题在大生产的条件下难以解决。

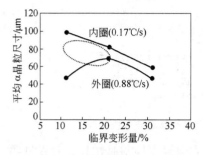

图 12-3 抑制晶粒粗化的
临界变形量

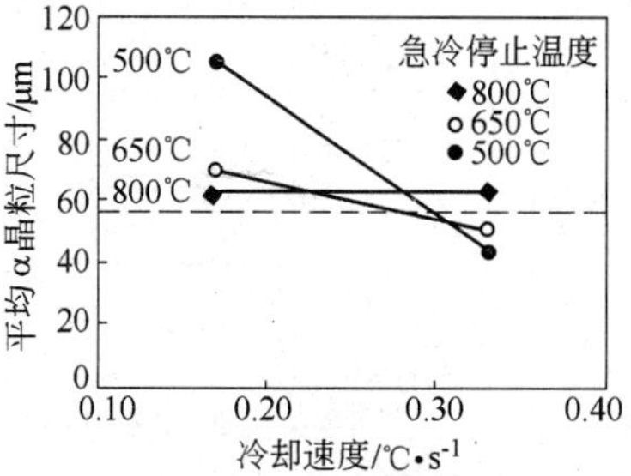

图 12-4 抑制表层粗晶化的急冷
停止温度效应

（2）Ti-Nb 复合应用抑制晶粒异常粗化效果。注意钢的微合金成分，见图 12-5。

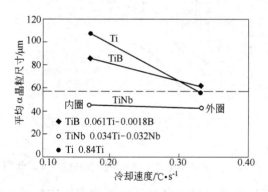

图 12-5 Ti-Nb 钢抑制晶粒异常粗化效果

（3）不同成分钢的微合金化及 Nb、Ti-Nb 抑制作用。不同微合金元素对细化晶粒和抑制晶粒长大效果见图 12-6。注意图中 A8、Th 两个含 Ti 钢虽然克服了粗晶化，但因碳含量高，而冷镦性能差而不为下游厂家所接受。从图 12-6 可见，Nb 钢和 Ti-Nb 钢比 T2、T1 抑制晶粒长大作用优越。

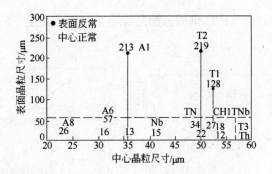

图 12-6   Nb 钢及 TiNb 钢抑制晶粒异常长大效果

（4）卷取温度的影响。盘圆卷取温度抑制晶粒长大效果见图 12-7。图中同时列出盘圆生产工艺参数和化学成分。Ti-Nb 钢在 800~870℃收盘具有突出的抑制效果，晶粒尺寸小于 56.6 μm。

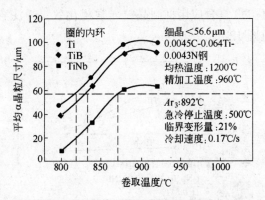

图 12-7   卷取温度对 Ti-Nb 钢抑制晶粒长大的作用

（5）冷镦性能。细晶是保证冷镦件表面质量极重要的因素，另一个重要指标就是变形抗力，影响变形抗力的重要因素是钢中间隙元素 C、N 的含量。

1）低变形成形性。当应变值为 0.22 时的 Ti 钢，C 含量由 $40 \times 10^{-4}\%$ 提高到 $70 \times 10^{-4}\%$ 时变形抗力增加 31 MPa。因此低应变冷加工时 $w(C) < 40 \times 10^{-4}\%$。Nb 钢的低应力-应变曲线见图 12-8。

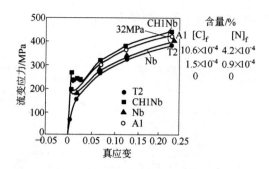

图 12-8　Nb 钢的常温变形应力-低应变区

2) 高变形成形性。TiNb 钢的高加工成形性比 A6 和 Ti 钢优越得多,见图 12-9,说明 CH1TNb 钢可推广实用化。

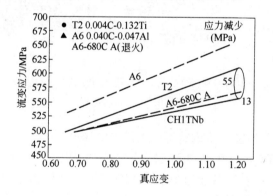

图 12-9　Ti-Nb 钢常温应力-应变图

由于动态应变时效的关系,高应变下要求残碳更低,本试验钢 CH1Nb 由内耗试验测知 $70 \times 10^{-4}\%$ C(名义成分)时只有 $10.6 \times 10^{-4}\%$ 残碳,加工性能不理想。而 $40 \times 10^{-4}\%$ C 时,则残碳为 $1.5 \times 10^{-4}\%$,加工性能较好。所以高性能冷镦钢碳应控制在 $40 \times 10^{-4}\%$ 以下。

(6) Nb 钢和 Ti-Nb 钢的细化晶粒机制。Nb 钢抑制晶粒粗化效果比 Ti-Nb 钢好,是因为 Nb 钢中析出物细小、分散、量多(见图 12-10a),TiNb 钢抑制晶粒粗化效果相对差些(见图 12-10b)。单位面积析出物多者,细化晶粒效果大。

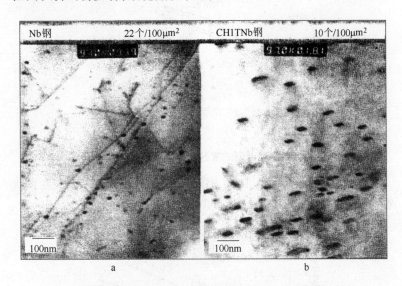

图 12-10　Nb 钢(a)与 TiNb 钢(b)析出物的量的比较

(析出密度由 TEM,9.7 万倍测试)

(7) 高性能冷镦钢的生产工艺重要参数。

1) 终轧卷取温度低于 Nb 或 TiNb 的碳氮化物的溶解温度,TiNb(C,N)溶解温度为 1000~1300℃,而 NbC 的溶解温度要求高于 880℃,否则晶粒长大;

2) 在 800~870℃间,终轧变形量大于 12%;

3) 工艺生产参数的制定见图 12-11。

12.2.6　结论

(1) 由热加工艺模拟实验及实际轧延证实:铁素体晶粒粒度随盘卷温度及微合金元素的种类不同而不同。复合添加 Ti、Nb(0.34%Ti-0.32%Nb)钢及高温稳定型析出物对晶界的钉扎作用,才能抑制极低碳钢终轧堆冷所产生的二次再结晶晶粒粗化,从而可解决大尺寸极低碳棒钢表面局部晶粒异常粗大问题。

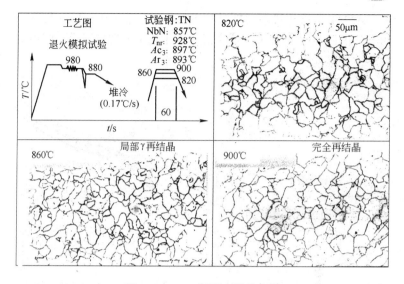

图 12-11　TN 钢退火晶粒比较

（2）常温冷镦性方面,证实复合添加 Ti、Nb 钢,可大幅度降低极低碳棒钢变形阻抗,降到低碳钢退火材水平以下,故有免退火直接加工到成品尺寸的优异冷镦性。

（3）成分设计关键技术,在于利用固溶 Nb 对晶界的拖曳作用,可生成具有大于 800℃ 的稳定的 TiNb(C,N)抑制 800℃ 高温盘卷缓冷时异常粗晶。开发钢的成分参考表 12-3 中的 TN。

12.3　省略球化退火冷加工用超级冷锻钢(ALFA 钢)

省略球化退火,也就是要求热轧材要具有低的硬度,采用适宜的热轧工艺生产。钢的化学成分见表 12-4,省略球化退火钢的硬度见图 12-12。进一步了解可参看第 6 章和第 8 章 ALFA 钢。

表 12-4　省略球化退火 ALFA 钢的化学成分(%)

C	Si	Mn	Cr	B、Ti、Nb
0.20	0.07	0.5	1.0	添加

ALFA 钢热轧状态的硬度比 SCr420 还低而与其球化退火态相当。因此 ALFA 钢可直接冷锻。图 12-13 为省略退火 ALFA 钢的冷加工性能。

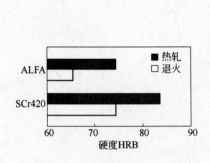

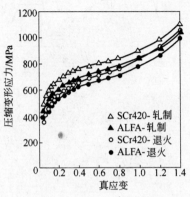

图 12-12　ALFA 钢和 SCr420 钢的
硬度比较

图 12-13　省略退火 ALFA 钢的
冷加工性能

13 含 Nb 无 Pb 快削钢

13.1 Fe-Nb-S 三元平衡图

Nb 的(Fe,Nb)S 金相组织见图 13-1。在 1473 K 时析出物为液态。图 13-1 示出 1473 K 固溶处理后的在晶界上析出的板状共晶型硫化物(Nb,Fe)S,其中图 13-1b 高 S,还有液相出现,如 L(液体)箭头所示。图 13-2 示出 1473 K Fe-Nb-S 三元平衡图。注意微

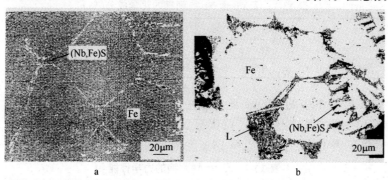

图 13-1　BSE 显微组织(1473 K 等温)

a—Fe-1.2Nb-0.5S(%,摩尔分数);b—Fe-5Nb-20S(%,摩尔分数)

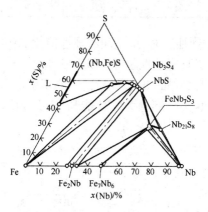

图 13-2　Fe-Nb-S 平衡图(1473 K)

量 Nb 和 S 的铁角的(Nb,Fe)S 是可资利用的。

上述两个图为开发含 Nb 易削钢提供了理论基础。

13.2 无 Pb 加 Nb 超级快削钢

合金元素的硫化物形成能力顺序为 Si、Co、Ni、Fe、W、Mo、Al、Cr、V、Nb、Mn、Ti、Zr(递增)。超级快削钢是把传统易削钢中的 Pb 去掉,提高 S 含量,加入 Nb,因为 Nb 能把 MnS 变成微细分散分布,而实现快削性。超级快削钢的化学成分见表 13-1。

表 13-1 无 Pb 含 Nb 易削钢的化学成分(%)

钢	C	Si	Mn	P	S	Nb	Pb
NFK1	0.03	痕	1.10	0.070	0.34	加入	痕
12L14	0.07	痕	1.05	0.070	0.34	痕	0.24

表 13-1 中的 12L14 是 AISI 标准号。无 Pb 含 Nb 快削钢是在 12L14 的基础上进一步降碳至 0.03% 加 Nb 而成。该钢的力学性能见表 13-2,它与 12L14 钢强度相等而塑性更好。

表 13-2 无 Pb 快削钢的力学性能

钢	σ_s/MPa	σ_b/MPa	δ/%	ψ/%
NFK1	303	396	33	69
12L14	289	409	30	43

NFK1 钢钻削加工时,抗侧面磨损性能比 AISI12L14 钢优越,切削时间越长,工具磨损性越好,见图 13-3。

图 13-4 是无 Pb 加 Nb 超级易削钢的切削形状。

无 Pb 加 Nb 快削钢的力学性能与 Pb 快削钢 SUM24L 的比较,见表 13-3。

表 13-3 无 Pb 加 Nb 快削钢同 Pb 快削钢力学性能的比较

项 目	硬度 HV	$\sigma_{0.2}$ /MPa	σ_b /MPa	屈强比	δ/%	ψ/%	冲击值 /J·cm^{-2}
无 Pb 快削钢	111	223	391	0.57	39	51	108
Pb 快削钢(SUM24L)	110	222	390	0.57	38	501	109

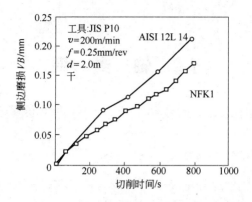

图 13-3 NFK1 和 AISI 12L14 钢(钻)侧面磨损

无Pb加S快削钢   Pb快削钢(JIS SUM24L)   基础钢 (JIS S10C相当)

图 13-4 无 Pb 加 Nb 超级易削钢的切削形状

14 轴 类 钢

14.1　曲轴实用 γ 形变热处理马氏体型非调质易削钢

14.1.1　钢的化学成分

　　E 钢的化学成分见表 14-1。该钢属于低碳含 Pb 并用 Ti-Nb 微合金化的马氏体钢，采用 γ 形变热处理工艺锻造生产的产品性能远优于普通锻造品。E 钢中 Nb 起细化晶粒和沉淀强化和固溶 Nb 的贝氏体化作用，它的 $w(\mathrm{Mn_{eq}}) = 10(w(\mathrm{Nb}) - 0.02\%)$，同时和 B 复合共同强化晶界，提高淬透性。γ 形变热处理的组织为微细化的马氏体，见图 14-1。本钢 $w(\mathrm{Mn_{eq}})$ 为 4.9%，属于高淬透性钢。锻造淬火后的组织比普通淬火组织明显细化。

表 14-1　优选参考成分(%)

钢	C	Si	Mn	Ni	Cr	Mo	Cu	Ti	B	N	Pb	$\mathrm{Mn_{eq}}$[①]
E	0.07	0.25	2.7	0.05	1.0	0.20	0.06	0.03	0.002	0.008	0.09	4.9

　　① $w(\mathrm{Mn_{eq}}) = w(\mathrm{Mn}) + w(\mathrm{Cr}) + w(\mathrm{Mo}) + w(\mathrm{Cu}) + w(\mathrm{Ni})/2 + 10(w(\mathrm{Nb}) - 0.02\%) + xw(\mathrm{B}) = 1$。

14.1.2　γ 形变热处理 CCT 图及工艺参数

　　成分设计以锻造后能淬火成马氏体的 CCT 曲线为准，给出锻造工艺设计的温度和时间。主要化学成分集中在 $w(\mathrm{Mn_{eq}})$ 值。γ 形变热处理原理见图 14-2。锻造工艺见图 14-3。和普通淬火相比，γ 形变热处理是锻造后直接淬火。钢的化学成分保证在锻造温度(过冷 γ 区)下呈亚稳全 γ 组织。

14.1.3　γ 形变热处理参数

　　γ 形变热处理参数如下：

（1）碳含量对流变应力的影响。0.05%～0.3% C 对流变应力基本上没有影响，见图 14-4；而变形温度对流变应力影响显著，600℃的流应变力显著高于 800℃。

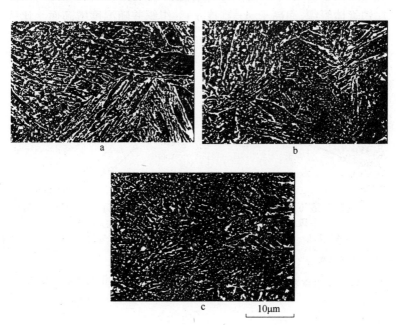

图 14-1　电子显微图像

a—普通淬火；b—900℃锻造；c—700℃锻造

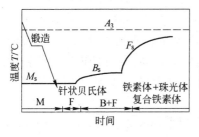

图 14-2　γ 形变热处理 CCT 图

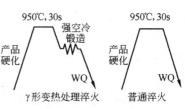

图 14-3　γ 形变热处理和普通淬火硬化工艺

（2）锻造温度对锻造流变应力的影响。图 14-5 所示为 E 钢的锻造温度与流变应力关系,从图看出,γ 形变热处理时的变形抗力明显低于普通温锻,这是因为普通温锻钢在 Ar_3 以下是贝氏体加铁素体组织,而高于 Ar_3 则成 γ+α 组织并随温度增高而 γ 比例增加。而形变热处理是在亚稳 γ 区进行,此时此温度是低碳柔软的 γ 组织,因此变形抗力较低,而锻造温度越低,变形抗力降低得越明显。

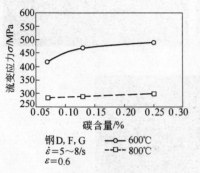

图 14-4　碳含量和流变应力的关系

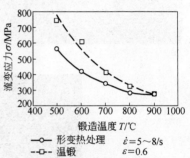

图 14-5　E 钢的锻造温度和
流变应力的关系

14.1.4　力学性能

图 14-6 是锻造温度对 E 钢力学性能的影响,从图可看出,在锻造温度 900～700℃ 间有优越的强韧性,600℃ 锻造时有若干贝氏体析出,因而韧性下降。钢的淬火状态屈强比只有 0.5。说明淬火状态的马氏体的可动位错密度非常高,时效处理后活位错被锁定而屈服强度升高(图 14-7)。这是由于 N、C 原子钉扎位错的结果。

疲劳试验、钻削试验结果示于图 14-8 及图 14-9。从图 14-8 可看出 E 钢的疲劳强度非常高;而从图 14-9 看出 E 钢的切削性能好,工具的钻削寿命长。

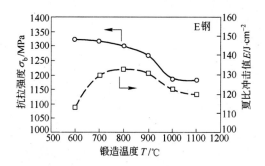

图 14-6   锻造温度对 E 钢力学性能的影响

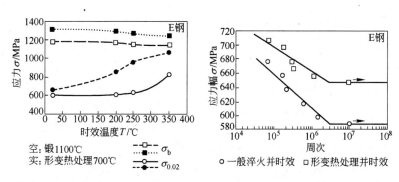

空：锻 1100℃   ·□·· σ_b
实：形变热处理 700℃   --●-- $\sigma_{0.02}$

图 14-7   时效温度对强度的影响   图 14-8   E 钢疲劳试验结果

○ 一般淬火并时效   □ 形变热处理并时效

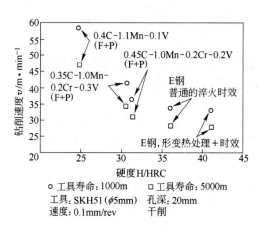

○ 工具寿命：1000m   □ 工具寿命：5000m
工具：SKH51（ϕ5mm）   孔深：20mm
速度：0.1mm/rev   干削

图 14-9   钻削试验结果

14.1.5　几点讨论

讨论内容如下：

(1) 低 $w(C)<0.1\%$ 钢的 M_s 和 B_s 点高，容易发生低温扩散贝氏体相变，因此在实行形变热处理时，形变使淬透性大幅度下降，因本钢 $w(Mn_{eq})$ 在 4.5% 以上才能得到 Ausforming 马氏体。如图 14-10 所示，当 $w(Mn_{eq})=3.5\%$ 时，在 700℃锻造后的硬度只有 200 HV，是最低点，所以为了保证淬火后

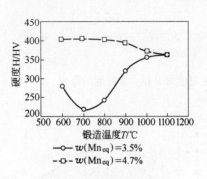

图 14-10　锻造温度、$w(Mn_{eq})$ 同淬火后的硬度

的硬度，$w(Mn_{eq})=4.7\%$ 才是充分的。

(2) 曲轴的断面复杂，各部位变形量大小各异，而加入 Ti、Nb、B 可在较宽的变形温度和较宽的变形量范围内热加工时控制晶粒长大，$w(Mn_{eq})>4.5\%$ 的 E 钢（$w(Mn_{eq})=4.9\%$）可望用于大量生产 1300 MPa 级钢。

14.2　SAE 1541 中碳钢的 Nb 微合金化后的切削性能改善和强韧性优化

这里提出一个新概念：利用适当的微合金化和炼钢造渣工艺相结合，可以改善锻钢的切削性能和力学性能。本锻钢实例是 SAE1541 使用 Ca-Al-Si 渣进行 Ca 处理改善切削性，减少工具磨耗。利用控制锻造得 F＋P 微细组织，并且利用碳氮化物沉淀强化，该钢与传统的锻钢相比，提高了强度，改善了韧性。钢的化学成分见表 14-2。

表 14-2　SAE1541 钢的微合金成分(%)

SAE1541	S	Nb	V	Ti	N	Ca	Al固	Al总	O固	O总
A 钢	0.048	0.002	0.13	0.014	112×10^{-4}	0	20×10^{-4}	40×10^{-4}	10×10^{-4}	60×10^{-4}
B 钢	0.013	0.04	0.002	0.002	50×10^{-4}	16×10^{-4}	20×10^{-4}	40×10^{-4}	10×10^{-4}	50×10^{-4}

锻造工艺如下：

钢坯加热以 30℃/s 升温至 1180℃,保温 5 s→1000℃变形 0.4 锻造→950℃变形 0.3 锻造→900℃变形 0.28→锻造→以 2℃/s 冷却。

说明:B 钢再结晶温度为 960℃,A 钢再结晶温度为 890℃。

利用新概念生产的锻件切削性能见图 14-12。

Ca 处理 B 钢估计约有 0.02% 的外来渣,见图 14-11。其中 Ca-Al 硅酸盐,是改善切削性能的主要因素。图 14-12 示出 B 钢的切削性能明显优于 A 钢。

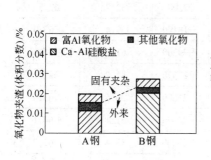

图 14-11　A 钢、B 钢固有渣和
外来渣的计算值

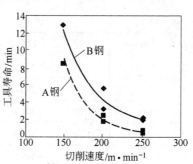

图 14-12　两种钢的切削
速度与工具寿命

14.3　Nb 对轴承钢寿命的影响

14.3.1　简史

轴承钢诞生几百年来,其化学成分十分稳定,几乎没发生变化。但是各种因素对轴承钢的寿命的影响的研究从未间断,并且研究课题广泛。早期工作主要是脱气;后来就合金元素和炼钢法对钢组织的影响进行了大量的研究工作。电渣重熔、电子轰击重熔和大气炼钢工艺相比钢的寿命可提高 3 倍以上,最终发现氧对钢寿命的影响才是主要的。Nb 对寿命影响也得出有兴趣的数据。近来发现 V、Ti、Nb 有促进晶界二次铁素体形成倾向,Ti 和 B 的复合应用有抑制这种现象的发生。下面介绍 Nb 的应用可提高轴承钢的寿命。

14.3.2 合金元素对 SUJ-2 性能的影响

单独加入合金元素对 SUJ-2 性能的影响见表 14-3。

表 14-3 单独加入合金元素对 SUJ-2 性能的影响

合金元素	加入量/%	压坏值/N	抗折值/N	冲击值/J·cm^{-2}	硬度 HRC
SUJ-2		27800	22200	33.7	62.5
Al	0.81	-24600	-18400	39.4	$+63.0$
V	0.28	-27130	$+29200$	61.6	-61.0
Nb	0.31	$+28830$	$+26370$	41.2	62.5
Mo	0.28	$+30130$	-21000	33.5	$+63.0$
Be	0.20	-22300	-20500	31.1	$+64.1$
W	0.27	$+31500$	$+22230$	38.4	$+62.7$
Ni	0.52	$+29600$	$+23120$	41.8	62.5
Ta	0.21	-24870	$+23950$	33.9	62.5
Cu	0.46	22830	-17200	45.1	-62.2
Zr	0.04	-23140	-18820	34.4	$+63.0$
Co	0.44	-21300	$+22700$	35.4	62.5

注:1. 热处理 840℃ OQ(油淬)→160℃ 回火。

2. 合金元素对性能的提高与降低,用 + 和 − 表示。

Nb 试验钢的化学成分见表 14-4。

表 14-4　试验钢化学成分(%)

项目	C	Si	Mn	P	S	Cr	Nb	O	B_{10}
A	0.94	0.25	0.35	0.007	0.011	1.34	0.08	$<5\times10^{-4}$	1.68×10^6
B	1.01	0.27	0.36	0.009	0.007	1.37	0.07	7.5×10^{-4}	1.10×10^6
C	1.00	0.28	0.36	0.010	0.006	1.37	0.08	5.3×10^{-4}	1.50×10^6
D	0.92	0.29	0.041	0.014	0.008	1.36	0.09	53.8×10^{-4}	0.90×10^6
E	0.92	0.24	0.40	0.014	0.006	1.37	0.08	62.5×10^{-4}	1.44×10^6

注：$p_{max}=6000$ MPa，60 号主轴油润滑；B_{10} 为滚动寿命。

14.3.3　Nb 对轴承钢滚动寿命的影响——Nb 有抑制氧损害滚动寿命的作用

以 SUJ-2 为基,O 和 Nb 对寿命 B_{10} 的影响见表 14-4。Nb 对 SUJ-2 钢的韧性指标有显著的提高,而硬度不损失。在 SUJ-2 的基础上加 0.08% Nb(和表 14-3 比)可减少碳化铌析出量,对韧性有利;钢中氧对其滚动寿命十分敏感,当氧含量小于 5×10^{-4}% 时,与高氧钢相比寿命可提高 10 倍。

特别有趣的现象是 Nb 有抑制高氧含量对滚动寿命的损害的作用,含 Nb 轴承试验钢,氧含量从小于 5×10^{-4}% 逐步升高到 62.5×10^{-4}%。然而滚动寿命 B_{10} 且不怎么降低。另外也有文献指出 Nb 对滚动寿命是有害的。

15　含 Nb 轨钢的新发展

15.1　性能优越的含 Nb 贝氏体轨钢和性能改善的珠光体轨钢

15.1.1　耐压溃性

珠光体钢轨的耐压溃性不足是很严重的弱点,钢轨发生重大事故和铁路换轨率大,多数与此有关。表面起皮是轨的端头上部与车轮相撞击所产生的接触冲击疲劳所致。如果观察起皮破损件的金相组织会发现马氏体"白色层",它是由于轨面近表层在轨与轮撞击时急冷急热的反复冲击下形成的。参看图 15-1b,可见珠光体钢产生的白色层及裂纹,而贝氏体钢情况良好(见图 15-1a)。

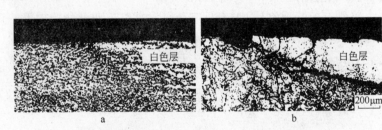

图 15-1　发生白色层的转动疲劳试验后断面显微组织

a—贝氏体钢,80 h 后; b—珠光体钢,40 h 后

15.1.2　贝氏体钢和珠光体钢抗疲劳性能

图 15-2 是组织对抗拉强度与疲劳强度的影响,从图可以看出,贝氏体钢比珠光体钢有明显的优势,贝氏体钢具有高强度和高疲劳强度双优特性。

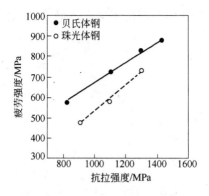

图 15-2 组织对疲劳强度和抗拉强度的影响

15.1.3 耐磨性

1400 MPa 贝氏体钢的耐磨性与 1300 MPa 珠光体钢相近。施加的接触压力为 1.4 GPa,这个压力等于北美铁路所承受的压力,这对于重载铁路是一个切实可行的选择。耐磨耗特性见图 15-3。

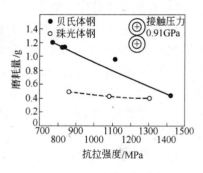

图 15-3 强度、组织和耐磨耗特性

贝氏体钢的耐磨耗特性有独特的意义,从图 15-3 中看出两种钢都具有随强度升高而磨耗量减少的趋势。但是贝氏体钢随强度增加磨耗量下降明显,而在 850 MPa 水平下贝氏体钢的磨耗量为珠光体钢的 2 倍。这表明贝氏体钢在不产生白色层的情况下,还具有"自去除损伤层"的作用。使用贝氏体轨钢强度级越高,耐磨性越好。

15.1.4 耐剥离性

贝氏体轨钢冲击疲劳所产生的损伤脱落开始时间与抗拉强度

的关系表明,贝氏体钢明显优于珠光体钢,见图 15-4。

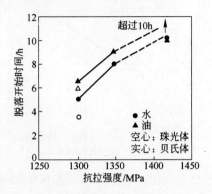

图 15-4   抗拉强度与脱落开始时间的关系

15.1.5   Nb 在轨钢中的作用

Nb 在轨钢中的作用如下:

(1) 以往的经验小结。美国 0.75C-0.8Mn-0.14Si 钢加 0.015%~0.047% Nb 能提高屈服强度 11.4%,提高抗拉强度 4%。瑞典轨钢加 Nb 提高抗拉强度 98 MPa,从而提高耐磨性。南非研究 Cr-Nb 轨钢,提高了韧性,强度达到 1215 MPa,伸长率 14%。总之珠光体轨钢加 Nb 能细化 γ 晶粒,细化珠光体团,提高轨钢的延展性。

(2) Nb 对 $\sigma_b/w(C_{eq})$(抗拉强度/碳当量)的影响。Nb 对 C-Mn-Cr-Nb 钢轨的 $\sigma_b/w(C_{eq})$ 的影响见图 15-5。可见到 C 含量越高而 $\sigma_b/w(C_{eq})$ 值越低。如果只考虑碳含量,则 C 含量越低 $\sigma_b/w(C_{eq})$ 越高,表明钢轨强韧性越好。而在 0.03% Nb 处,$\sigma_b/w(C_{eq})$ 达饱和值。可见加 Nb 后碳含量越低则 $\sigma_b/w(C_{eq})$ 越高。如果不加 Nb 则全珠光体钢的强度与碳含量无关,强度均为 900 MPa。Nb 的强化作用表现为对单位碳当量强度 $\sigma_b/w(C_{eq})$ 的影响,并且有峰值存在。

$\sigma_b/w(C_{eq})$ 可解读为单位碳当量强度,Nb 有提高单位碳当量强度的作用。

（3）Nb 对加 V 轨钢的冲击韧性和屈服强度的影响。V 轨钢加 0.06%Nb 既提高冲击韧性，又能提高强度，见图 15-6。

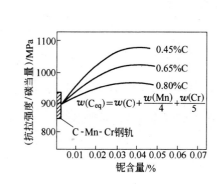

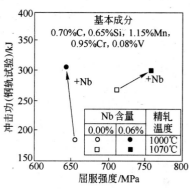

图 15-5　铌含量对 C-Mn-Cr-Nb 轨钢
抗拉强度/碳当量的影响

图 15-6　铌对轨钢性能的影响

（4）Nb 在贝氏体轨钢中的应用。贝氏体轨钢加入 Nb 可以提高抗鳞片剥落性能，见图 15-7。

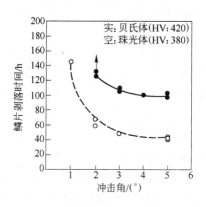

图 15-7　Nb 对轨钢抗鳞片剥落性能的影响

15.2 含 Nb 贝氏体钢的新发展

含 Nb 贝氏体试验钢的化学成分见表 15-1。日本和巴西合金轨钢的化学成分和力学性能列于表 15-2。

表 15-1 研究钢的化学成分(%)

组织	C	Si	Mn	Cr	Mo	Nb	V
贝氏体	0.20~0.55	0.40~0.45	0.40~2.10	0~2.0	0~2.0	0~0.15	0~0.1
珠光体	0.65~0.80	0.25~0.95	0.75~1.45	0~0.50	0	0	0~0.10

表 15-2 日本和巴西高强度合金轨钢和轨头淬火处理轨钢

国家	钢	C	Si	Mn	Cr	Mo	V	Nb	$\sigma_{0.2}$ /MPa	σ_b /MPa	δ/%	ψ/%
日本	Si-Nb	0.70	0.80	1.20				0.03	705	1115	13	21
	Si-Cr-Nb	0.70	0.55	1.10	0.80			0.06	705	1140	10	16
巴西	Cr-Nb-V	0.60	0.10	1.30			0.06	0.04	640	1060	15	20
	Niobras-200	0.75	0.80	1.00				0.025		1100		

在很宽的化学成分区间试验是为取得 810~1430 MPa 的强度,其中 Nb 的效果既有细化晶粒强化,又有沉淀强化,同时还对轨钢的耐磨性、疲劳特性、耐压溃和耐剥落性进行了研究。

巴西 Niobras-200 的开发是对含铌轨钢的一个重要贡献。铌作为晶粒细化剂,生成细珠光体团,因此,使轨钢的力学性能得到提高,并具有良好的焊接性能。Niobras-200 是具有约 1100 MPa 抗拉强度的高强轨钢。这是巴西利用资源优势进行专门开发的钢种,并已在重型铁矿拖车用轨使用中获得巨大成功。

表 15-3 列出两种钢的化学成分及力学性能。它们的淬透性同共析碳素轨钢相比略高一些,它们的屈服强度在 800 MPa 以上,抗拉强度在 1250 MPa 以上,断面收缩率在 35% 以上。热影响区的最大硬度和马氏体含量分别为 350 HV 以上和 5% 以下。

表 15-3 NS-Ⅰ和 NS-Ⅱ轧制状态和热处理(轨头淬火)
轨钢的化学成分和力学性能

钢轨类型	化学成分/%						
	C	Si	Mn	P	S	Cr	Nb
NS-Ⅰ	0.76	0.84	1.24	0.023	0.009	—	0.006
NS-Ⅱ	0.76	0.82	0.82	0.020	0.006	0.49	0.005

钢轨类型	热处理	屈服强度/MPa	抗拉强度/MPa	伸长率/%	面缩率/%
NS-Ⅰ	轧制状态	608	1098	12	18
	热处理状态	873	1285	14	41
NS-Ⅱ	轧制状态	608	1127	14	19
	热处理状态	902	1324	19	50

从表 15-3 看,轨头淬火区的抗拉强度约 1300 MPa,而断面收缩率明显提高,超过 40%。即使是轧态 NS-Ⅱ钢轨也比普通碳素轨钢的晶粒细化,如果通过轨头淬火或二次加热至奥氏体区,则其晶粒细化程度更大,这应归功于铌(NbC)的作用,除此之外,还使延展性得到了改善。

NS-Ⅰ和 NS-Ⅱ的 CCT 图见图 15-8。以相当于闪光焊冷却的冷却速度,珠光体相变约从 630℃开始,最终硬度达到目标硬度值 HV380。闪光焊焊缝的硬度分布见图 15-9。可以看出,与普通高

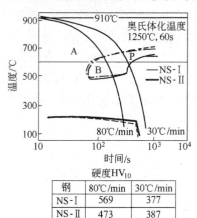

图 15-8 NS-Ⅰ和 NS-Ⅱ
轨钢的 CCT 图

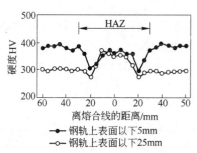

图 15-9 由闪光焊机焊接的 NS-Ⅱ
钢轨焊缝的纵立剖面硬度分布

强度钢轨相比,这种钢轨焊缝的表面硬度变化较小,热影响区的硬度与基体钢相比几乎保持在同一水平。焊缝弯曲试验显示了正常强度和断裂形状以及正常疲劳强度。上述内容说明了这两种新型铌低合金轨钢比普通轨钢的性能好。

贝氏体轨钢典型性能见表 15-4。

表 15-4　新的贝氏体轨钢的典型力学性能

钢　种	抗拉强度 /MPa	伸长率 /%	断裂韧性 K_{IC}/MPa·$m^{1/2}$	吸收能(U 形切口夏比试验, 20℃)/J	疲劳强度 /MPa	磨损量 (2 h)/g
已研制出的贝氏体钢轨钢	1420	15.5	98	39	870	0.77
优质珠光体轨钢	1300	13.5	43	20	750	0.76

15.3　含 Nb 轨钢小结

含 Nb 轨钢有两种:一种是轨头淬火低合金轨钢。这种轨钢通过细化奥氏体晶粒,使其具有细片间距和小珠光体晶团的完全珠光体显微组织。加铌不仅是为了提高耐磨性和焊接性,而且还是为了使这种钢轨的延展性和韧性能成功地适用于寒冷地区。这种钢轨在试验轨道上表现出极好的性能。另一种是中碳贝氏体钢,其中的铌提高了钢的强度并防止轨头细裂纹和剥离(钢轨表面损坏的开始时间)。这种钢轨预计也会在实际使用中表现出良好的效果。

16 高强度钢筋

　　日本是地震灾害最多的国家之一,日本对钢筋混凝土高层建筑用长条钢材的抗震性要求在世界上可以说是最严格的。相对于震情多变多发的日本,震灾人员伤亡是比较少的,这与日本的建筑设计和钢材高强度化以及高抗震性能有关。

　　钢材高强度化的同时还要求屈服平台延伸大平台化,总延伸高值化,因而加大抗震吸收功,延长钢材断裂时间和空间,增加人员撤离危险区的机会。最近几年钢筋随抗震理论的发展而快速发展。无地震的国家不知高性能钢筋的珍贵,我国地处两个地震带之间,跨越-50~+40℃的环境温度段。特别北方地区温度低,无霜期很短。就连上海、昆明同样会有零下温度的时候。所以我国钢筋等长条材,应该更新换代,只有400 MPa级高强度还不能适应现代化高层建筑要求。目前我国高层建筑如雨后春笋发展甚快,对大型钢混(混凝土)结构用钢材进行更新换代显得十分必要。

　　日本的各种钢材的应力-应变图见图16-1,大致能表示出钢材

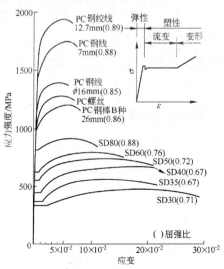

图 16-1　各种钢筋的应力-应变图

品种结构和对性能的要求,同时突出表现了各种钢材断裂吸收功,这对抗震是很有意义的。

16.1 超大直径螺纹钢

使用大量钢筋的建筑物如原子能发电站、液氮地下槽、大桥、高层建筑等要使用大量的大规格钢筋,最大尺寸为直径 50 mm。但是实际现场施工仍嫌配筋过密,因此钢筋直径向更大直径发展。表 16-1 列出日本、美国大规格钢筋尺寸标准。美国最大规格为 D57,日本最大规格为 D64。

表 16-1 超大规格螺纹钢筋

项 目	JIS	ASTMA615	日 本
	D51	D57	D64
公称直径/mm	50.8	57.2	63.5
周长/cm	16.0	18.0	20.0
断面积/cm²	20.27	25.7	31.67
单位重量/kg·m⁻¹	15.9	20.2	24.9
备 注	日本(最大)	美国(最大)	日本在开发

钢筋混凝土建筑具有优越的居住性,抗振动、防噪声和价格便宜。现在城市建筑向高层化(30～40 层)发展。从安全角度考虑,钢筋混凝土结构正向轻量化发展。

16.1.1 钢筋屈服强度与混凝土抗压强度的关系

日本高层建筑钢筋混凝土结构用钢筋现行标准屈服强度为390～490 MPa 级,混凝土压强为 42 MPa。而新的开发项目钢筋强度为 685～1275 MPa 级,混凝土压强高达 60 MPa。混凝土最高研究目标为 120 MPa 压强。

16.1.2 高强度钢筋的种类和性能要求

表 16-2 列出了钢筋种类和力学性能。

表 16-2　钢筋种类和力学性能

性　能		USD685A	USD685B	USD980	USD785	USD1275
屈服点 σ_s/MPa		685～785	685～755	≥980	≥785	≥1275
抗拉强度 σ_b/MPa		$>\dfrac{\sigma_s}{0.85}$	$>\dfrac{\sigma_s}{0.81}$	$>\dfrac{\sigma_s}{0.95}$	>930	>1420
屈服平台应变值 ε/%		>1.4				
断裂伸长率/%		>10	>10	>7	>8	>7
抗弯性能	屈强比	<0.85	<0.80	<0.95		
	弯曲半径	2d	4.0d	1.5d		
	弯曲角/(°)	90				
主要用途		梁、柱		剪切	补强	

16.1.3　高强度钢筋要求特性

高强度钢筋要求大屈服平台下的面积要大,即抗震吸收功大,如图 16-2 所示。

16.1.4　超大直径异形钢筋的材质和生产技术

作为钢筋的高强度化的手段,材质是第一因素。生产 400 MPa 级高强度钢筋我国使用的是 20MnSiNb。日本生产 USD 690 就要使用中碳合金钢,即如图 16-2 中所示的钢种,它是 Nb、V 复合应用中碳微合金化钢。但要达到标准所要求的力学性能(表 16-2):高强度和大屈服平台上限延伸值,采用普通热轧工艺是不可能的。低强度钢的力学性能研究指出,随着铁素体组织单位的细化(α 和珠光体团),强度升高,同时屈服延伸增加。试验指出,只靠 Nb、Ti 微合金化细化晶粒是不充分的,还必须调整化学成分并获得较高的铁素体百分比,从而得到高的屈服平台上限延伸值。要得到大于 1.4 屈服平台上限延伸值,铁素体晶粒越细越好,铁素体体积分数越高越好,见图 16-3 和图 16-4。铁素体体积分数与化学成分相关,降 C、Mn 而提高 Si 有利于铁素体体积分数的增加。

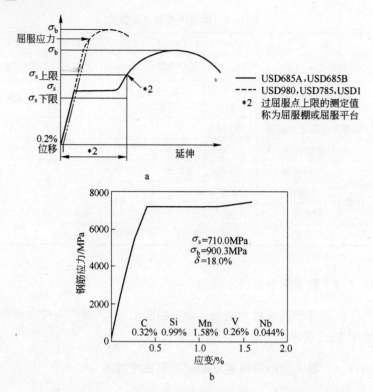

图 16-2　超高强度钢筋的要求特性(a)和低屈服高延伸钢筋应变特性(b)

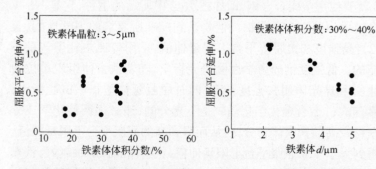

图 16-3　铁素体体积分数对屈服　　图 16-4　铁素体晶粒尺寸对屈服
　　　　　平台延伸的影响　　　　　　　　　　　平台延伸的影响

16.1.5 超大直径异形钢筋的应用

图 16-5 所示为使用超大直径异型钢筋的大型高层建筑。使用超大直径异型钢筋有如下的优点:

(1) 降低 SRC 结构(钢筋混凝土)成本 10%～20%;

(2) 建筑物变形小;

(3) 平面设计多样化;

(4) 地板的冲击小,遮声能力大;

(5) 建筑施工期短。

超大直径异型钢筋主要使用 USD690、USD980,日本 1988 年开始应用。

图 16-5　SRC 结构高层建筑实例(日本)

16.2　双相区轧制生产 500～650 MPa 级大圆钢筋

试验钢的化学成分见表 16-3。

表 16-3　试验钢的化学成分(%)

钢	C	Si	Mn	P	S	Al固溶	N	其他
Si-Mn	0.10	0.29	1.29	0.004	0.007	0.039	0.005	
V	0.10	0.34	1.32	0.004	0.007	0.030	0.006	V0.06
Nb	0.10	0.32	1.30	0.004	0.007	0.037	0.004	Nb0.025

采用表 16-3 的化学成分,用图 16-6 所示的双相区热加工工艺,得到如图 16-7 所示的结果。

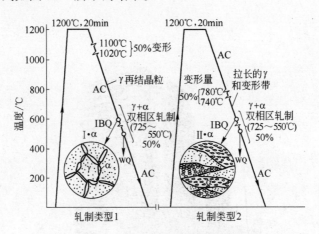

图 16-6　TMCP 及铁素体生核机制

如图 16-6 所示,铁素体的两种生核机制完全不同,类型 1 为沿再结晶 γ 粒界生成网状铁素体;而类型 2 为高密度晶内变形带生核,显然组织细化较好。

双相区热加工有两种热加工过程:(1)再结晶控制轧制后空冷至双相区 725～550℃ 轧制;(2)非再结晶控轧后在 780～740℃ 实行双相区轧制。

双相($\gamma + \alpha$)区热加工后的拉伸性能主要决定于变形的铁素体的体积分数,而强化效果又以 Nb 为最好,见图 16-7。

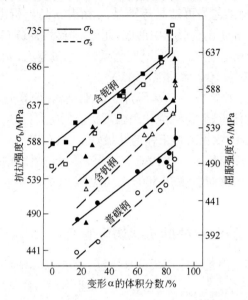

图 16-7　普碳钢、钒钢和铌钢在 $\gamma + \alpha$ 区进行压下率为 50% 轧制时,
变形 α 体积分数与拉伸性能的关系(根据桥本等)

在双相区加工时温度为 $Ar_3 \sim Ar_1$ 之间,再加上钢中有微合金元素 Nb、V 的作用,因此在热变形的同时伴随着 Nb、V 与恢复再结晶的互动作用,如表 16-4 所示。

表 16-4　α 热变形时或变形之后的回复进程及所伴随的现象

因　素	热　变　形　时	热　变　形　之　后
修复过程	动态回复	静态回复,再结晶
晶粒组织	晶胞组织亚晶粒	晶胞组织,亚晶粒,多边形晶粒
沉　淀	低应变速度下动态沉淀	应变诱发铌的碳化物和(或)钒的碳化物沉淀

众所周知,铁素体的再结晶温度低于 $\gamma \rightarrow \alpha$ 相下温度,因此,在双相区热加工,铁素体的变形形态是双相区加工度的特征标志。

结果及分析如下：

（1）图 16-6 所示两个工艺的差别为：双相区加工前的预备组织不同，Ⅰ型工艺为再结晶等轴晶，α相沿γ晶界析出；Ⅱ型工艺见图中所示的α在变形γ中形成，此差别导致最终前者韧性差。

（2）双相区加工，变形温度越低，变形量越大，则强韧性化效果越好，每变形 10% 增加强度 35 MPa。

（3）在α相恢复再结晶区加工时亚结构、位错胞状结构是细化组织的主体机制，位错强化是强度提高的主要因素。

（4）Nb 钢双相区加工强韧性最好。

上述是 20 世纪 70 年代研究结果，是现在超级钢研究与开发中引用最多的文献。现在 500～650 MPa 级的高强度大圆钢筋已经实用化了。

16.3　提高 PC 钢棒的抗剪切应变能

用钢筋水泥桩吸收巨大的地震能，要求 PC 钢棒具有更高的屈服平台延伸。$\sigma_b = 1420$ MPa 级强度要有 3%～5% 以上屈服平台延伸。为此 1420 MPa 级的中碳马氏体回火钢中要有 10%（体积分数）以上铁素体量。钢中需要加入 2%～4% 的 Si 以提高铁素体量，并可固溶强化铁素体，见图 16-8。

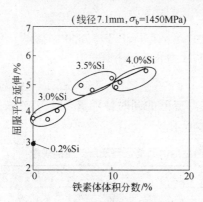

图 16-8　PC 钢棒 Si 含量与屈服平台延伸的关系

为了强化晶界可加 Nb、Ti、B 等，以进一步提高强韧性。钢中多量 Si 的存在除平衡铁素体量、强化铁素体外，还可促进渗碳体颗粒微细化，减少高温回火时的基体组织的位错密度，当储备了高应力变形时，能增加加工硬化率，提高抗震性。钢筋水泥桩的 PC 棒可提高抗剪变形能力,Si 能改变渗碳体形态,减少网状,提高抗氢致断裂强度。

16.4 低温用热轧钢筋的控制轧制生产

在温度低于 - 40℃的北极地区,如加拿大、西伯利亚、我国东北黑龙江等地,应该使用抗低温钢筋;另外,用于液化天然气地下储罐的水泥墙的工作温度为 - 100～ - 125℃或液氮储存槽等,均需低温钢筋,这种超常性能的钢筋用微合金化、控制轧制方法生产细晶粒钢筋。

0.1C-1.7Mn-0.03Nb 钢采用了先进的控制轧制技术,加热温度为 940℃,终轧温度为 725℃和 97％的大压缩比的热轧条件综合作用下,得到了晶粒尺寸为 5.5 μm 的细晶粒组织。规格为 D32 的螺纹钢筋,屈服强度为 454 MPa,vT_{rs}却贝试验值低到 - 135℃,COD 值低到 - 170℃,缺口拉伸试验显示出 - 160℃也没发生脆性断裂迹象,这种具有超常性能的钢筋可用于低温环境,如做液态氮罐等结构材料。

现将钢 S 的常规钢筋工业产品(SD35、D32)及低温用钢筋的生产与性能介绍如下。

表 16-5 列出了试验用钢的化学成分。钢 A 浇注成 3 t 重的钢锭。将 162 mm^2 的方坯加热到 940℃经 16 道次控制轧制成 D32 钢筋。通过调整轧制速度及机座间的冷却速度,终轧温度控制在725℃。

表 16-5 化学成分(%)

钢	C	Si	Mn	P	S	Nb	Sol.Al
A	0.09	0.51	1.67	0.012	0.008	0.033	0.059
S	0.23	0.24	1.46	0.035	0.018	0.001	0.001

控制轧制的目的就是细化钢的最终晶粒,得到需要的显微组织。钢 A 具有尺寸为 5.5 μm 的细晶粒铁素体组织。由于钢 A 碳的含量降低到 0.09％,而对比钢号钢 S 则为 0.23％,钢 A 显示出

珠光体体积分数减少且晶粒较细。在珠光体区域中所见到的渗碳体片是连续的且没有变形。钢 A 的终轧温度为 725℃,恰好在该钢的 Ar_3 温度之上。因此所产生的显微组织在 $\gamma \rightarrow \alpha$ 相变后无任何形变,是铁素体等轴晶粒。晶粒尺寸与终轧温度的关系见图 16-9。从图可知,终轧温度越低,晶粒细化效果越大。当终轧温度低于 700℃时,得到了超细晶粒显微组织。

螺纹钢筋的力学性能测试采用的是表面未加工的整根钢筋,其拉伸试验结果见表 16-6。控制轧制的钢 A 的屈服强度和延性明显地超过普通轧制的钢 S,屈服强度与晶粒度的关系见图 16-10,图中的影线部分是铁素体加工硬化引起的偏离。

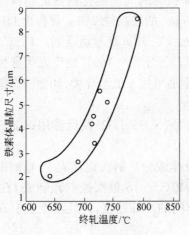

图 16-9 终轧温度对铁素体
晶粒尺寸的影响

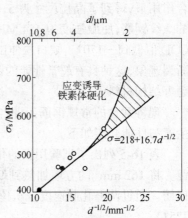

图 16-10 晶粒尺寸和屈服
强度的关系

表 16-6 室温拉伸性能

钢	屈服点/MPa	抗拉强度/MPa	伸长率/%	面缩率/%
A	454	533	41.6	83.0
S	368	597	31.5	59.2

缺口抗拉强度和缺口敏感性检验见图16-11。随试验温度下降,缺口拉伸和缺口敏感性呈相反方向的变化,表明钢A低温拉伸性能比钢S格外好。

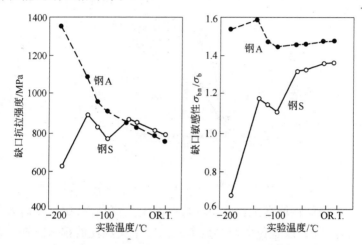

图16-11 机械加工缺口试样低温拉伸试验结果

100~200℃的却贝V形缺口冲击试验结果,见图16-12。图表明钢A断口形貌转变温度为-135℃,而钢S为+18℃。图16-13是热轧与应变时效状态下COD转变曲线的对比,表明钢A的临界COD值温度比钢S低。

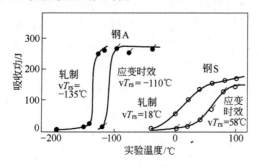

图16-12 热轧与应变时效下的钢A和钢S的却贝V形缺口断裂吸收功

用BS5762—1979标准COD法评定钢A的断裂韧性(见图

16-13)。用 $vT_{r_{COD}}$ 法评定钢的断裂韧性,钢 A 的 $vT_{r_{COD}}$ 为 $-170℃$,钢 S 为 $-40℃$。并符合 $vT_{r_{COD}} = vT_{rs} - 50$ 的关系。

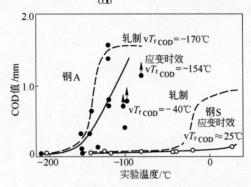

图 16-13   热轧与应变时效下的 COD 值与试验温度的关系

    为确保钢筋在工程应用中持久的安全可靠性,抗应变时效是非常重要的,以避免生产突然事故而发生灾难性的损害。本试验采用下述方法来模拟应变时效状态:施加 10% 的塑性变形,继之以 150℃、3h 加热。根据对碳和氮在铁素体中的体扩散的计算,上述处理法相当于实际使用中在 50℃ 暴露 6 个月。钢 A 在所有试验温度下,应变时效提高了缺口抗拉强度。反之,在温度低于 $-100℃$ 时,钢 S 的缺口抗拉强度值却下降了。

    上面的应变时效对钢 A 和钢 S 的影响程度的差别可作如下解释:钢 A 中含有铝和铌,而钢 S 则不含。因此在轧后空冷的条件下,钢 S 比钢 A 在固溶体中含有更多的碳和氮。这自然地加强了应变时效对力学性能的影响。而钢 A 抗应变时效性能远优于钢 S,见图 16-12 和图 16-13。试验结果总结于表 16-7。

表 16-7   试验结果

项 目 　　　　钢 　种	钢 A	钢 S
主要元素	0.1C-1.7Mn-0.03Nb	0.2C-1.5Mn
工艺过程	控制轧制	常规轧制

项 目		钢 种	钢 A	钢 S
螺纹钢筋	室温弯曲性能		相 同	
	螺纹钢筋的延性		在 −120℃ 伸长率为 38.8%	在 −120℃ 伸长率为 29.3%
	缺口螺纹钢筋的拉伸性能		甚至在 −160℃ 韧性断裂	低于 −12℃脆性断裂
机械加工试样	NSR-120℃	轧制状态	1.48	1.15
		应变时效	1.42	0.72
	$vT_{rs}/℃$	轧制状态	−135	18
		应变时效	−110	58
	$vT_{r_{COD}}/℃$	轧制状态	−170	−40
		应变时效	−154	25

注：NSR,Notch Sensitivity Ratio 缺口敏感性比。

16.5 通用热轧钢筋

16.5.1 铌在钢筋中的应用

按国际标准 ISO6935-2：1991，400 MPa 级热轧钢筋是典型的高强韧性长条产品之一。除常规力学性能达到标准外，还具有以下特点：(1)钢筋抗应变时效，抗震性能好，可以满足建筑物持久性的安全。(2)钢筋的调直、冷弯、焊接等工艺性能好，可以满足施工现场的需要。

用 20MnSiNb，按新标准 GB1499—1998 组织生产可以达到国际标准。

钢中加 Nb 可一举三得：细化晶粒、沉淀强化及固定氮。通过固定氮消除了自由氮，改善韧性，能通过应变时效检验，满足建筑物的持久安全性要求。钢筋无应变时效现象，则抗震、强度高、韧性好。在钢筋生产中铌的物理冶金作用，必须得到充分发挥和应用。铌的细化晶粒和沉淀强化作用众所周知。铌的定氮作用简述如下：

铌是强碳氮化物，其在低碳钢中的析出规律在不加 Ti 的钢中通常可用欧文公式描述。利用这个公式可计算在不同温度下"可溶铌"和"沉淀铌"在钢的分配，从而可估计细化奥氏体晶粒和沉淀强化的两个分量，以及钢中自由氮的情况。具体公式如下：

$$\lg w(\text{Nb})\left(w(\text{C}) + \frac{12}{14}w(\text{N})\right) = 2.26 - \frac{6770}{T}$$

$w(\text{Nb})\left(w(\text{C}) + \frac{12}{14}w(\text{N})\right)$ 的溶度积的对数与绝对温度呈直线关系。

根据钢中氮含量，可以预测氮程度。我国转炉钢氮含量在 $(40 \sim 80) \times 10^{-4}$% 不等。

Nb 的定氮作用在于提高热轧状态的钢筋析出的 Nb(C,N) 中的 N 的组分，见图 16-14。当钢中有 Ti、Al 强氮化物形成元素时，它们有定氮的作用。但是 Al、Ti 对连铸不利，现在的 20MnSiNb 钢中，因为无 Al、Ti，Nb 的定氮作用更能显现出来。高温奥氏体化温度越高，则 Nb(C,N) 中 N 量越高；钢中自由 N_f 越高，则析出物中氮量越高。无 Al、Ti 钢中加 Nb 定氮作用大大改善

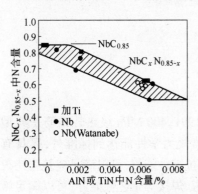

图 16-14　未与 Al 或 Ti 化合的氮含量
与碳氮化铌组成的关系(Ouchi)

了反弯检验抗应变时效性，原理就在于此。

高温析出的碳氮化铌有阻止铸态奥氏体晶粒长大作用，在热加工上的应用有阻碍变形奥氏体再结晶的作用，固溶铌有拖曳晶界移动的作用和有降低转变点、抑制 γ→α 转变的作用，在相变时

或相变后析出的 $Nb(C,N)$ 对铁素体有强烈的沉淀强化作用,它的作用两倍于 V,这是由于晶格参数($a(NbC)=0.447$ nm, $a(VN)$ $=0.415$ nm)不同而引起铁素体晶格应变量不同所致。NbC、Nb(C, N)强化作用大。

另外,铌形成碳氮化物结果是固定了钢中自由氮,由此降低了游离氮在钢中损害韧性的作用。

由于铌的碳氮化物的作用不同,把高温区段分成固溶温度区、再结晶温度区、非再结晶温度区、$\gamma \to \alpha$ 相变以及沉淀强化区。这样划分便于生产钢筋时的工艺控制和工艺制定。充分利用铌在不同温度段的物理冶金作用,是生产优质钢不可缺少的知识。

16.5.2 铌对热轧钢筋力学性能的影响

16.5.2.1 非焊接钢筋

如果这类钢使用中不需要焊接,则提高强度的最经济办法是提高碳含量来提高珠光体的含量,但当碳含量超过 0.35% 时,高珠光体含量的副作用变得非常严重,延性急剧下降。因此,一般的做法是加入少量的铌(约 0.02% ~ 0.05%),以便使 0.35%C 钢的强度得以进一步提高。从图 16-15 中所举的例子可以看出含 0.33%C + 0.02%Nb 钢,具有与 0.40%C 钢一样的屈服强度,同时伸长率提高了一倍。

这一钢种的设计在美国是使用高温加热(1300℃)的标准技术,根据钢筋不同尺寸,高终轧温度下会有一部分铌不在奥氏体中沉淀;"可溶铌"这个术语表示固溶中的铌,也表示 $\gamma \to \alpha$ 转变过程中或以后所产生的细小沉淀的铌。"可溶铌"的含量取决于工艺条件,减少钢筋的尺寸等于加速冷却,使"可溶铌"的含量增加。发现直径小于 18 mm 的钢筋,其"可溶铌"的含量减少了,这是因为终轧温度较低时有更多的应变诱导沉淀 $Nb(C,N)$ 产生。图 16-16 还说明了螺纹钢筋的抗拉强度与"可溶铌"的含量有良好的对应关系,特别是极细(2 nm)的 NbC 沉淀物所引起的屈服强度升高,表明铌在这类钢中的主要作用是沉淀硬化。"非固溶铌含量"对奥氏体的晶粒有良好的控制作用,对于晶粒度为 ASTM 8 级的铁素体-珠光体钢筋来说,这种作用几乎与钢筋尺寸无关。

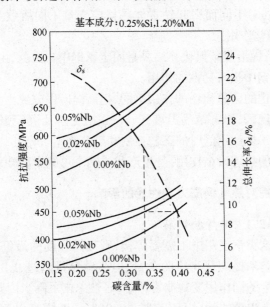

图 16-15　直径 40 mm 螺纹钢筋的力学性能

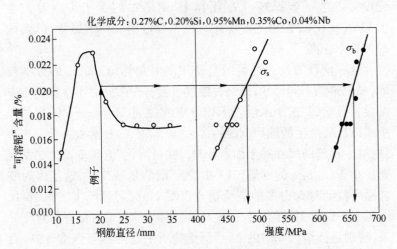

图 16-16　受"可溶铌"含量控制的各类各种直径非焊接螺纹钢筋的拉伸性能

16.5.2.2 可焊接钢筋

由于可焊接钢筋碳含量较低,加热后会有更多的铌得以固溶。而由于珠光体含量减少所导致的强度下降,可以部分由更有效的铌的沉淀硬化来补偿。

但对碳含量低于0.20%的钢,发现小圆钢筋的屈服强度下降较多,并且与抗拉强度的下降无关(图16-17)。由于珠光体含量较少,冷却速度相当快的小尺寸钢筋,相变不仅发生在珠光体区内,而且发生下部组织转变,最终得到铁素体+珠光体+贝氏体+马氏体的显微组织。屈服强度的下降是由于组织内应力所引起的连续屈服所致。从图16-18可见退火可以使屈服强度回复提高,但这样做并不实际。

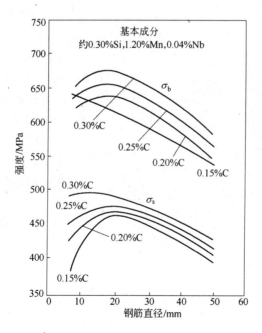

图 16-17 不同碳含量和尺寸的铌微合金化螺纹钢筋的力学性能

对于碳含量为0.15%，而且铁素体-珠光体组织中珠光体的最高含量为20%的钢，可以从CCT曲线的加热温度和较快的冷却速度来预测低温下的转变产物贝氏体和马氏体的量，铁素体和珠光体的含量就要相应减少。这一关系示于图16-19，图中200 s、400 s和600 s的冷却时间为对应直径15 mm、20 mm和40 mm钢筋的空冷条件。

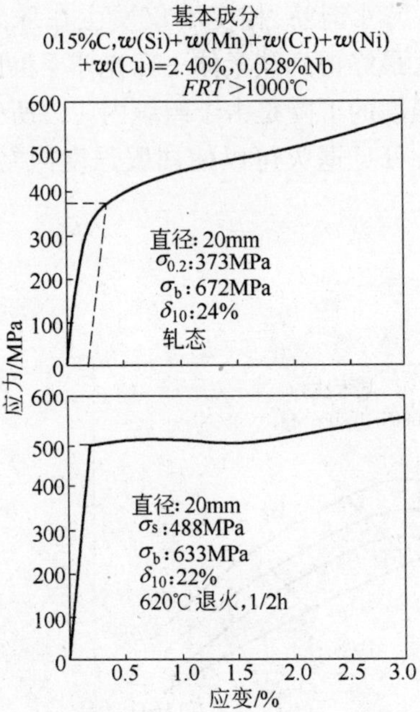
基本成分
0.15%C,w(Si)+w(Mn)+w(Cr)+w(Ni)
+w(Cu)=2.40%,0.028%Nb
FRT＞1000℃
直径:20mm
σ0.2:373MPa
σb:672MPa
δ10:24%
轧态
直径:20mm
σs:488MPa
σb:633MPa
δ10:22%
620℃退火,1/2h
应力/MPa
应变/%
0
100
200
300
400
500
600
0.5
1.0
1.5
2.0
2.5
3.0

图16-18　可焊接螺纹钢的应力-应变曲线（热轧和退火）

上述试验，产生了含量为0.15%C和w(Si)+w(Mn)+w(Cu)+w(Cr)+w(Ni)=2.40%的铌微合金钢，在1200℃或更高的实际加热温度下，0.028%的铌可望全部固溶。对于终轧温度高于970℃的所有钢筋，在奥氏体中沉淀的铌含量可高达50%，见图16-20。

按照图16-20在1050℃加热的CCT数据对显微组织进行比较，可知在所给定的化学成分和轧制条件下，0.01%～0.02%的可溶铌对促进贝氏体的转变只起到很小的作用。

除了铌以外，钒的绝大部分与氮化合，提高了轧态可焊螺纹钢筋的强度。图16-21表示加铌或钒具有铁素体－珠光体显微组织的这类钢筋的强化情况。由图可以看出，加约0.08%的钒和加0.04%的铌，效果是一样的。

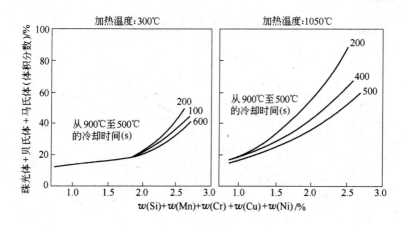

图 16-19 含碳 0.15% 钢的显微组织

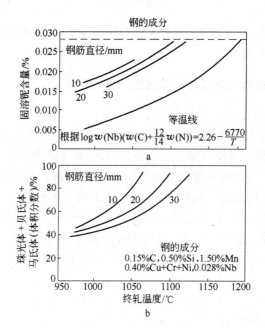

图 16-20 可焊接螺纹钢筋的显微组织

a—可溶铌；b—工艺条件

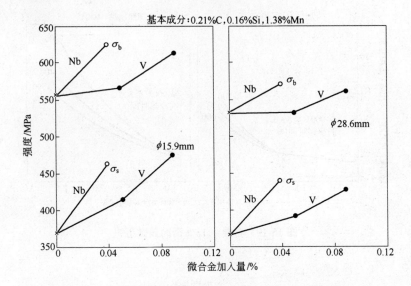

图 16-21　含 Nb 或微合金化可焊螺纹钢筋的强度增长情况

16.5.3　控制轧制加急冷工艺生产热轧钢筋

16.5.3.1　连续轮缘回火

采用连续轮缘回火工艺,可经济地生产具有良好可焊性和优良弯曲特性的 $\phi10\sim32$ mm 高强度钢筋,该工艺要点是:热轧件从精轧机出来,穿水实现多次连续淬火-回火处理。如果与微合金化技术、控轧技术综合利用,可以达到如下的 4 个目的:

(1) 钢筋轮缘表面经连续淬火-回火处理,可降低合金含量,并仍可保持 500 MPa 级高强度钢筋原规定的力学性能。

(2) 与冷加工硬化钢筋相比具有优良耐热性(达 800℃)和弯曲特性的可焊接高强度钢筋。

(3) 可以用一种成分的钢坯生产不同牌号的高强度钢筋,简化了炼钢操作,减少了不合格炉次的数量。

(4) 按照 ASTM A-615-60 到 ASTM A706 或 DIN488Ⅲ 和 DIN488Ⅳ 技术要求,采用此工艺生产可降低合金成本。

轮缘回火钢筋可用于预制技术,代替相应级别的冷加工钢筋。其具有两个无与伦比的优点。钢筋在受热后(最高可达 800℃)不失去强度,能确保钢筋具有超过 8% 的均匀伸长率。

A 轮缘回火工艺原理

从钢坯加热到钢筋产出成品的一系列工艺操作,都表现在图16-22 所示的工艺路线上。车间分三大部分:加热段、轧钢段和冷却段,见图中 a、b、c。

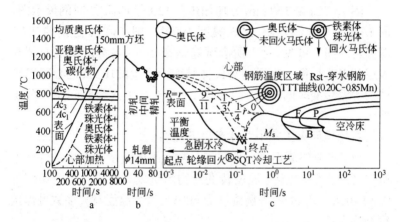

图 16-22 Bst 500/550φ14 mm 连续轮缘回火钢筋轧制和
SQT 期间的温度-时间展示图
a—加热段;b—轧钢段;c—冷却段

从钢坯进加热炉直到钢筋冷床,历时约 2.5 h,生产率可达140 t/h,可生产 φ≥22 mm 钢筋。

钢筋的力学性能靠轮缘回火达到,其基本原理如图 16-22c 所示。钢筋的终轧温度为 1000℃,立即进入水淬区,在不到 1 s 的时间内,只能淬透表层,出水后随着心部的热量向外流,使马氏体回火,如此经过多次淬火回火后,在以后约 6~6.5 s 心部和表面温度平衡在 600℃,此处正是 TTT 曲线的鼻子部,使心部发生 F+P等温转变,其转变热对表层产生追加回火。这个温度决定于水的冷却能力,调节水压、流速、水量可控制轮缘厚度和平衡温度。

当化学成分一定,钢筋的性能受轮缘回火组织的厚度和心部组织细化程度以及钢筋的直径的大小等因素的控制。其轮缘面积不得超过 33%,否则会造成钢筋的塑性不足。

在平衡温度 600℃,心部大约在 20～22 mm 处发生铁素体、珠光体组织等温转变。对于直径小于 22 mm 的钢筋没有必要进行微合金化,对于直径超过 22 mm 的钢筋需加入 0.02% Nb。

B   轮缘回火工艺要点

图 16-22a 是 150 mm 方坯加热至 1200℃ 的温度-时间展示图,图 16-22b 是控制轧制、终轧温度 1000℃,图 16-22c 是钢的 TTT 等温转变图。可见,对于所有碳锰钢在 2.5 s 内都能实现心部和表层的温度均衡。表层的马氏体转变所产生的压力,把心部奥氏体的等温转变时间延长了 1.5 倍,在生产线上这个时间是十分重要的。

在轮缘回火工艺中要注意以下几点:

(1)控制终轧温度是取得细晶粒和平衡温度的先决条件。平衡温度的高低,决定等温度转变产物的组成与性质。图中实例为 0.2 C-0.85 Mn 钢的平衡温度为 600℃,这个温度对大多数可焊接钢筋均合适。

(2)为取得横断面上从中心到外缘的组织分布中心对称,控制水冷却始终要求圆周对称而平稳,否则会产生偏心分布,造成钢筋性能散射增大。为此最好采用专门设计的喷嘴,或别的措施。

最主要的是从钢筋表面均匀一致地排出热量,同时达到以最大约为 50000 W/(m² · K) 热导率的高强度冷却速度。这是通过计算机控制水流量和图 16-23 所示的专用喷嘴上使用快速磁性打开阀来实现的。实际上,喷水嘴不仅通过它的自感应抽真空作用破碎水膜使其离开钢筋表面,而且还对射出的钢筋起到对中和导卫的作用。

C   钢筋的力学性能

用轮缘回火工艺生产的 500～550 级的钢筋和 BSt500/550 冷

加工钢筋的抗热耐软化性能比较如图 16-24 所示。表明轮缘回火

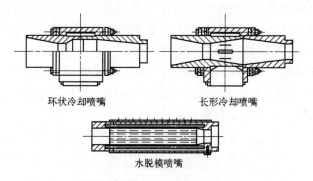

环状冷却喷嘴　　　　　　长形冷却喷嘴

水脱模喷嘴

图 16-23　连续轮缘回火工艺中使用的冷却喷嘴类型

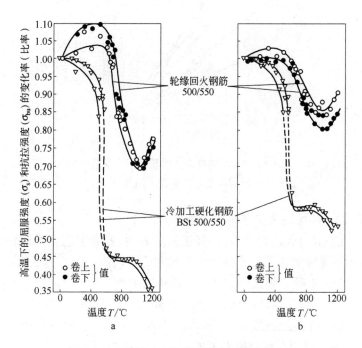

图 16-24　暴露后连续轮缘回火钢筋在从室温
到 1200℃温度下 σ_s(a)和 σ_{bu}(b)的相应变化

钢筋有着显著的优越性,600℃左右加热后有提高强度的现象。而冷加工硬化的 BSt500/550 300℃就失去冷加工所获得的强度。

在施工现场,经常遇到钢筋受热情形,如焊接、热弯曲等有实际意义,该类钢筋可用于预应力钢筋。

平衡温度对性能有显著的影响,不同规格、不同强度级别的钢筋生产主要是控制平衡温度,见图 16-25。大于 22 mm 的大规格钢筋需加 Nb 微合金化生产。

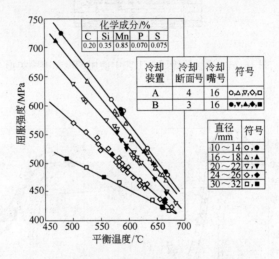

图 16-25　不同规格连续轮缘回火钢筋的
屈服强度与平衡温度的关系

D　轮缘回火工艺的经济效益

钢筋的标准、化学成分、经济核算表明,普通工艺生产的钢筋和用轮缘回火工艺生产的钢筋有很大的区别:

(1) 中碳非焊接钢筋可以用低碳钢生产。

(2) 加铌后可以降低 Si、Mn 含量。

(3) 提高经济效益。

16.5.3.2　韧心回火工艺

韧心回火工艺(tempcore process),即通常所说的穿水冷却,是连续的淬火回火,与轮缘回火工艺相比,韧心回火实际上是一次连续淬火回火,而轮缘回火是多次连续淬火回火,见图 16-26。韧心工艺的平衡温度 678℃高于轮缘回火的 578℃。钢筋截面组织,前者优于后者,见图 16-27。韧心工艺组织粗大,多次淬火回火组织微细均匀。表现在对钢筋的韧性的影响则后者的韧性好,见图 16-28。钢种如图中所示,轮缘回火为 18MnSiNb62,韧心回火的为 18MnSi62。

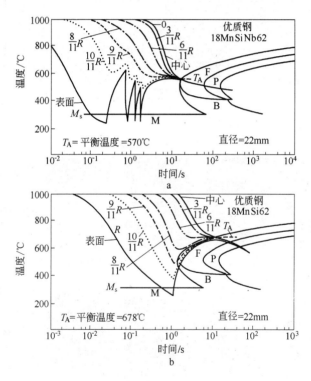

图 16-26　轮缘回火(a)和韧心回火(b)

用轮缘回火工艺生产的高强度低合金优质钢棒和圆丝性能与化学成分列于表 16-8。

表 16-8 钢筋的化学成分和力学性能

	钢 号	化学成分/%								力 学 性 能				
		C	Si	Mn	Cr	Ni	V	Cu	Nb	屈服强度/MPa	抗拉强度/MPa	伸长率/%	断面收缩率/%	规格直径/mm
预应力钢筋	70MnSiV62	0.69	0.70	1.41	0.05	0.03	0.19	0.03	≤0.01	865 872	1200 1277	11.0 10.0	38.0 26.0	5.5 和 7.5 15 和 28
	65MnSiCuV64	0.63	0.75	1.39	0.03	0.32	0.19	0.40	≤0.01	756 936	1308 1318	12.0 10.5	39.0 26.0	5.5 和 7.5 15 和 28
	012-2	0.08	0.01	0.02	0.04	—	0.05	—	247	341	36.0		77.0	圆丝直径 5.5 和 7.5
	7SiMn64	0.04	1.34	1.07	0.02	0.03	—	0.05	≤0.01	374	496	30.5	76.0	
	SAE1552	0.52	0.34	1.17	0.06	0.04	≤0.04	0.015	509	847	13.0	56.0		
	SAE1556	0.65	0.28	0.88	0.05	0.05	≤0.01	0.015		511	892	13.5	51.0	
	60SiMn5	0.55	1.10	1.08	0.06	0.01	—	0.04	0.015	525	905	13.0	62.0	
	61CrSiV5	0.64	0.82	0.73	1.26	0.05	0.12	0.03	-673	1263		10.0	25.0	
	100Cr6	0.90	0.30	0.98	1.13	0.05	—	0.03	0.015	563	1214	10.0	16.0	

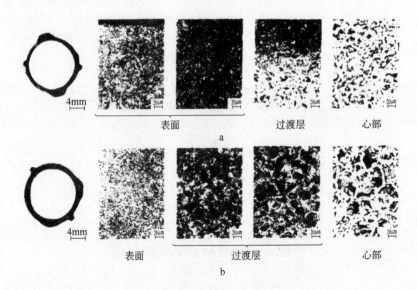

图 16-27 显微组织的比较

a—轮缘回火；b—韧心回火

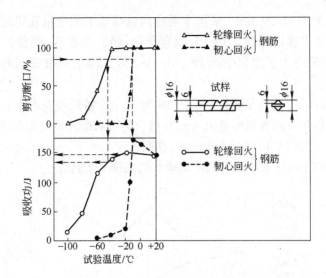

图 16-28 轮缘回火和韧心回火钢筋的吸收功和 85% 剪切断口比较

16.5.4 控轧控冷高速无扭轧机热轧钢筋生产

16.5.4.1 车间布置

美国宾州匹兹堡 C.L.L 公司和铌产品有限公司于 1992 年发表《微合金化高强度钢筋生产》一文,介绍了 CLL 公司的双线式高产量钢筋生产车间布置,见图 16-29。

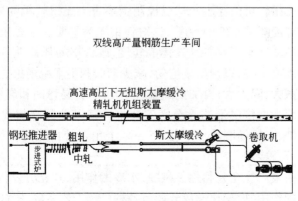

图 16-29 CLL'S 双列高速生产钢筋车间(轧机)

　　如图 16-29 所示,采用了两座高速高压下无扭精轧机组和两列斯太摩缓冷系统。用 Nb 微合金化,精轧为温轧,调整冷却速度,分两个工艺流程生产 BS、NF、ASTM 标准的各种级别的热轧钢筋。

　　温轧工艺的温度控制如图 16-30 所示。精轧温度由中轧件穿过水箱调节温度而后进入无扭轧机。轧件从精轧机组出来通过 1 区和 2 区的水箱控制冷却速度,卷取入库。

　　图 16-30 示出不同的冷却操作的两种工艺路线。

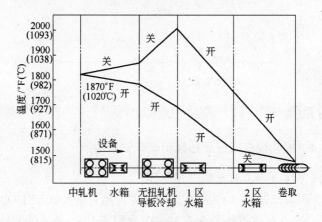

图 16-30　温轧温度控制

　　在无扭轧机前穿水冷却以控制钢坯进入无扭轧机的温度,可使终轧温度降至 925~950℃,这对铌钢尤为重要。在无扭轧机后的穿水冷却有利于改善铁素体晶粒度,改善钢的强韧性。在卷取前冷却水要少些,以利温度均匀,减少弯曲和不平稳现象。因为水多则摩擦大,阻力大,再加上高温且不均匀,容易弯曲和裂缝。

　　在斯太摩传送带的 6 个区安装排风扇以控制冷却程度和速度。另外,在钢筋刚从加速板 75 m/s 上出口处再加两台风扇,调节风量调节冷却。

　　这条生产线充分利用了风冷、水冷的作用,并充分发挥 Nb 微合金化的作用,根据化学成分调节各种可调工艺参数,按订货标准生产出优质钢筋。

表 16-9 和表 16-10 是一个生产 BS4449-460 级 12.0 mm 螺纹钢筋的实例,碳含量控制在不大于 0.23%,均热温度为 1100～1140℃。从表可见,堆放温度较低者好。Nb 为 0.04% 时,钢的强韧性好。

表 16-9　BS4449-460 级 12.0 mm 可焊接钢筋的热轧试验

化学成分/%	精轧坯冷却	堆放温度/℃	斯太摩控制工艺	卷号	屈服强度/MPa	抗拉强度/MPa	伸长率/%
C　0.21 Mn　1.16 P　0.03 S　0.01 Si　0.18 Nb　0.04	开	860	台扇全开	1	446	627	20
				2	449	767	26
			快速传递 0.6 m/s	3	467	791	20
				4	500	645	25
	关	880	台扇全关	5	387	615	27
				6	424	612	26
				7	425	613	28
			快速传递 0.6 m/s	8	483	635	28

ASTM A615 GR60,标准的增强钢筋可用 0.14% C 降 Si 和 Mn 加 0.04% Nb 生产,可达到 0.48% C 无铌钢的水平,钢筋由不可焊变成可焊接钢筋(见表 16-11)。同一标准与不同标准之间也可变换。图 16-31 指出,由不可焊接钢变成可焊接钢,可经大幅度降碳,少许降低 Mn 含量,加入 0.03% Nb 即可达到此目的。

表 16-10　再加热温度对 BS4449-460 级 12.0 mm 钢筋性能的影响

钢的成分/%						屈服强度/MPa	抗拉强度/MPa	中间温度/℃	均热温度/℃
C	Mn	P	S	Si	Nb				
0.21	1.31	0.02	0.012	0.35	0.064	445	659	1100	1080
0.21	1.58	0.01	0.011	0.32	0.043	460	673	1100	1080
0.29	1.25	0.03	0.007	0.16	0.033	450	668	1100	1080

续表 16-10

钢的成分/%						屈服强度/MPa	抗拉强度/MPa	中间温度/℃	均热温度/℃
C	Mn	P	S	Si	Nb				
0.25	1.38	0.04	0.015	0.24	0.040	450	691	1100	1080
0.26	1.33	0.02	0.009	0.29	0.045	465	741	1100	1080
0.16	1.62	0.02	0.010	0.24	0.035	478	688	1120	1100
0.20	1.55	0.02	0.009	0.17	0.045	462	685	1120	1100
0.19	1.58	0.04	0.010	0.25	0.061	467	654	1140	1120
0.23	1.49	0.02	0.015	0.17	0.038	495	687	1160	1140
0.22	1.56	0.03	0.010	0.32	0.058	505	708	1140	1120

表 16-11 加铌增强钢筋的化学成分和性能

级别	尺寸/mm	钢的成分/%						屈服强度/MPa	抗拉强度/MPa	伸长率/%
		C	Mn	P	S	Si	Nb			
ASTM A615 GR 60	12.7	0.48	1.06	0.029	0.014	0.27	—	431	796	21
ASTM A615 GR 60	12.7	0.14	0.82	0.015	0.005	0.18	0.036	425	576	28

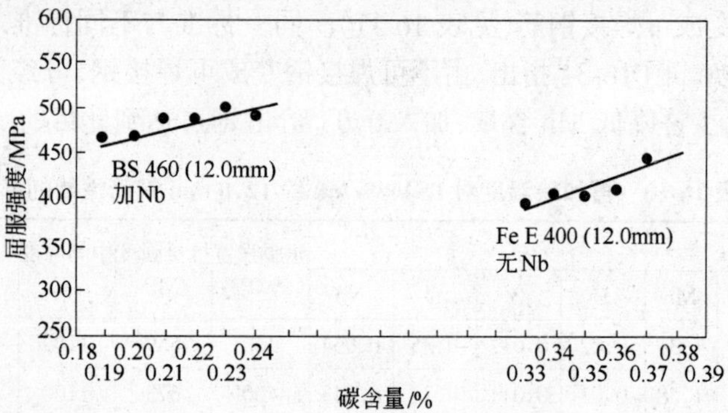

图 16-31 12 mm 降碳加铌小圆钢筋的规格变换

400 MPa 级钢筋用表 16-12 成分生产可取得良好的力学性能。

表 16-12　不同规格的 NF A35 016 Fe E400 钢筋的化学成分和力学性能

尺寸 /mm	钢的成分/%						屈服强度 /MPa	抗拉强度 /MPa	伸长率 /%
	C	Mn	P	S	Si	Nb			
6	0.14	0.82	0.015	0.005	0.18	0.036	435	562	32
8	0.18	0.63	0.016	0.007	0.12	0.040	440	606	30
10	0.17	0.47	0.016	0.007	0.13	0.045	418	553	26
12	0.20	0.013	0.013	0.014	0.25	0.060	422	619	25

16.5.4.2　高强度大规格(直径)可焊接钢筋

图 16-32 表示出 Nb 含量对屈服强度的影响。从图看出：在 0.05%Nb 处屈服强度达到平衡。生产更高强度钢筋，Nb-V 复合应用是最经济的选择。

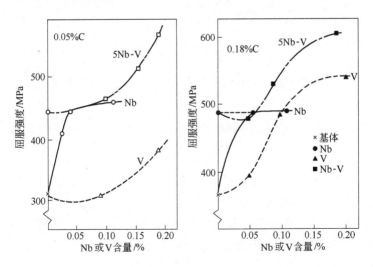

图 16-32　铌钒复合应用对屈服强度的影响

除利用控制轧制有利因素，还要强调 Nb、V 的沉淀强化作用。大规格钢筋生产最经济的工艺是采用低碳锰加微量 Nb 穿水工艺生产。

Nb-Ti 复合应用亦是生产强度高于 500 MPa 级以上的高强度可焊接钢筋选择方案之一。

从图 16-33 看,Nb-Ti 复合应用能显著提高钢筋强度。钢筋成分为:$0.28C$-$(1.25\sim1.46)Mn$-$0.019Ti$-$0.035Nb$,其抗拉强度可达650 MPa 以上。

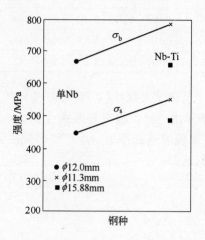

图 16-33   0.019% Ti 对 0.035% Nb 钢筋强度的影响

16.6   无应变时效倾向 20MnSiNb400 MPa 级热轧钢筋

本节叙述无应变时效倾向 20MnSiNb 钢的化学成分,生产工艺及其 400 MPa 级热轧螺纹钢筋的常规性能和抗应变时效性能。指出铌作为细化晶粒剂、沉淀强化剂,定氮剂是有效的。20MnSiNb 钢筋具有良好的抗应变时效性,是抗震钢筋的混凝土结构用 20MnSi Ⅱ级钢筋的升级换代产品。

16.6.1   从中国冶金报两条新闻谈起

《中国冶金报》1998 年 4 月 5 日第 2 版刊发了新闻《济钢开发出铌微合金化热轧带肋钢筋》。报道了济钢在中信美国钢铁公司

（北京）和中信铌钢发展奖励基金的鼎力协助下，试制成功了铌微合金化 400 MPa 热轧带肋钢筋，填补了国内空白，突破了 20MnSi 钢筋抗应变时效性能差大关。

1998 年 4 月 11 日头版头条新闻《"20MnSi"你怎样占领高层建筑?》指出：高层倒塌原因很多，理应区别而论。但据有关专家检测表明：某些高层倒塌，传统的 20MnSi 螺纹钢筋韧性不够，强度不够，是一大祸根。

姑且不说高层倒塌的诸多因素，但是上述新闻令人不禁为 20MnSi 钢筋抗应变时效性能差而担忧。

16.6.2　对应变时效造成的灾难性破坏的认识

简单地回顾一下历史是有益处的。自从开始生产和使用钢以来，人们就发现了应变时效现象，注意到它的危害性。John Fritz 在 1874 年写道：所有剧烈打乱分子（原子）排列的事……都倾向于把钢变脆，如矫直、冲孔、开槽等；W. A. Sweet 写道，鱼尾板冲孔使钢轨减弱 75%。1932 年发现热镀锌钢脆化。第二次世界大战期间美国大量生产的自由号万吨商船、战舰等发生脆性破损都是钢中的氮含量高而产生的应变时效脆化所致。当时钢中氮在 0.008%～0.012%。

国际上解决应变时效脆化倾向性的方法，就是 20 世纪 50 年代开始的铝镇静钢生产，并用铝固定钢中氮，这使钢材生产向前发展了一步，并导致酸性转炉高氮钢的没落。

16.6.3　应变时效的物理冶金本质和力学冶金现象

钢的应变时效定义为在塑性变形时或变形后，固溶状态的间隙溶质（C,N）与位错交互作用，"钉扎"位错阻止变形的物理本质，从而导致强度提高、韧性下降的力学冶金现象，见图 16-34。图中，ΔY 为屈服应力由于应变时效而引起的改变；Δe_L 为应变时效后的吕德斯应变；ΔU 为由于应变时效最大抗拉强度的增加量；$\Delta \varepsilon$ 为由于应变时效伸长率的降低量。

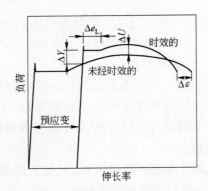

图 16-34　含有间隙溶质的铁静态时效对负荷-延伸曲线的影响

如果钢中的自由碳、氮浓度足够大,就会在变形过程中,强度迅速提高,延性急剧下降,以致脆化。这一过程决定于 C、N,主要是 N 的浓度、温度和变形速率。溶质原子与各种位错均能发生反应,断裂是快速传递的。应变时效脆化事故,往往是灾难性的,顷刻间发生,防不胜防。

为确保建筑的安全,各种钢筋如螺纹钢筋在实际使用中都要求抗应变时效性检验。采用模拟应变时效状态,一般是施以 10% 的塑性变形,然后在 100℃加热不大于 2 h 时效,空冷至室温继续变形至断裂,检测应变时效性能。螺纹钢筋的标准方法是反弯试验,试验方法在国际标准和发达国家的标准中都有规定。

方法是正弯(按规定弯曲半径)90°后,100℃加热不大于 2 h,空冷至室温后,反向弯曲 20°。观察弯曲面,如果发生断或裂均为应变时效脆化的反应。100℃加热为时效敏化处理。

16.6.4　20MnSi 钢具有应变时效倾向的原因

因为钢中无足够的氮化物形成元素——Nb、V、Ti、B、Al 等中的一种或两种,所以 20MnSi 钢具有应变时效倾向。

国外曾详细地研究了 Nb 对 20MnSi(类似)螺纹钢筋的应变时效性能的影响,指出 20MnSi 比 10MnSiNb 具有明显的应变时效特性。

国内有些厂家也指出 20MnSi 钢筋正弯后 100℃加热后,再反向弯曲,则断或裂。

16.6.5 无应变时效倾向钢的成分

应变时效是由钢中间隙溶质 C、N 原子引起,主要是氮。碳在 100℃以下的作用是微弱的。成分设计的中心内容是降低游离氮含量,达到无时效的水平。铁中 0.0001%（10^{-6}）的氮,出现时效现象,而 20×10^{-6}应变时效就达到最大值。当前炼钢技术,达到这个水平,在经济上不现实,普遍的氮含量在 $(50 \sim 60) \times 10^{-6}$水平。冶金物理学家的方法是加入固定氮元素,最大限度地降低自由氮以改善抗应变时效性能。

16.6.5.1 锰的存在显著降低应变时效特性并细化晶粒

锰可降低间隙原子的可动性,参看图 16-35。图 16-35 是表示锰和氮对应变时效指数 ΔY 的影响。

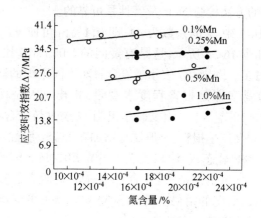

图 16-35 锰和氮对应变时效指数的影响

(指数 ΔY 是预应变和时效后样品的下屈服应力减去预应变
应力,样品经 10%预应变后在 100℃时效 5 min)

ΔY 是应变时效效果的度量,它等于预应变并时效后的样品的下屈服应力减去预应变应力。ΔY 越大时效倾向越大。锰含量越高,ΔY 越小,这是锰降低氮原子活度的结果。

　　此外,锰降低奥氏体转变温度,可细化转变后的晶粒。锰可改变硫化物的性质。硫化锰可细化原始奥氏体晶粒度,阻止奥氏体再结晶。低锰低硫钢,有晶粒异常长大倾向。在 980℃ 左右,奥氏体晶粒从 $25\ \mu m$ 急剧长大到 $300\ \mu m$ 以上。高硫低锰也有同样倾向,有一定数量的 MnS 的存在是细化奥氏体晶粒的因素,但有局限性。

16.6.5.2　硅对韧性的影响

　　皮克林公式总结了各种因素对韧脆转变温度的影响。

$$vT_{rs} = -19 + 44w(Si) + 700\ \sqrt{w(N_f)} +$$
$$2.2w(珠光体) - 11.5d^{-\frac{1}{2}}　(℃)　　　(16-1)$$

　　公式 16-1 反映了两种机制对韧性的影响,$w(N_f)$(自由 N)是应变时效机制,而其他是非时效的,所以对长期服役后钢材性能预测有不确定性。对建筑钢材用应变—时效(100℃ 加速人工时效敏化)—应变的方法检验 N_f 的危害性是可靠的。

　　公式 16-1 中 Si 的系数为 44,即 0.1% Si 可使 vT_{rs} 温度升高 4.4℃,但如图 16-36 所示,这是有疑问的。0.3% Si 比无 Si 钢韧性显然好得多。图 16-37 表示了氮含量对不同组织的钢的韧性损害,直线的斜率即是损害程度表观量,指出 20MnSi(F + P) 为 4.6℃/$(10 \times 10^{-6}[N])$。有文献指出当 Si 超过最佳含量后,Si 量再增时,对韧性产生损害,一般说每增加 0.1% Si,脆性转变温度升高 4~8℃,对热轧态,最佳 Si 量为 0.3%~0.4%。Si 改善韧性可能是 Si、Mn、N 析出的结果,或者是 Si、Mn 把游离氮吸附在自身周围降低氮的活度的结果。所以 Si 对 vT_{rs} 温度的影响不应是直线性的,而是复杂的。

16.6.5.3　以铌代铝固定氮和细化晶粒

　　铝是经典的细化晶粒、固定氮的元素,作用最大的是在正火钢中的应用。铝在热轧状态钢中的应用受到很大的局限。连铸出现后和铌相比,在热轧材中铝作为细化晶粒剂就不那么重要了。在高温下 Nb(C,N) 比 AlN 稳定得多,所以用铌固定氮更优越。

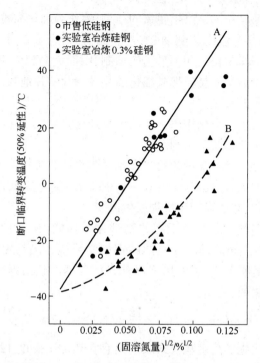

图 16-36　低硅钢(A)和 0.30%Si 钢(B)的断口转变温度和固溶氮$\frac{1}{2}$次方的关系

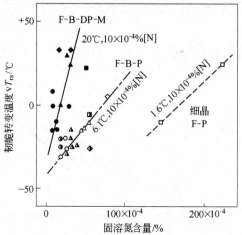

图 16-37　氮含量对不同组织的钢的韧性损害

本质细晶粒钢是以铝脱氧的结果,铝作为细化晶粒剂,阻止晶粒长大,但是当温度达到 900℃时,"钉扎"粒子在钢中失去稳定,导致晶粒不均匀长大和不平衡的抑制,因而大晶粒为小晶粒的 10 倍甚至 100 倍。大晶粒把微细化的晶粒一片一片地"吞食"。渗碳钢此现象尤其明显。

铝在钢中无强化作用。优质钢生产已广泛用 Nb 作为细化晶粒剂和强化剂以及定氮剂。

16.6.5.4　多种功能的铌在钢筋钢中的作用

钢中加入微量 Nb(0.02%～0.05%)使碳锰硅低合金钢发生了质的变化,即使强韧化机理发生改变。

铌的多种功能来源于铌的物理化学性能,在于它独特的 Nb(C,N)的溶度积原理。在不同的钢中受环境氛围的影响,有各自不同的溶度积公式,其中用于以铁素体为基的碳锰钢以著名的欧文公式应用最广。

$$\lg w(\mathrm{Nb})\left(w(\mathrm{C})+\frac{12}{14}w(\mathrm{N})\right)=2.26-\frac{6770}{T} \qquad (16\text{-}2)$$

碳氮化铌的溶度积公式表现出它在热加工温度 1250～900℃具有适宜的溶解和沉淀的分配量,而 Nb(C,N)在热加工中又能很好地起细化晶粒和热轧态的沉淀强化作用,与 V、Ti、Al 相比有明显的可用性。

铌的粗化晶粒度温度最高,见图16-38。在静态加热可达

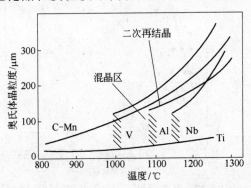

图 16-38　含有不同微合金元素钢的奥氏体晶粒长大特征

1150℃。在热加工时,Nb(C,N)的应变诱导析出温度高于静态完全固溶温度,应变诱导析出 Nb(C,N) 阻止动态再结晶粒长大,可超细化 γ 晶粒,热机械处理的基本要点是通过再结晶控制轧制细化晶粒。在非再结晶区,利用 Nb(C,N) 的静态析出,阻止再结晶,使 γ 晶粒高度延伸变形并导致相变后的晶粒细化。

铌有提高强度、改善韧性的作用。大致估计 0.01%Nb 可代替 0.02%C,保持强度不变而延性提高一倍。这一原理,可使钢中的强化元素和韧性元素,调整到最低成本生产出铌微合金化的碳素钢,而性能仍能达到合金钢的水平成为可能。

不同碳含量和不同规格的铌微合金化螺纹钢筋的性能见图 16-39 及图 16-40。其基本成分为:0.30% Si、1.2% Mn 加 0.04% Nb。除极小规格外,10~50 mm 直径的钢筋的屈服强度都能达到 400 MPa 以上。低碳小规格钢筋,屈服强度偏低而抗拉强度偏高。

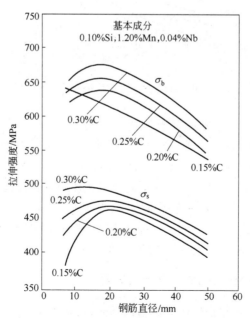

图 16-39 不同碳含量和尺寸的铌微合金化螺纹钢筋的拉伸性能

强屈比加大,这是由于可能出现了贝氏体或马氏体,形成组织应力结果。小规格钢筋如果再降终轧温度或缓冷时,屈服强度能得到提高。

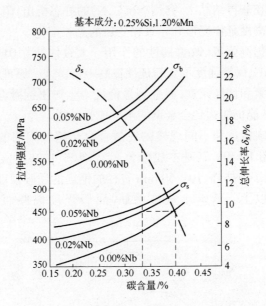

图 16-40　直径 40 mm 螺纹钢筋的力学性能

关于无应变时效钢筋的化学成分小结:(1)用铌微合金化(0.02%～0.04%Nb)一举三得,细化晶粒,沉淀强化,固定钢中氮;(2)硅含量最佳值为 0.3%;(3)锰含量小于 1.6%,对小圆钢筋 Mn 应控制在 1.0%～1.2%以防止贝氏体出现;(4)提高强度的铌的碳当量等于 2,在同等强度水平,加 1 个铌,降低 2 个碳。在保持韧性的条件下,加一个铌可提高屈服强度 30 MPa 以上。20MnSiNb 钢,能通过应变时效标准检验。

16.6.6　20MnSiNb 钢筋生产工艺要点

铌微合金化钢生产要具备以下知识:铌铁合金化技术,含铌钢的细化晶粒技术,利用 Nb(C,N)在钢中固溶度的溶度积的计算,以控制沉淀强化分量及冷却速度对强化作用的影响。

16.6.6.1 冶炼

无应变时效钢的关键是氮含量要低。我国一般转炉钢氮在 $(50\sim60)\times10^{-6}$,吹氮搅拌应注意控制终点氮。氮是铌的"毒药",铌的 $Nb(C,N)$ 比 NbC 在奥氏体中有更强的沉淀倾向;一方面它可固定氮,消除时效现象,另一方面它又消耗钢中有效铌(对于沉淀强化),所以,氮应保持在最低含量。

铌钢合金化要点是铌铁合金化,因铌加入量很少,并且铌铁价格较贵,所以应重视取得最高收得率。$2Nb+O_2\rightarrow2NbO$ 的化学反应自由熔负值小于 Ca、Al、Ti、Si、V、Mn、C,热力学上说在钢水中的上述元素,优先氧化后,才氧化铌。理论上说,铌的收得率是 100%。铌铁的密度为 $8.1\ kg/m^3$,略高于铁水。铌铁熔点在 1580 $\sim$1630℃,铌铁在钢水中,不是熔化而是溶解,一般说在 1600℃ 时,块度 20 mm 只需 120 s 即溶解完。注意:应无渣出钢,最后加入铌铁,以防止铌被渣拖走而造成损失。加 Nb 后不能用氮搅拌。

16.6.6.2 连铸

国内小方坯连铸尚未发现因出现裂纹而影响生产。解决连铸横裂,有两个措施:(1)调整弯曲段脱开钢的热塑性最低谷 750$\sim$950℃;(2)加微量 Ti(0.01%$\sim$0.015%),改善横裂现象。

16.6.6.3 坯料加热与轧制

坯料加热温度略高于按欧文公式计算的 $Nb(C,N)$ 完全溶解的温度,该温度决定于碳化铌的溶度积。20MnSiNb 钢应在 1200 $\sim$1250℃。高碳非焊接钢模铸锭,在美国 0.35%C,0.04%Nb 钢用 1300℃ 加热为标准工艺。一般说加铌钢比普碳钢可以高出 100℃ 加热,而不"过烧",参照图 16-41。

精轧温度的确定要充分利用 $Nb(C,N)$ 的应变诱导析出的细化晶粒作用和奥氏体高度变形后的非再结晶的"薄饼"形状,在 γ $\rightarrow\alpha$ 转变的铁素体晶粒细化的 1/2 规律,即 α 晶粒直径为 γ 晶薄饼厚度的一半。

开轧温度可根据铌碳含量控制,在上限碳含量时使用高进高出工艺,特别是一火成材的可用 1180℃ 开轧,低于 1050℃ 左右终轧,即再结晶控制轧制;在碳下限、Nb 上限时,可用低进低出工艺,1100℃ 开轧,而终轧低于 950℃ 左右,此称非再结晶控制轧制。

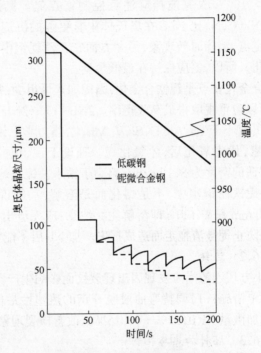

图 16-41　粗轧过程中显微组织的变化
（9 道次,每道次压下量约 15%,总压下量:从 250 mm 到 50 mm）

　　如果模铸,开坯与精轧分两火进行,则热加工工艺可制定得更理想些。开坯时,粗轧在 1100℃,精轧在 950～900℃。微合金化和控制轧制,最初就是在老式轧机上进行的。铌微合金化钢筋的生产,可能给老式轧机带来新的机遇。

16.6.7　济钢生产的无应变时效倾向的 20MnSiNb 钢筋性能简介

　　常规性能与时效性检验见表 16-13。

表 16-13   常规性能与时效性检验

编 号	1	2	3	4	备 注
规 格	25	25	25	14	
$w(C)/\%$	0.22	0.22	0.22	0.23	
$w(Si)/\%$	0.54	0.55	0.54	0.56	
$w(Mn)/\%$	1.38	1.38	1.37	1.54	
$w(P)/\%$	0.021	0.022	0.021	0.025	
$w(S)/\%$	0.016	0.016	0.017	0.017	
$w(Nb)/\%$	0.034	0.035	0.034	0.041	
σ_s/MPa	415~420	465~495	>445	>520	双 样
σ_b/MPa	>630	635~640	>640	>655	双 样
$\delta_5/\%$	25~27	25~26	25~26	25~28	双 样
弯曲 180°, $d=3$	完 好	完 好	完 好	完 好	双 样
反向弯曲	反弯 45°,完好	反弯 45°,完好	反弯 45°,完好	反弯 30°,完好	双 样

应变时效检验方法为:正向弯曲 90°后,在 100℃下保温 1 h,空冷至室温再反向弯曲一定度数。

从表 16-13 看出常规拉伸性能良好,特别是延性和弯曲性能好,尤其是应变时效后,反弯性能优良。证明 20MnSiNb 由于 Nb 的作用而成为可实用的非时效钢,无应变时效脆化倾向。

16.6.8 大力发展含 Nb 钢筋,使我国钢筋系列升级换代

我国已进入现代化建设,以 20MnSi 为主的钢筋系列,远远满足不了社会的需要,升级换代是历史的必然。我国地理位置要求钢筋抗震性要好,钢筋应无应变时效脆化倾向,并应耐冷脆,同时还要具备高强度和良好的延性及弯曲特性与焊接性等。近来含 Nb 钢筋的发展预示着我国建筑钢材发展的良好开端。大力发展无应变时效钢筋,是我国大规模进行现代化建设的需要。

17 铌在高强度可焊接建筑型钢中的应用

在长条材中型材可能是仅次于钢筋的产量较大、用途较广的最普通的钢材。Nb 在这类钢材中的应用比 Al、Ti 更有优势,不会降低连铸生产效率。当采用控制轧制时 Nb 较其他合金元素可取得最高强度和最大横断面材。Nb 有固定 N 的作用。从而提高抗应变时效能力。

Nb 依靠细化晶粒和沉淀强化提高强度和韧性,从而可实现降低碳含量,改善焊接性能,允许大输入热线能量焊接,取得焊缝良好的强、韧、塑性的配合。

17.1 型钢欧美标准中含 Nb 钢号

欧美标准中的钢号见表 17-1。

17.2 生产工艺

长条材既可用氧气转炉冶炼,也可用电弧炉冶炼,更多地采用连铸工艺生产,常常连铸成小方坯、大钢坯和扁锭,作为半成品。最近工字钢也连铸成近终形状。

我国的中小型材特别是小型材产量很高,但性能偏低,产品更新换代很有必要,各种型钢热轧产品及其原坯见图 17-1。

17.2.1 普通热轧工艺

Nb 钢具有较宽的可实行热机械处理温度段,大型材断面温差较大(高低偏差为 100℃左右),冷速不均匀,而 Nb 和 Nb-Ti 复合微合金化的析出物阻止再结晶和晶界移动的物理效果对这样的产品有最佳适应性,因此像表 17-2 所示成分的钢亦可实行传统轧制

表 17-1 欧洲和 ASTM 标准中的结构钢钢号
（30 mm 厚,单位质量不大于 634 kg/m）

标准	钢号	炉前成分分析/%									拉伸试验			冲击试验	
		$w(C)$ ≤	$w(Mn)$ ≤	$w(P)$ ≤	$w(S)$ ≤	$w(Si)$ ≤	$w(Al)$ ≥	$w(Nb)$ ≤	$w(V)$ ≤	$w(C_{eq})$ ≤	σ_s /MPa	σ_b /MPa	δ① (≥)/%	温度 /℃	冲击功/J
EN10025 (1993)	S235JR	0.2	1.4	0.045	0.045	—	—	—	—	0.35	225	340~470	26	20	27
	S235J0	0.17	1.4	0.04	0.04	—	—	—	—	0.35				0	27
	S275JR	0.21	1.5	0.045	0.045	—	—	—	—	0.4	265	410~560	22	20	27
	S275J0	0.18	1.5	0.04	0.04	—	—	—	—	0.4				0	27
	S355JR	0.24	1.6	0.045	0.045	0.55	—	—	—	0.45	345	490~630	22	20	27
	S355J0	0.2	1.6	0.04	0.04	0.55	—	—	—	0.45				0	27
EN10113-1 (1993)	S355M	0.16	1.6	0.035	0.03	0.5	0.02	0.05	0.1	0.39	345	450~610	22	-20	40
	S355ML	0.16	1.6	0.03	0.025	0.5	0.02	0.05	0.1	0.39				-50	27
	S420M	0.18	1.7	0.035	0.03	0.5	0.02	0.05	0.12	0.45	400	500~660	19	-20	40
	S420ML	0.18	1.7	0.03	0.025	0.5	0.02	0.05	0.12	0.45				-50	27
	S460M	0.18	1.7	0.035	0.03	0.6	0.02	0.05	0.12	0.46	440	530~720	17	-20	40
	S460ML	0.18	1.7	0.03	0.025	0.6	0.02	0.05	0.12	0.46				-50	27

续表17-1

标准	钢号	炉前成分分析/%									拉伸试验			冲击试验	
		w(C)≤	w(Mn)≤	w(P)≤	w(S)≤	w(Si)≤	w(Al)≥	w(Nb)≤	w(V)≤	w(Ceq)≤	σs/MPa	σb/MPa	δ①(≥)/%	温度/℃	冲击功/J
EN10225 (2000)	S355G4	0.16	1.6	0.035	0.03	0.5	0.02	0.05	0.1		345	450~610	22	-20	50
	S355G11	0.14	1.65	0.025	0.015	0.55	0.015	0.04	0.06			460~620		-40	50
	S355G12	0.14	1.65	0.02	0.007	0.55	0.015	0.04	0.06					-40	50
	S420G4	0.14	1.65	0.025	0.015	0.55	0.015	0.05	0.08		410	500~690	19	-40	60
	S420G3	0.14	1.65	0.02	0.007	0.55	0.015	0.05	0.08					-40	60
	S460G3	0.14	1.7	0.025	0.015	0.55	0.015	0.05	0.08		440	530~720	17	-40	60
	S460G4	0.14	1.7	0.02	0.007	0.55	0.015	0.05	0.08					-40	60
A36(1997)		0.26	0.8	0.04	0.05	0.4					250	400~550	18		
A572(1997)	Gr50	0.23	1.35	0.04	0.05	0.4		0.05	0.15		345	450	18		
	Gr65	0.23	1.65	0.04	0.05	0.4		0.05	0.15		450	550	15		
A992(1998)	Gr50	0.23	1.5	0.035	0.045	0.4		0.05	0.11		345~450	450	18		
A913(1997)	Gr50	0.12	1.6	0.03	0.03	0.4		0.05	0.06	0.38	345	450	18	20	54
	Gr65	0.16	1.6	0.03	0.03	0.4		0.05	0.06	0.43	450	550	15	20	54

① EN标准:A5d;ASTM标准:A200。

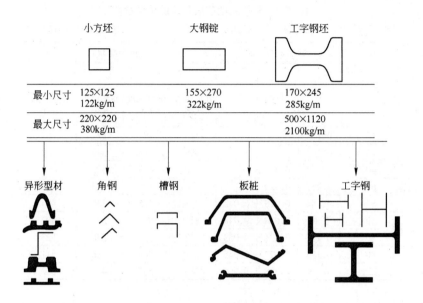

图 17-1　半成品和热轧产品

工艺进行生产。

表 17-2　**20 mm 厚 345 MPa 钢的化学成分**（%，终轧温度 1050℃）

C	Si	Mn	P	S	Ti	Nb	Cu + Cr + Ni	N
0.08	0.2	1.5	<0.02	<0.02	0.015	0.022	0.4	0.0085

17.2.2　常化处理钢（或常化轧制）

对不能实行控制轧制的生产线，可实行常化轧制或常化处理，除小规格外 Nb 或 Nb-Ti 复合应用都能取得 10 级晶粒度。常化温度在 900～1050℃ 之间，常化处理或常化轧制钢性能见表17-3。

表 17-3　常化处理前后各钢的拉伸性能

（碳钢、铌钢、钒钢，基体为 1.3％Mn，0.3％Si，0.03％Al，0.02％P，0.02％S）

厚度/mm	化学成分/%			拉伸性能			
				热轧态		常化态	
	C	Nb	V	屈服强度/MPa	抗拉强度/MPa	屈服强度/MPa	抗拉强度/MPa
40	0.131			323	484	327	468
40	0.165			338	515	347	500
60	0.134	0.018		330	473	323	474
60	0.157	0.029		346	515	343	492
80	0.154	0.018	0.042	323	515	330	484
80	0.18	0.028	0.047	331	523	338	507
80	0.175	0.031	0.053	332	535	348	523
80	0.173	0.027	0.045	321	544	356	511
125	0.18	0.038	0.068	388	607	400	552

17.2.3　TMCP 工艺

大型工字钢生产是个复杂的工程。断面冷却技术是重要的，图17-2 示出淬火自回火工艺示意图。图 17-3 示出不同工艺效果的比较。

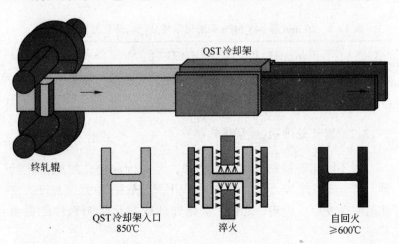

终轧辊

QST冷却架

QST 冷却架入口
850℃

淬火

自回火
≥600℃

图 17-2　热轧工字钢生产中淬火＋自回火工艺的应用

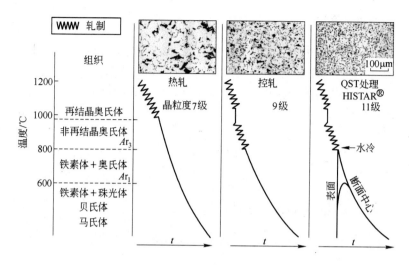

图 17-3 工字钢不同轧制工艺的对比

轧件进入 QST(淬火自回火)温度约为 850℃,淬火后利用余热自回火,其温度不低于 600℃。

17.2.4 化学成分对力学性能的影响

从工字钢工业生产数据中,可粗略概括碳、锰、铌对屈服强度和抗拉强度提高的作用,见表 17-4。由表 17-4 可知,控轧工艺对强度的影响非常显著,而淬火自回火尤为明显。

表 17-4 屈服强度和抗拉强度的提高与合金元素和生产工艺的关系(40 mm 工字钢)

元　素	1%合金元素对屈服强度和抗拉强度的提高量/MPa·%$^{-1}$							
	传统轧制		正火处理		控轧		QST	
	屈服强度	抗拉强度	屈服强度	抗拉强度	屈服强度	抗拉强度	屈服强度	抗拉强度
C	250	500	260	260	200	400	460	275
Mn	50	65	41	41	50	80	250	170
Nb	1000	500	1000	1000	2150	1420	2000	2000

17.2.5 结论

采用现代生产工艺,结合微合金化,即使对很厚截面的结构钢,也能达到强度更高、韧性更好、更易焊接的要求。

铌在结构钢中获得了广泛的应用,铌有如下优点:不降低钢的连铸性能,可细化组织,减少自由氮的含量,能有效地提高强度和焊接性能。

现代高强度钢在建筑、船舶和海洋钢结构等领域得到了广泛的应用,因其降低了材料成本和制造费用,从而降低了装配成本。

17.3 铁塔用高强度钢材(JIS3129)

钢种 SH590P 钢板适用厚度为 6～25 mm,SH590S 型钢适用厚度为 35 mm 以下。

两钢种的化学成分见表17-5,力学性能见表17-6。

表 17-5 化学成分(%)

钢 种	C	Si	Mn	P	S	B	Nb+V
SH590P	≤0.12	<0.4	<2.0	<0.03	<0.03	<0.0002	<0.15
SH590S	≤0.18	<0.4	<1.8	0.035	<0.03		<0.15

表 17-6 力学性能

钢 种	屈服强度/MPa	抗拉强度/MPa	伸长率/%	
SH590P	440	590～740	6 mm(厚度)	>19
			>16 mm	>26
SH590S	440	>590	<16 mm	>13
			>16 mm	>17

热镀锌裂纹敏感性指数(%)

$$CEZmod = w(C) + \frac{w(Si)}{17} + \frac{w(Mn)}{7.5} + \frac{w(Cu)}{13} + \frac{w(Ni)}{17} + \frac{w(Cr)}{17}$$

$$+ \frac{w(Cr)}{4.5} + \frac{w(Mo)}{3} + \frac{w(V)}{1.5} + \frac{w(Nb)}{2} + \frac{w(Ti)}{4.5} + 420w(B) \leqslant 0.44\%$$

另外 $w(B)<0.0002\%$ 是必需的,其原因如下。

液锌诱导焊缝热影响区裂纹形貌如图 17-4 所示。金相组织为上贝氏体和沿原奥氏体晶界的一次铁素体,其裂纹是沿无晶界铁素体的原奥氏体晶界产生,而有晶界铁素体的晶界不产生裂纹。这种铁素体产生在含 B 小于 0.0002% 的钢的焊缝热影响区。

当钢含 B 大于 0.0002% 时,则没有沿原奥氏体晶界铁素体,如图 17-5 所示,可见 B 强烈抑制奥氏体晶界铁素体的形成。

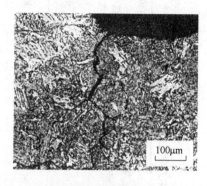

图 17-4 液锌诱导焊缝边缘裂纹形貌

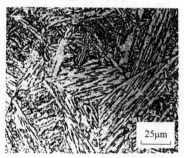

图 17-5 STKT590 钢的热影响区组织

17.4 日本桥梁铁塔耐候型钢的发展

耐候钢的化学成分特征是加 Ni、Cr、Mo、Cu,能提高钢的耐大气和海洋大气腐蚀性能,可裸用。钢中加 Nb 提高热加工温度,控制细化组织,加 V 可提高强度。

17.4.1 焊接预热减低型调质钢 HT780

该钢的化学成分与力学性能见表 17-7。

表 17-7　焊接预热减型低型调质钢 HT780 的化学成分和力学性能

| 规格 | 化学成分/% | | | | | | | | | | | | | | 力学性能 | | | | | 可焊性 |
	C	Si	Mn	P	S	Cu	Ni	Cr	Mo	Nb	V	B	$w(C_{eq})$	P_{cm}	板厚/mm	$\sigma_{0.2}$/MPa	σ_b/MPa	δ/%	V形-40℃夏比冲击功/J	裂纹停止温度/℃
9A	0.06	0.26	1.34	70×10^{-4}	20×10^{-4}	0.97	1.03	0.46	0.31	0.90	4.10		0.49	0.25	38	784	837	25	208	50
9B	0.08	0.20	1.05	40×10^{-4}	10×10^{-4}	0.22	1.24	0.45	0.37				0.48	0.22	34	765	834	25	286	50
9C	0.08	0.26	0.91			0.25	0.98	0.40	0.40	200		4×10^{-4}	0.45	0.21	34	778	849	25	228	50
9D	0.08	0.20	0.89			0.25	1.03	0.41	0.41	90	4.00	8×10^{-4}	0.47	0.22	34	799	833	24	242	20
9E	0.07	0.25	0.98			0.02	0.99	0.38	0.38		4.70	13×10^{-4}	0.50	0.21	34	795	861	24	219	25
发展方向													≤53	—	≤50	≥685	780~970	≥16	≥47	≤50

17.4.2 焊接不预热超低碳贝氏体钢 SM570 的化学成分和力学性能

该钢的化学成分和力学性能见表 17-8。

表 17-8 焊接不预热超低碳贝氏体钢 SM570 的化学成分(%)和力学性能

C	Si	Mn	P	S	Al	Ti	N	其他	$w(C_{eq})$	P_{cm}
0.012	0.30	1.56	0.009	0.003	0.029	0.011	0.0028	Cu,Ni,Nb,B	0.294	0.137

厚板/mm	位置	方向	$\sigma_{0.2}$/MPa	σ_b/MPa	δ/%	ψ/%
38	1/41	L	459	596	31	77
		T	480	627	30	77
	1/21	L	458	591	29	77
		T	485	626	29	77
75	1/41	L	470	587	31	80
		T	472	599	29	79
	1/21	L	439	576	30	76
		T	458	596	27	77

注：$w(C_{eq}) = w(C) + w(Mn)/6 + w(Si)/24 + w(Ni)/40 + w(Cr)/5 + w(Mo)/4 + w(V)/14$

$P_{cm} = w(C) + w(Si)/30 + w(Mn)/20 + w(Cu)/20 + w(Ni)/60 + w(Cr)/20 + w(Mo)/15 + w(V)/10 + 5w(B)$

P_{cm} 为抗裂纹敏感系数。

17.5 钢管

17.5.1 自来水、工业水、海水等配管

电焊管作为自来水、工业水，海水等的配管而大量使用着，但是常常发生管焊缝因沟状腐蚀而导致管道破裂的溢水事故。Nb 或 Nb、Cu 复合应用对解决此问题非常有效。标准钢管的化学成分见表 17-9。

表 17-9　标准材化学成分(%)

C	Si	Mn	P	S	Cu	Al全溶
0.15	<0.01	0.50	0.010	0.010	<0.01	<0.001

在低碳钢(0.15C-0.5Mn)中加入 0.1%合金元素,根据合金元素耐沟状腐蚀的能力,可分为如下 4 类:(1)非常有效的元素,Nb、Ni、Sb、Y、Cu、Al;(2)效果小的元素,Ti、Zr、Mo;(3)有害的元素,C、S、Cr;(4)没有多大影响的元素,如 P、Si、V、W、Sn、Co。

Cu、Nb 等合金元素对焊缝腐蚀深度的影响见图 17-6。

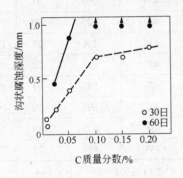 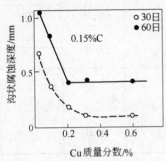

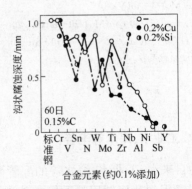

图 17-6　各种合金元素对焊缝沟状腐蚀的影响

(人工海水,2 m/s, 50℃)

17.5.2 汽车用电阻焊管 JISG3472

汽车用电阻焊管的化学成分见表 17-10,其力学性能见表 17-11。

表 17-10 汽车用电阻焊管的化学成分(%)

种类的代号	C	Si	Mn	P	S	Nb 或 V 或 Nb+V
STAM 290 GA	0.12 以下	0.35 以下	0.60 以下	0.035 以下	0.035 以下	<0.15
STAM 290 GB						
STAM 340 G	0.20 以下	0.35 以下	0.60 以下	0.035 以下	0.035 以下	<0.15
STAM 390 G	0.25 以下	0.35 以下	0.30~0.90	0.035 以下	0.035 以下	<0.15
STAM 440 G STAM 440 H	0.25 以下	0.35 以下	0.30~0.90	0.035 以下	0.035 以下	<0.15
STAM 470 G STAM 470 H	0.25 以下	0.35 以下	0.30~0.90	0.035 以下	0.035 以下	<0.15
STAM 500 G STAM 500 H	0.30 以下	0.35 以下	0.30~1.00	0.035 以下	0.035 以下	<0.15
STAM 540 H	0.30 以下	0.35 以下	0.30~1.00	0.035 以下	0.035 以下	<0.15

表 17-11 汽车用电阻焊管的力学性能

种 类	代 号	σ_b/MPa	σ_s/MPa	δ/%
G 种	STAM 290 GA	>290	>175	40
	STAM 290 GB	>290	>175	35
	STAM 340 G	>340	>195	35
	STAM 390 G	>390	>235	30
	STAM 440 G	>440	>305	25
	STAM 470 G	>470	>325	22
	STAM 500 G	>500	>355	18

种　类	代　号	σ_b/MPa	σ_s/MPa	δ/%
	STAM 440 H	>440	>355	20
	STAM 470 H	>470	>410	18
H种	STAM 500 H	>500	>430	16
	STAM 540 H	>540	>480	13

17.5.3　汽缸管（JISG3473）

汽缸用碳钢管的化学成分见表 17-12,其中 STC540 加 Nb 或 V 或者 Nb、V 复合应用,其总量小于 0.15%。加 Nb、V 后强度和韧性同时提高,力学性能见表 17-13。

表 17-12　汽缸管的化学成分（%）

钢　种	C	Si	Mn	P	S	Nb 或 V
STC 370	0.25 以下	0.35 以下	0.30~0.90	0.040 以下	0.040 以下	—
STC 440	0.25 以下	0.35 以下	0.30~0.90	0.040 以下	0.040 以下	—
STC 510 A	0.25 以下	0.35 以下	0.30~0.90	0.040 以下	0.040 以下	—
STC 510 B	0.18 以下	0.55 以下	1.50 以下	0.040 以下	0.040 以下	—
STC 540	0.25 以下	0.55 以下	1.60 以下	0.040 以下	0.040 以下	0.15 以下
STC 590 A	0.25 以下	0.35 以下	0.30~0.90	0.040 以下	0.040 以下	—
STC 590 B	0.25 以下	0.35 以下	1.50 以下	0.040 以下	0.040 以下	—

表 17-13　汽缸管的力学性能

钢　种	σ_b/MPa	σ_s/MPa	δ/%
STC 370	>370	>215	>30
STC 440	>440	>305	>10
STC 510 A	>510	>380	>10
STC 510 B	>510	>380	>15
STC 540	>540	>390	>20
STC 590 A	>590	>490	>10
STC 590 B	>590	>490	>15

17.5.4 输电铁塔用高强度钢管(JIS G3474)

输电铁塔钢管的化学成分见表 17-14,力学性能见表 17-15。Nb 的作用是提高抗拉强度、焊缝强度和压扁性能。

表 17-14 输电铁塔钢管的化学成分(%)

钢 种	C	Si	Mn	P	S	Nb+V
STKT 540	0.23 以下	0.55 以下	1.50 以下	0.040 以下	0.040 以下	—
STKT 590	0.12 以下	0.40 以下	2.00 以下	0.030 以下	0.030 以下	0.15 以下

表 17-15 输电铁塔钢管的力学性能

钢 种	σ_b/MPa	σ_s/MPa	δ/%		压 扁	焊缝强度/MPa
			纵	横		
STKT 540	540 以上	390 以上	20 以上	16 以上	$\frac{7}{8}D$	540 以上
STKT 590	590~740	440 以上			$\frac{3}{4}D$	590~740

17.5.5 结构碳钢管(JIS G3445)

结构碳钢管应用范围包括:机械结构、汽车、自行车、家具、器具等,一般加 Nb 或 V 或 Nb-V 复合应用。20 号钢管化学成分见表 17-16,力学性能如 STKM20A 钢管强度高、韧性好、延伸性能、压扁性能优越。$\sigma_b < 540$ MPa,$\sigma_s > 390$ MPa,伸长率:纵向大于 23%,横向大于 18%。

表 17-16 化学成分(%)

种类	代 号		C	Si	Mn	P	S	Nb 或 V
20 号	A	STKM20A	0.25 以下	0.55 以下	1.60 以下	0.040 以下	0.040 以下	0.15 以下

17.5.6 抗硫化氢应力腐蚀开裂(SSC)高强度油井管

20 世纪 90 年代成功开发了 758MPa 级 C110 油井管,Nb 起到关键作用。高 Nb 钢抗氢致裂纹能力已在第 7 章中有详细讨论,这里从略。

17.5.6.1　高强度油井管的铌微合金化

在无 Nb 油井管钢的研究中已得抗 SSC 特性需要细晶组织的结论。铌的细化奥氏体晶粒优势在该类钢中的应用使油管取得突破性进展。其化学成分见表 17-17。

(1) Nb 的细化晶粒作用及对 SSC 特性的影响。试验钢的化学成分见表 17-17。原始 γ 晶粒尺寸(由淬火温度控制)见图 17-7,晶粒度对 SSC 抗力的影响见图 17-8。

表 17-17　试验钢的化学成分(%)

钢	C	Mn	Cr	Mo	Nb
HC	0.20	1.46	0.49		
HM	0.19	1.47	0.52	0.20	
HMN	0.19	1.46	0.52	0.20	0.03
LM	0.20	0.51	0.51	0.20	

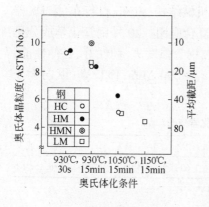

图 17-7　奥氏体化条件
对晶粒度的影响

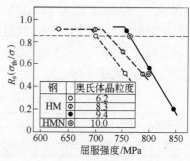

图 17-8　晶粒尺寸对 SSC 抗力的影响

含 Nb 钢 930℃、15 minγ 化处理的晶粒度为 ASTM No.10 级,其抗 SSC 特性最高。

(2) Nb 含量对回火抗力和抗 SSC 的门槛值的影响试验钢的 化学成分见表 17-18。在 900～1250℃淬火后的抗回火软化特性 见图 17-9,抗 SSC 性能见图 17-10。

表 17-18　试验用钢的化学成分(%)

钢	C	Mn	Cr	Mo	Nb
0.03%Nb	0.24	0.20	0.49	0.70	0.030
0.07%Nb	0.23	0.44	0.50	0.71	0.074
0.1%Nb	0.24	0.19	0.50	0.70	0.086
0.15%Nb	0.22	0.11	0.50	0.76	0.160

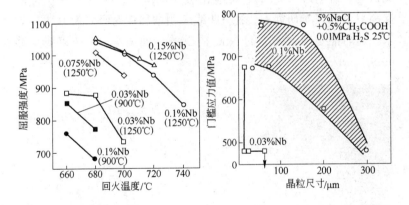

图 17-9　高铌钢经不同温度奥氏体 化后的抗回火性能

图 17-10　高铌钢的抗 SSC 性能

由图可见:1) 随 Nb 量提高抗回火软化性提高;2) 随淬火温 度的提高抗回火软化性提高,可见上述现象是固溶 Nb 的作用结 果;0.1%Nb(900℃)反而比 0.03%Nb(900℃)还低,这是由于高 Nb 低温淬火和低温回火降低了固溶 Nb 和马氏体的固溶碳的结 果。0.1%Nb 钢 1200℃以上固溶淬火抗回火性能得到提高。

图 17-10 示出高 Nb 钢门槛值高,并且对细晶的要求变得宽松。0.1%Nb 钢在很宽的晶粒尺寸范围内具有比 0.03%Nb 钢高出很多的抗 SSC 性能的门槛值。

(3) 碳化物形貌对 SSC 断口形貌的影响。碳化物形貌对 SSC 断口形貌的影响,详细情况见第 7 章。0.03%Nb 钢和 0.1%Nb 钢的碳化物形貌差别很大,前者球化率低,后者球化率高。高球化率钢说明碳化物失去共格性不吸氢。SSC 断口形貌指出高 Nb 钢为穿晶开裂,而低 Nb 钢为沿晶界开裂。

(4) 高 Nb 钢的吸氢行为。0.1%Nb 钢的回火析出物是细小的 NbC,见图 17-11,而 0.03%Nb 和 0.1%Nb 钢的吸氢行为见图 17-12。图 17-12 所示为 0.03%Nb 钢和 0.1%Nb 钢在与 SSC 试验相同的溶液中浸泡试验后进行热氢分析的放氢曲线。一些研究认为,细小的 Nb(C,N) 可能是吸氢的陷阱,导致抗 SSC 性能提高。然而在本研究中,放氢曲线表明增加铌对吸氢没有明显效果。这可能是因为细小的 NbC 周围的界面太小,无法束缚足够的氢。

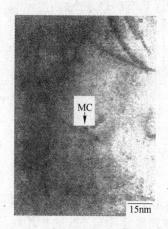

图 17-11   0.1%Nb 钢中
的细小 NbC

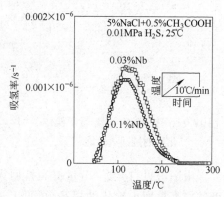

图 17-12   铌对吸氢作用

17.5.6.2 高速冷却和感应加热淬火细化晶粒效果

Nb 细化晶粒的效果已是确认事实，再进一步细化就是如何增加再结晶形核密度和再结晶后的完全抑制晶粒长大，这是关键技术。高速冷却是完全抑制晶粒长大方法，而高频快速加热也是抑制晶粒长大的方法。试验钢的化学成分见表 17-19，组织状态见图 17-13。加速冷却的钢 C 具有超细组织。

表 17-19 试验用钢的化学成分（％）和轧后冷却方式

钢	C	Mn	Cr	Mo	Nb	轧后冷却
A	0.25	1.16	—	—	—	正常冷却
B	0.27	0.62	1.01	0.24	0.034	正常冷却
C	0.26	0.52	0.94	0.47	0.027	加速冷却

加速冷却的钢 A、B、C 的金相组织见图 17-13。从图可见高速冷却的 Nb 钢 C 具有超级晶粒，这个结果在复相钢中已有叙述，是 100％马氏体加碳化物。

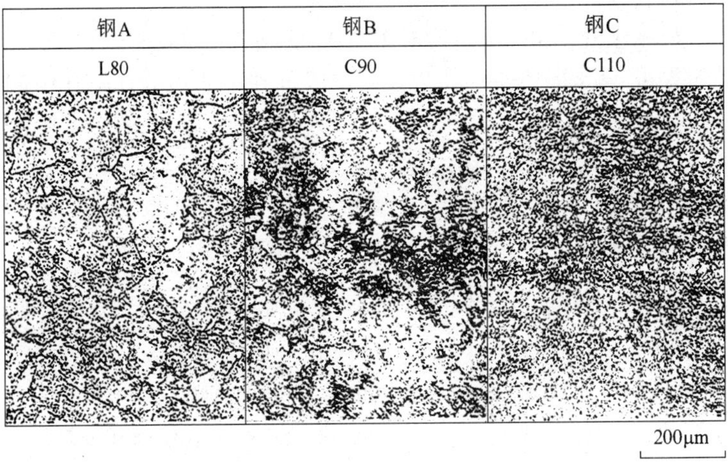

钢A	钢B	钢C
L80	C90	C110

200μm

图 17-13 加速冷却对晶粒尺寸的影响

加速冷却对抗 SSC 性能的影响见图 17-14。新钢成分见表 17-19,热处理制度为高频淬火和回火,屈服强度为 861 MPa,晶粒度 9.4 级,代号 C125 的 SSC 测试结果见图 17-15。H_2S 分压越高断裂时间越短,而 pH 值越高抗 H_2S、SSC 时间越长。

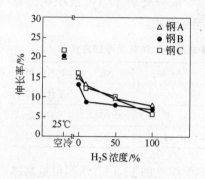

图 17-14 加速冷却对抗 SSC 　　图 17-15 C125 的 SSC 测试结果
　　　　　　性能的影响　　　　　　　　　　　　　　(NF:没断)

17.5.6.3 抗 SSC 油井管的发展

根据上述介绍,加速冷却和感应加热淬火的细化含 Nb 钢的晶粒效果,可预测发展动向,其新钢成分和工艺见表 17-20 中的编号 10。

表 17-20   高强度油井管中的现状和发展动向

| 编号 | 钢级 | 化学成分/% | | | | 热处理 | 测试方法 |
		C	Cr	Mo	Nb		
1	C110	0.29	1	0.5	0.03	淬火回火	恒载荷,DCB3 点弯曲,SSRT
2	C110	0.2,0.3	0.2	0,0.5	0.03	淬火回火	DCB,恒载荷
3	C110	0.2,0.3	0.3,1	0.1,0.8	0.03	淬火回火	恒载荷
4	C110	0.22	0.5	0.8	0.03	淬火回火	恒载荷,DCB3 点弯曲,CT
5	C110	0.33	1	0.8	0.03	淬火回火	恒载荷
6	C110	0.29	1	0.7	0.03	淬火回火	SSRT
7	C110	0.3	1	0.8	0.04	淬火回火	恒载荷,DCB

续表 17-20

编号	钢级	化学成分/%				热处理	测 试 方 法
		C	Cr	Mo	Nb		
8	C110	0.02,0.3	1	0.5,0.7	0.03	淬火回火	DCB
9	C110	0.26	1	0.5	0.03	加速冷却+淬火回火	SSRT
10	C125	0.24	0.6	0.8	?①	感应淬火回火	恒载荷,DCB 4 点弯曲,CT
11	C110	0.25	1	0.7	0.03	淬火回火	恒载荷,DCB

① "?"表示变数,是开发因子。

17.5.6.4　结论

本节综述了铌在高强度低合金油井管的应用现状和未来趋势。在常规淬火和回火工艺中,铌可以通过显微组织的细化改善其抗 SSC 特性。热轧后加速冷却和感应加热奥氏体化的超细晶粒工艺提高了铌微合金化的效果。此外,高温奥氏体化可以更有效地利用铌的抗回火软化作用。还提出了一种高铌高温回火的新材料设计的可能性。

17.6　耐火钢

钢材在高温下强度下降,普通钢在 350℃ 下的屈服强度就下降到常温下的 2/3,屈服强度为 200 MPa,作为耐火设计许用值,耐火温度太低。因此要求被覆耐火涂料以保护火灾时的钢结构。为了削减建筑成本,改善施工环境和建筑物美观,社会要求减少耐火、耐蚀被覆物,耐火钢的开发成为必然,而且可以裸用。特别是大型地下停车场使用耐火钢尤为必要。

耐火螺栓钢见第 11 章 11.6 节,耐火钢筋见第 16 章。

耐火钢的开发要使用 Cr、Mo 合金元素,同时加入 Nb、V 提高钢的高温强度,见图 17-16;耐火钢 600℃ 的高温强度和普钢的 350℃ 时相当,耐火能力提高到 600℃;到 800℃ 时耐火钢也完全失掉耐火能力和普钢一样;耐火能力的提高是 Cr、Mo、Nb、V 的二次硬化产生的效果。

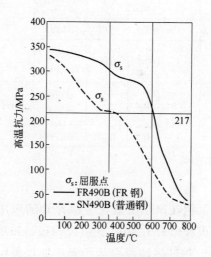

图 17-16   耐火钢和普通钢的高温抗力

耐火(FR)钢的化学成分和生产工艺要点如下:

日本生产实用耐火钢加 Cr 的 Nb-Mo 钢成分为:0.14C-1Mn-0.5Cr-0.5Mo-0.02Nb。采用 300 t 转炉冶炼,连铸 240 mm 板坯。再加热温度为 1000~1150℃,终轧温度为 900~930℃,生产 25 mm、32 mm 和 55 mm 厚板。FR 钢的力学性能见表 17-21。终轧温度对力学性能和金相组织影响较大,见图 17-17 和图 17-18。耐火钢的组织为铁素体加珠光体即终轧温度为 860~900℃ 时的组织(F+B)耐火性能好。

表 17-21   试生产 FR 钢的力学性能

板厚/mm	方向	σ_s/MPa	σ_b/MPa	δ/%	σ_s/σ_b/%	vEo/J
25	L	384	587	26	65	250
	T	368	588	22	62	168

板厚/mm	方向	σ_s/MPa	σ_b/MPa	δ/%	σ_s/σ_b/%	vE_0/J
32	L	349	569	22	61	294
	T	354	570	25	62	246
50	L	416	599	22	69	131
	T	383	584	24	66	107

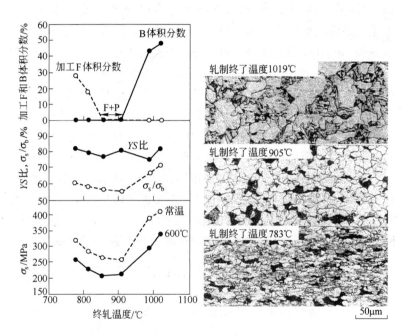

图 17-17　终轧温度对 FR 钢的组织　　图 17-18　终轧温度和金相组织
　　和力学性能的影响

根据强韧性的调配,可调整适宜的终轧温度及其组织。

Nb、Mo 对 RF 钢强化机制;NbC 沉淀强化铁素体,Mo$_2$C 和 Mo 偏聚均可以析出强化铁素体。在 Nb、Mo 复合应用钢中上述强化作用有加和作用。Mo 在 NbC 和基体间的偏聚对 NbC 有抑制过时效现象,因而提高了钢的 600℃时二次硬化,延长抗软化时间,有利于火灾时人员撤离和救援工作。

18 含 Nb 微合金化锻钢

18.1 锻钢

Nb 是许多低合金高强度钢的关键合金元素,主要用来细化晶粒、沉淀强化、强化晶界、提高淬透性,因而在锻钢中受到重视,用来生产高强高韧性非调质部件,如曲轴、联结杆、焊接叉轴和方向节轴等,如 AISI 1141 + Nb 等汽车锻件已实用化。

1000MPa 级 0.45C-0.30Si-1.5Mn-0.12V-0.04Nb 通过空冷可获得贝氏体加沉淀强化组织,最近作为细化晶粒手段的控制锻造工艺得到发展和实用,因此备受重视。0.1C-1.5Mn 加 Nb、Ti、V 微合金化实行控制轧制控制冷却可取得铁素体 + 珠光体组织的 700 MPa 级不需球化退火直接冷锻钢。0.12C-1.65Mn-0.08Nb-(25~50)×10^{-4}B 成分的钢具有高的拉丝比,可以生产强度水平在 1000~1200 MPa 范围的线棒材。添加铌来强化钢是利用了铌的晶粒细化和沉淀析出的强化作用。0.14C-0.26Si-1.4Mn 钢不同微合金化热锻后的不同冷却速度对硬度的影响,见图 18-1。

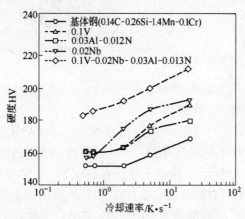

图 18-1 冷却速率对热加工试样硬度的影响

用 0.09C-0.2Si-1.9Mn-0.6Cr-0.04Nb-0.03Ti 钢生产的盘条具有针状铁素体组织,在轧制状态下,其抗拉强度在 900 MPa 左右。研究证实其在 523 K 低温时效,消除应变时效既能增加强度又能提高冷镦紧固件的延性,以满足强度等级为 10.9T 螺栓的全部技术要求。这种低碳贝氏体钢切削性能亦好。

一般而言,级别为 10.9T 的紧固件采用铬钼钢,像 SCM435(与 SAE4137 相当),在冷镦以后,采用淬火回火工艺生产,因为,这些钢种的硬度在轧制后太高而不能直接冲拔和冷镦成紧固件,所以必须采用退火处理来降低轧制线材的硬度。

新的钢种 0.25C-0.05Si-1.0Mn-0.3Cr-0.05Ti-0.025Nb-20 × 10^{-4}B 已被研制出来而且以轧制状态交货,在冷镦时不需进行软化处理,甚至在轧制状态这种钢的变形抗力都小到足以进行冷成形,这是由于减少了强化钢基体的合金元素碳、硅和铬含量的缘故。

大断面 TMCP 技术由(1)再结晶控制锻造,(2)非再结晶区加工引入变形带,(3)α + γ 双相区加工,(4)加速冷却低温相变四个阶段组成,以达到相变组织微细化提高强韧性目的。棒线材生产与此不同,热轧生产是高速连续轧制,在实行 TMCP 工艺方法时受到现场条件限制,所以和板材相比棒线材的 TMCP 发展较晚较慢。

最近,利用 TMCP 技术作为二次加工品的原材的材质软化技术和在线(生产线)实行形变热处理技术得到迅速发展,因而成为省略各种传统热处理技术的新型热处理技术。

18.2 锻件的微合金元素对性能的影响

锻件使用最多的热处理工艺是正火或直接淬火。微合金元素对正火处理后的性能的影响是首先要关注的问题。图 18-2 示出 Nb、V、Ti 对 40CrNiMn 钢的晶粒度的影响。试验钢成分为 0.4C-1.0Cr-1.0Ni-1.0Mn,图中影线为混晶。大于 0.04 % Nb、1100℃ γ 化,Nb 的细化晶粒的作用是最优越的。

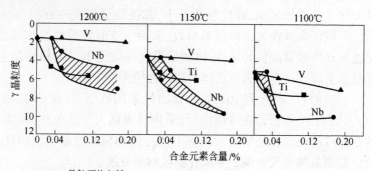

图 18-2　Nb、V、Ti 对 40CrNiMn 钢在不同 γ 化温度时的晶粒度的影响

图 18-3 示出 γ 化温度对常化处理硬度的影响。

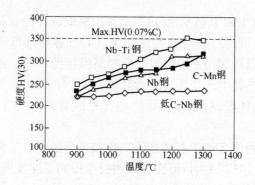

图 18-3　微合金钢的常化处理硬度

钢的淬火处理的硬度只与碳含量有关,如式 18-1 表述

$$HV_q = 280 + 990[C] \qquad (18\text{-}1)$$

600℃回火后的硬度,如式 18-2 表述,可见 C、Mn、Si 对硬度均有影响。

$$HV_t = 127.5 + 130[C] + 55[Mn]^{0.58} + 44[Si]^{0.58} \qquad (18\text{-}2)$$

淬火温度对 Nb-Ti 钢、Nb 钢、C-Mn 钢以及低 C-Nb 钢的淬火硬度的影响见图 18-4。

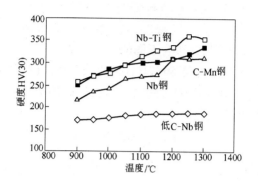

图 18-4　γ 化温度对微合金钢淬火硬度的影响

常化处理温度下的 Ti、Nb、C、N 的溶度积越高,常化后的硬度越高,这是析出硬化的结果,见图 18-5。

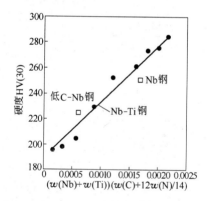

图 18-5　微合金钢微量元素的溶度积对
常化处理后的硬度的影响

18.3　钢的淬透性的定量描述

晶粒度对钢的各种性能的影响是普遍的,这里强调指出的是晶粒度对淬透性的定量描述。影响钢的淬透性的最基本的因子

有：(1)钢的碳含量；(2)γ 晶粒度；(3)合金元素各类及含量。其中
(1)和(2)是最基本的,它直接影响 D_I^*(见图 18-6)。D_I^* 称为基
本理想临界直径。而 γ 化温度、晶粒度大小和合金元素固溶程度
对淬透性发生不同的影响,不同的合金元素以它的淬透性倍数和
D_I^* 连乘积得 D_I,D_I 是 50% 马氏体淬火深度,通常称为钢理想临
界淬透性,是衡量实际钢(含合金元素钢)的淬透性的尺度。合金
钢的淬透性表述见式 18-3：

$$D_I = D_I^* \times f_{Si} \times f_{Mn} \times f_P \times f_{Ni} \times f_{Cr} \times \cdots \qquad (18\text{-}3)$$

f 称淬透性倍数,各种元素的淬透性见表 18-1、图 18-6 和图
18-7。Mn、Mo、Cr、P 是提高淬透性最有效的合金元素,B 对淬透
性影响见图 18-8,对低碳钢的影响效果更大,这与 C 的晶界效应
有关。

表 18-1　各种元素淬透性倍数(Hollomon 和 Jaffe)

各元素淬透性倍数	倍　数　值	各元素淬透性倍数	倍　数　值
f_{Si}	$1+0.64w(Si)$	f_{Ni}	$1+0.52w(Ni)$
f_{Mn}	$1+4.10w(Mn)$	f_{Mo}	$1+3.14w(Mo)$
f_P	$1+2.83w(P)$	f_{Cu}	$1+0.27w(Cu)$
f_S	$1-0.62w(S)$	f_B	$1+1.5(0.90-w(C))$
f_{Cr}	$1+2.33w(Cr)$		

　　B 对淬透性的影响与 B 的存在位置有直接关系。B 固溶在 γ
晶界才能提高淬透性,离开晶界或形成化合物,就失掉提高淬透性
的作用。当热加工晶界的迁移引起 B 的存在位置不能及时跟随
晶界,B 就要失去淬透作用,热加工后的 B 钢要特别注意这一点。
需要有一个恢复到晶界的过程(再加热或保温),才能确保 B 的强
化晶界作用,恢复提高淬透性。另一问题是要防止 BN 和 B(C,N)
的影响,一般说加 B 钢同时加 Ti 或 Al 固定 N 处理为好。

　　淬透性的高低直接影响热处理钢的相变组织,这是众所周知
的。但是淬透性影响 TMCP 后的金相组织是新的概念。在形变
热处理钢中,高低不同的淬透性钢相变组织差异很大,变形温度、

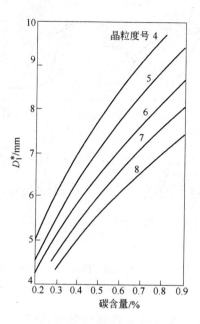

图 18-6 基础淬透性:C 含量和晶
粒度对 D_I^* 的影响

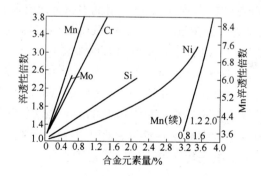

图 18-7 合金元素的淬透性倍数

变形量、变形道次以及变形后的冷却速度对材质都有很大的影响。

关于齿轮钢的 H-带的规定,要求化学成分区间很窄,同时又

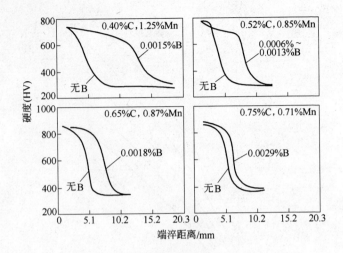

图 18-8　B 钢的端淬曲线(T.G.Harray)
(高锰、低碳时,B 的效果大)

规定淬透性带宽。如果规定淬透性带宽,就不一定把成分限制很窄,实际上 H 钢成分限制有的比普通钢还宽松。因此强调成分狭窄不如强调晶粒均匀对传统齿轮钢更有意义。碳含量越高,晶粒度越小,对淬透性的影响越大,所以混晶组织害处更复杂,更大。

　　γ 相的淬透性对复相钢的 TMCP 过程及其最终组织的影响是至关重要的。TMCP 的热机械处理时主要有以下作用:对 γ 晶粒进行调整;同时 γ 细化(即 γ 晶界面积的增多)带来的淬透性降低,会促进 γ→α 相变;C、Mn、Si、P、Al、Cr、Cu、Ni 等在高温下的相间分配会导致 γ 相的淬透性变化;α 相的固溶强度发生变化;微合金元素的固溶与析出对 γ 相淬透性产生影响,特别是固溶 Nb 变化对无扩散下部组织转变的影响等等特别重要,这是已众所周知的了。

19 Nb 和多相钢的发展

19.1 概述

汽车用钢是高强度钢的发展的策源地,安全与节能是汽车发展的推动力。安全就是汽车用钢、抗震用钢的共同要求,其特点是抗变形能力高;抗变形能是以抗拉强度和总伸长率相乘积为标识的,即 $\sigma_b \cdot \delta_t$,称为变形吸收功。

19 世纪以来,新的微合金化多相钢,就是以此为前提发展起来的,其抗拉强度从 $500 \sim 1400$ MPa 以上并具有相应的很宽的总延伸值,这一性能也将在预应力高强度长条材中得到推广应用。

19.2 多相钢家族

多相钢(multiphase steels)自成一族,见图 19-1。以强度指标

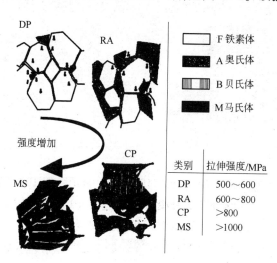

类别	拉伸强度/MPa
DP	$500 \sim 600$
RA	$600 \sim 800$
CP	>800
MS	>1000

图 19-1 多相钢的组织强化

为序分为:DP(F+M)双相钢,RA 残余奥氏体(TRIP)钢、CP 多相钢和 MS 马氏体钢。多相钢是以高强度相(M、B)的多少为强化因子,以软相(F)的多少为总延伸值的高延性化标志。DP 和 RA 钢另含有沉淀强化因子。

双相钢在高温下有慢速蠕变现象,高的屈服延伸是这一现象在室温下的变形行为。钢中软相和硬相硬度差越大,屈服延伸越大,相比例为 15%～25% 左右具有最佳的强度和延性组织。

为使 Nb、Ti 完全固溶,钢坯在 1280℃ 加热,经 5 道次轧制到 1.8～3.5 mm,终轧温度在 920～800℃,终冷温度在 460～350℃。冷却工艺分段进行。多相钢的相比例和组织形态见图 19-2,冷却工艺对组织的影响见图 19-3。

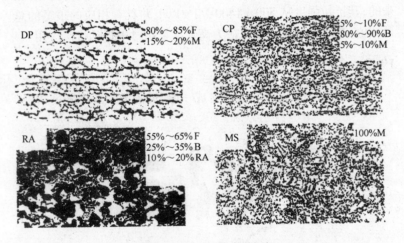

图 19-2   多相钢的光学组织

不同类型的钢要通过如图 19-4 所示的元素对 CCT 图的影响进行相应的成分调整和成分设计。通过图 19-2 的冷却工艺,得到图中所示的各种钢的基体组织。钢的主要成分为 0.2C＋3.5(Mn＋Si＋Al),通过调整 Si、Al、Mn 等控制 CCT 曲线。根据 CCT 曲线制定冷却工艺路线。

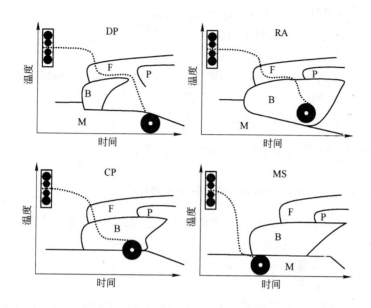

图 19-3　冷却工艺对组织的影响

DP 钢急冷入 F 保温,避开 B 进入 M 终冷;RA 钢急冷入 F,恒温再进入 B,终冷(A残);

CP 钢急冷入 F,穿过 F 而进入 B,终冷;MS 钢急冷至 M_s 点以下

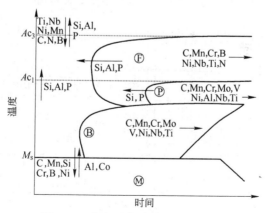

图 19-4　合金元素对 CCT 图的影响

多相钢的成分特点为：

DP 钢　　高 Si、Al、P、Mn

RA 钢　　高 Mn 低 Si、Al

CP 钢　　高 Mn 高 Si，例如 0.2C-1.5Mn-1.5Si-0.04Nb 或

0.2C-1.5Mn-1.1Si-0.3Mo-0.04Nb

MS 钢　　高 Al 低 Si、Mn

19.3　热轧多相钢的组织与力学性能

19.3.1　DP 型含 Nb 铁素体、马氏体双相钢

利用 Nb、Ti 的碳氮化物固溶与析出对再结晶及其后相变的影响，得到细晶粒双相钢。它们的特点是强度高，总伸长率大，适于制作汽车轮、保险杠，可推广用于抗震结构、预应力件等的抗剪切应变结构。

双相钢从组织上看：(1)传统双相 CMnPCr 钢是含 P 铁素体＋马氏体双相；(2)CMnNbCr 是铁素体＋贝氏体＋马氏体双相。两种不同特性的双相钢的 CCT 图比较见图 19-5。从图可见 Nb、Mn 复合应用可推迟贝氏体相变。Nb 的作用是使细晶组织均匀，见图 19-6。综上所述，含 Nb 双相钢强度高韧性好。

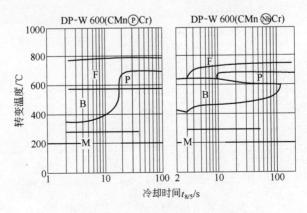

图 19-5　两种 DP 钢的 CCT 曲线实例

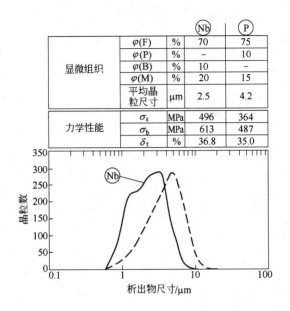

显微组织	$\varphi(F)$	%	70	75
	$\varphi(P)$	%	–	10
	$\varphi(B)$	%	10	–
	$\varphi(M)$	%	20	15
	平均晶粒尺寸	μm	2.5	4.2
力学性能	σ_s	MPa	496	364
	σ_b	MPa	613	487
	δ_t	%	36.8	35.0

图 19-6　两种不同 DP 钢的材料特性

19.3.2　RA 型(含铁素体、贝氏体、残余奥氏体)钢

钢中加 Si 或 Al 或者 Si/Al 混合,它在 RA 钢中的作用是(RA:残余奥氏体英文缩写)在冷却过程中由于 Si、Al 排斥 C,C 在 γ 中浓缩从而促进 RA 的生成。如果控制 RA 在 10% ~ 20%,则可固溶 Nb 促进 RA 化。钢中 Nb、Ti 的另一作用是细化 γ 晶粒和控制组织。

19.3.2.1　RA-Nb 钢(铁素体、贝氏体、残余奥氏体)

含 RA 钢的 Nb 成分设计见表 19-1 和表 19-4,调整 RA 含量和测定晶格常数,见表 19-3。Nb 的沉淀行为见表 19-4,金相组织见图 19-7。表 19-3 指出 RA 中的碳含量(C_{RA})呈过共析型。如果发生相变(M、B)硬度相当于高碳马氏体(或贝氏体)的硬度,极微细小的弥散分布,它有极大的强化作用。

表 19-1　合金设计:Nb 的影响

钢	合　　金	Nb 含量/%
1		0
2	0.19C-3.54(Mn + Si + Al)	0.03
3		0.04
4		0.07

表 19-2　Nb 钢的力学性能

钢	σ_s	σ_b	δ_u(均匀伸长率)	δ_t(总伸长率)	扩孔率	$\sigma_b \cdot \delta_t$
	MPa		%			MPa·%
1	539	623	16.5	35.8	216	22.303
2	655	705	19.3	34.9	158	24.604
3	623	718	18.3	33.4	203	23.981
4	644	717	23.5	38.6	125	27.676

　　热轧双相钢是多相钢中最先实用化的钢种,抗拉强度 500～600 MPa,厚度为 1.8～5 mm 的钢带用于制造车轮。

表 19-3　RA 晶格常数

钢	RA 含量/%	晶格常数/nm	$w(C_{RA})$/%
1	7		
2	13	0.36236	1.036
3	16	0.36218	0.996
4	13	0.36212	0.982

　　残余奥氏体含量与 Nb 的关系见表 19-3,晶格常数 a_i 与残余奥氏体中碳浓度的关系如公式 19-1 所示。

$$a_i = 0.3578 + 0.0044\% \quad w(C_{RA}) = (a_i - 0.3578)/0.0044$$

$$(19-1)$$

表 19-4　Nb 的沉淀行为

钢	总　量	固　溶	未固溶	$(w(\mathrm{Nb_{固}})/w(\mathrm{Nb_{未}}))\times100$
			Nb 含量/%	
2	300×10^{-4}	90×10^{-4}	210×10^{-4}	30
3	400×10^{-4}	132×10^{-4}	268×10^{-4}	33
4	700×10^{-4}	378×10^{-4}	322×10^{-4}	54

注:试样生产工艺为:坯料加热到 1280℃,5 道次轧到 3.5 mm,终轧温度 920～800℃间,卷取温度在 460～350℃。

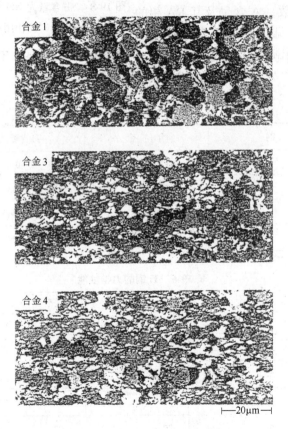

图 19-7　合金 1、3、4 的金相组织

含 Nb 钢力学性能在终冷温度很宽的范围内稳定，700 × 10^{-4}％Nb 比 300×10^{-4}％Nb 效果更好，这与高 Nb 时沉淀 Nb 量多有关，见图 19-8。

19.3.2.2 RA-Ti 钢(铁素体、贝氏体、残余奥氏体)

含 Ti 钢的成分设计见表 19-5，力学性能见表19-6。RA 的晶格常数，RA 含量及其 RA 相的碳含量见表 19-7。表 19-5 及表 19-6指出随着 Ti 含量的增加 $\sigma_b \cdot \delta_t$ 呈线性增长；0.09％Ti 钢最高 $\sigma_b \cdot \delta_t$ 为 29.829MPa·％，此值比 Nb 钢略高。

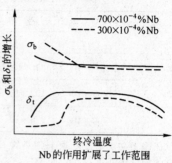

图 19-8 Nb 含量为 700×10^{-4}％比 300×10^{-4}％作用更大

表 19-5 合金设计：Ti 的影响

钢	合　金	Ti 含量/%
1		0
5	0.19C-3.5(Mn+Si+Al)	0.03
6		0.06
7		0.09

表 19-6 Ti 钢的力学性能

钢	σ_s	σ_b	δ_u	δ_t	扩孔率	$\sigma_b \cdot \delta_t$
	MPa			%		MPa·%
1	539	623	16.5	35.8	216	22.303
5	584	698	20.0	33.7	71	23.522
6	630	704	23.1	36.3	50	25.555
7	671	724	22.9	41.2	67	29.829

表 19-7　RA 的晶格常数

钢	RA 含量 /%	晶格常数 a_i /nm	$w(C_{RA})$ /%
1	7	—	—
5	10	0.6241	1.048
6	11	0.36227	1.016
7	12	0.36246	1.059

Ti 对残余奥氏体量有显著的影响。7 号合金 0.09％Ti 钢的残余奥氏体量比无 Ti 钢 1 号明显多，且组织细化。

19.3.2.3　RA-Nb-Ti 钢（铁素体、贝氏体、残余奥氏体）

0.03％Nb＋0.03％Ti 钢的力学性能见表 19-8，基本成分钢 1 号和 Nb、Ti 复合钢 8 号的金相组织见图 19-9。8 号钢的 $A_残$ 明显增多，且微细化。加 Nb、Ti 的微合金钢的 $\sigma_b \cdot \delta_t$ 见图 19-10。

表 19-8　含 Nb、Ti 钢的力学性能

钢	σ_s	σ_b	δ_u	δ_t	扩孔率	$\sigma_b \cdot \delta_t$
	MPa		%			/MPa·%
1	539	623	16.5	35.8	216	22.303
8	621	738	21.8	39.9	26	29.446

钢1

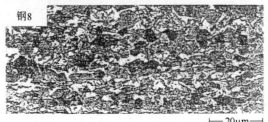

钢8

$\longmapsto 20\mu m \longmapsto$

图 19-9　1 号钢和 8 号钢的光学组织

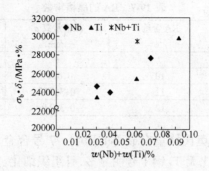

图 19-10　加 Nb、Ti 的微合金钢的 $\sigma_b \cdot \delta_t$

19.3.3　CP-Ti 钢（铁素体、贝氏体、残余奥氏体）

表 19-9 为 CP-Ti 钢的组织和力学性能。图 19-11 为 Ti 对贝氏体钢的影响。

表 19-9　CP-Ti 钢的组织及力学性能

项　目		CMnCr		CMnCrTi	
组　织	$\varphi(F)/\%$ $\varphi(P)/\%$ $\varphi(B)/\%$ $\varphi(M)/\%$	<5 微量 95 —		5 — 85 10	
力学性能	σ_s/MPa	611	587	875	875
	σ_b/MPa	728	691	931	948
	$\delta/\%$	12.5	10.8	15.2	17.3
	厚/mm	1.8		1.6	
取样方向		纵向	横向	纵向	横向

19.3.4　MS-Ti 钢（马氏体钢）

表 19-10 所列为汽车横梁力学性能。

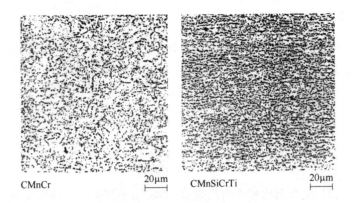

CMnCr   20μm   CMnSiCrTi   20μm

图 19-11   Ti 对贝氏体钢组织的影响

表 19-10   汽车横梁力学性能

材 料	MS-W1200	σ_s/MPa	1050
长/mm	1015	σ_b/MPa	1350
厚/mm	1.5	δ_t/%	7

19.4   Nb、Ti 对多相钢 $\sigma_b \cdot \delta_t$ 的影响

总的倾向是 $\sigma_b \cdot \delta_t$ 值随 Nb、Ti 或 Nb + Ti 的量的上升而升高。

从图 19-10 可以看出：加 Nb、Ti 的微合金钢的 $\sigma_b \cdot \delta_t$，处于高水平值。

总伸长率与强度关系见图 19-12。

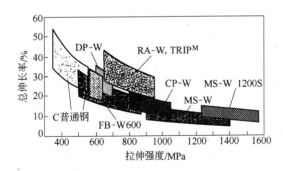

图 19-12   热轧多相钢的材料性能

19.5　小结

（1）DP 钢有 2 个 CMn PCr 和 CMnNbCr，前者为 F＋P 双相，后者 F＋B 双相，后者晶粒细化（2.5 μm）和沉淀强化强度较高，工艺性能好，有较好的扩孔性，并有较宽的可加工性能范围。

（2）RA 钢含 Nb0.07%、Ti0.09% 有最高的 σ_b 值。0.03% Nb ＋0.03% Ti 有最高 $\sigma_b \cdot \delta_t$ 值。

（3）MS 钢强度达 1500 MPa 并有较好延性，用作汽车侧面抗冲击部件。

（4）这类钢均可作为高强度棒线，用于抗震结构和预应力件。

20 铌微合金化超细晶粒技术研究现状及实用化

20.1 前言

20.1.1 TMCP技术细化晶粒成就

TMCP技术细化晶粒基本内容为:(1)γ再结晶领域加工再结晶;(2)γ非再结晶领域热变形量累计加工,加大 γ→α 转变生核密度;(3)γ→α 相变后加速冷却抑制相变后的 α 晶粒长大。这一技术的最佳成就是 γ 细化到 20～40 μm,相变后的 α 晶粒为 5～10 μm。

20.1.2 TMCP的发展——直接淬火技术

TMCP 的发展直接淬火技术包括以下内容:

(1) 低淬透性钢。实行非再结晶加工和快速冷却相结合形成 α+B 组织,α 晶粒进一步细化。

(2) 中淬透性钢。热加工后直接淬火与再加热淬火相比,直接淬火容易得到 M 或 B 组织。实质上直接淬火时淬透性比再加热时高(这是因为再加热由于逆相变 γ 细化了)。

(3) 高淬透性钢。高温加工的 γ 加工组织为 M 所继承,获得细分化的高位错密度 M 组织。钢的强度和韧性同时提高。

20.1.3 动态再结晶技术成就

动态再结晶使 γ 晶粒细化,进一步把相变后的 α 晶粒细化到 2 μm 程度。

20.1.4　下一代超细晶粒技术目标

按着霍耳－佩奇公式,进一步提高钢的强度和韧性,降低钢的合金成本的多晶体钢的进一步超细晶粒化是冶金界的共识。

TMCP的延续必定进入低温大压下工艺。目前的研发工作主要集中在超细晶粒化的理论和技术探讨,至于设备还是下一步要考虑的问题。

目前,涉足这一领域的国家和地区有日本、韩国、中国、奥地利、欧美等国家。

根据铁的性质,室温稳定相是 α,高温下是 γ,那么技术核心是 $\gamma \rightarrow \alpha$ 转变。低温大压下 + 急冷可以达到如下目的:

(1) 提高相变/再结晶(亦称 $\gamma \rightarrow \alpha$ 相变为重结晶)驱动力,应变诱导相变,高速提高 α 生核率继之以快速冷却,达到完全抑制 α 长大。

(2) 提高动态再结晶或者动态相变,以及变形应力场的效果。

(3) 加大相变(M、B)后的压下率,利用加工时发热升温使 M、B 发生逆转变细化晶粒。或再加热到 A_{c_3},发生 $\alpha \rightarrow \gamma$ 相变细化晶粒。

下面就现有资料只谈利用 $\gamma \rightarrow \alpha$ 相变超细化晶粒及 Nb 的作用。

20.2　$\gamma \rightarrow \alpha$ 相变超细化 α 晶粒

20.2.1　Ar_3 附近的应变诱导相变

在 Ar_3 附近进行大变形量加工,会促进 $\gamma \rightarrow \alpha$ 相变在变形时发生,这是动态性相变,称之为应变诱导相变。相变诱导 $\gamma \rightarrow \alpha$ 相变的细化晶粒的作用决定于变形量所产生的位错、位错带所提供的 α 生核密度及其随后的快速冷却对 α 晶粒的再结晶促进作用和晶粒长大的抑制作用。

20.2.1.1　变形量对 α 晶粒细化的影响

为了取得小于 $2~\mu m$ α 晶粒研究变形量的影响,以低 C-Mn-Si 钢为例,变形温度,变形量对平均 α 晶粒尺寸和 α 体积分数的影响见图 20-1。

钢：C(0.14C-0.33Si-1.1Mn,Ar_3:1055K)；
再加热：1273K；变形速度：10~23s^{-1}；
淬火：0.056s内

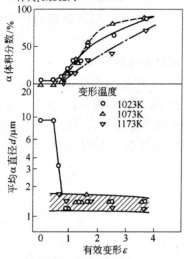

图 20-1 应变和温度对相变后的 α
晶粒直径和 α 体积分数的影响

只有细晶 α 和高的 α 体积分数两项都具备的大变形量（大于临界变形量）才为有效变形，否则缺一方面是不能得整体细晶钢的。

执行图中的钢的化学成分和工艺参数，有效变形量对 α 晶粒直径的影响即表现为随着变形量的增加 α 生核率增加，当变形量相当大时平均 α 直径陡然下降至 2 μm 以下，此变形量为临界变形 ε_c。$\varepsilon > 1$ 时晶粒尺寸基本不变；但是 α 体积分数却随 ε 的加大而增加，即随着变形量的增加当 $\varepsilon \rightarrow 4$ 时，α 含量接近 100%。钢中加入 Nb、Ti，能进一步细化 α 晶粒。微合金碳化物本身可成为 α 的生核位置，同时抑制 α 再结晶晶粒长大。

另一含 Nb 钢，即 0.16C-0.44Si-1.3Mn-Nb 钢在 700℃ 一次大压下 80% 得表面晶粒 1 μm。

20.2.1.2 变形温度对 α 晶粒细化的影响

临界变形量与变形温度、变形速度以及原 γ 晶粒尺寸有关，见图 20-2。细化 α 晶粒的动态相变一般是在 Ar_3 点附近发生，即在 Ae_3 和 Ar_3 之间。在此区间温度越低，临界变形量越小，过冷度越大，相变驱动

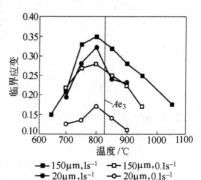

图 20-2 变形温度、应变速度和
原始 γ 晶粒尺寸对加工硬化 γ 的
软化的临界变形量的影响

力越大。在 Ae_3 点以上,动态再结晶优先发生,而温度越高临界变形量越小。上述两方面应变对于 Ae_3 点呈山峰状。高 Si 钢的 Ae_3 点高,在相同的加工温度下,Si 有促进动态相变的作用,最终得到高 α 体积分数的组织,这一点决定于加工温度和钢的化学成分的平衡所决定的饱和体积分数。

20.2.1.3　多道次轧制对 α 晶粒细化的影响

多道次就存在着道次间的变形 α 回复与再结晶及其长大问题。在相同变形量下,双道次轧制细化晶粒作用大,生成的 α 体积率高。试验表明在 14 s 内轧制 10 道次总压下为 95%,从第 6 次起,晶粒从 12 级细化到 13～14 级,见图 20-3 和图 20-4。

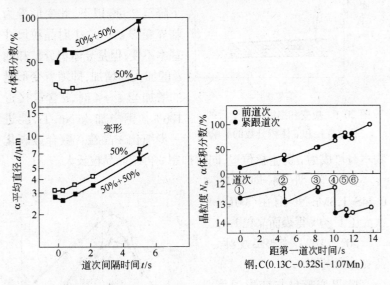

图 20-3　800℃第 1 次与第 2 次形变间隔时间对 α 晶粒直径和体积分数的影响

图 20-4　6 道次变形过程中晶粒尺寸和 α 体积分数的变化

0.1C-0.25Si-1.5Mn-0.01Ti-0.04Nb-0.5 V 钢在 750℃ 两次压下(50% + 50%)总变形 75% 得到细 α 晶组织 3 μm。此时不仅有动态 α 相变,同时有部分静态的 α 相变以及残余 γ 的马氏体转变,而且各道次变形均超过临界变形量。

从图 20-5 得全面细化的 α 组织的临界变形为 ε = 2.3。图 20-5中 a、b、c 均匀析出物质点"钉扎"着变形带和晶界。并有未转变完全的亚晶。

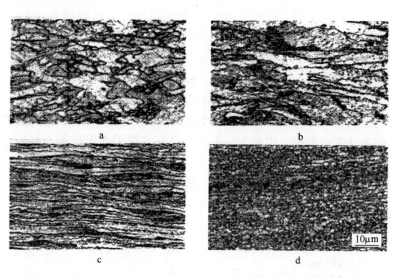

a   b

c   d

图 20-5　700℃变形量对 Si-Mn 系加 0.15Nb-0.013Ti 钢变形后的显微组织的影响

a—SM2E06，ε = 0.6；b—SM2E09B，ε = 0.9；c—SM2E16，ε = 1.6；d—SM7，ε = 2.3

20.2.2　过冷 γ 的应变诱导相变

过冷 γ 应变诱导相变概念图，见图 20-6。如图所示 TMCP 在 800℃ 变形取得 5 μm 的 α 细晶粒，而高度过冷 γ 在 550℃ 变形得到 1 μm 的 α 晶粒。虚线为应变诱导形成 γ→α 转变曲线，应变使 TMCP 工艺的 α 转变线按箭头向时间短方向平移。此现象的产生是由于低温大压下所产生的高密度

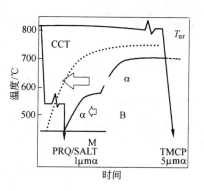

图 20-6　应变诱导低温
无扩散相变示意图

位错和变形带而成的 α 形核位置剧增,形核后立即快冷使 α 停止再结晶及其长大的结果。

20.2.2.1　变形温度的影响

变形温度对 α 晶粒尺寸的影响见图 20-7。试验钢为 C-Mn-Nb 钢(成分为:0.21C-0.82Mn-0.031Nb)及 C-Mn 钢,(成分为:0.20C-0.83Mn)。实行应变诱导相变处理得图 20-7 所示的试验结果。

由图 20-7 得出结论:加 Nb 钢进一步细化了 α 晶粒,如果取得同等晶粒尺寸,热变形温度可提高 100℃。这使低温大压下的操作条件变得宽松。固溶 Nb 在晶界充分发挥了拖曳作用,NbC 充分发挥了钉扎作用。

当采用低温大压下急冷工艺取得的晶粒直径小于 3 μm 时,α 晶粒直径与硬度的关系偏离霍耳－佩奇直线关系,见图 20-8。

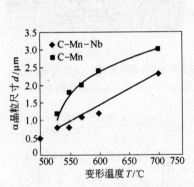

图 20-7　过冷 γ 变形急冷后的 α 晶粒直径与变形温度的相关性

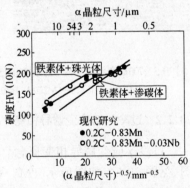

图 20-8　碳化物形态的转变引起晶粒尺寸与 HV 的线性关系的偏离

20.2.2.2　缓冷－应变－再加热－相变(RHA:Reheating in austenite)

如前节叙述的 0.2C-0.8Mn-Nb 钢淬透性很低,实现低温大压下诱导 γ→α 相变的条件十分容易。高淬透性钢的 CCT 图见图 20-9。本节讨论 0.2C-2.0Mn-0.03Nb 钢方面的研究工作。

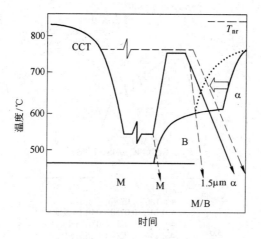

图 20-9　RHA 工艺示意图

图 20-10 是 RHA 原理图,由于低温大变形再加热引起 CCT 图的 α 相变左移,因而试样再加热至 762℃后冷却时进入 γ→α 相变区,使原本通过普通 TMCP 工艺只能发生贝氏体转变的 0.2C-2.0Mn-0.03Nb 钢却发生了 γ→α 转变。图 20-11 的细化晶粒效果是按图 20-10 中的工艺操作的。另一例为按图 20-11 所示的钢的成分和工艺条件所得的试验结果。

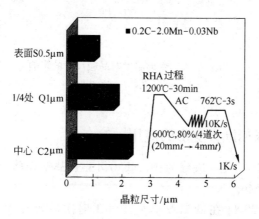

图 20-10　应变和温度对相变后的晶粒尺寸的影响

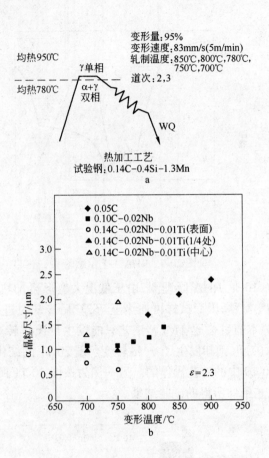

图 20-11　变形温度对晶粒尺寸的影响

a—工艺；b—试验结果

20.3　双相区大变形的应用

试验钢的化学成分为：0.14C-0.4Si-1.3Mn-0.02Nb-0.01Ti-40×10^{-4}Mn。

按图 20-11 在低温 γ 区轧 2～3 道次后再在 γ + α 双相区

进行大压下变形得如图 20-11 所示的结果，其 金 相 组 织 见 图 20-12。

图 20-12　大角晶界围起的 α 晶粒 EBSP 图

钢中的强化相是珠光体、渗碳体、马氏体,特别是马氏体非常细小而分散分布,是非常好的强化相。

1 μm 的 α 晶粒基体组织加上上述的强化相,特别是马氏体,是高强度($\sigma_b = 594 \sim 844$ MPa)的原因,也是高伸长率的本质。图 20-13 示出马氏体(α')体积分数和 $\sigma_b \cdot \delta_u$ 的关系。

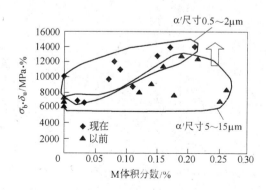

图 20-13　M 体积分数和 $\sigma_b \cdot \delta_u$ 的关系

20.4　小结

Nb 在高温 γ 区的热机械处理中的行为,在低温 α+γ 或 γ→α 相变中对超细化 α 晶粒有效,并有进一步细化和促进相变后细化组织的作用。在取得同等细晶的情况下,Nb 钢的超细晶化的技术操作与无 Nb 钢比更接近实用化。在同样低温大变形的工艺操作条件下,Nb 钢的超细组织得到进一步改善。

附录 *1*　铌铁合金化技术

1.1　标准铌铁

巴西矿冶公司生产的标准铌铁主要用于炼钢。这种标准铌铁是用铝热还原法生产的,化学成分见附表 1-1。

附表 1-1　标准铌铁化学成分

元　　素	标准含量/%
Nb	$\geqslant 63.0$(典型含量 66.5)
P	$\leqslant 0.20$
S	$\leqslant 0.10$
C	$\leqslant 0.20$
Pb	$\leqslant 0.12$
Si	$\leqslant 3.00$
Al	$\leqslant 2.00$
Ta	$\leqslant 0.20$
Fe	其　余

典型含铌量为 66.5% 的铌铁相当于金属间相的成分,因而是脆的,较易破碎成要求的块(粒)度。铌铁的标准块度为 1～50 mm,围绕着标准块(粒)度的各种尺寸分布都是常用的。根据铌铁加入的炉子或钢包的容积大小和合金化技术而决定块度分布。巴西矿冶公司生产的铌铁块度小于规定下限的数量少于 10%,而且无粉末。铌铁块度分布举例见附表 1-2。最常用包装见附表1-3。

附表 1-2　铌铁块度分布举例

加 铌 方 式	块　度　/mm
大型钢包(＞300 t)	20～80
最常用钢包	5～50
小型钢包(＜50 t)	5～30
结晶器	2～8
喂　丝	＜2

附表 1-3　最常用包装

铁　桶	每桶净重 250 kg;6 桶装成一个托盘
塑料袋	净重 1000 kg;一个大袋装上托盘或不装托盘

1.2　化学性质

如附图 1-1 所示,铌对氧的亲和力是相当小的。铌对氧的亲和力要比常用脱氧元素和其他微合金元素低,例如钛和钒,甚至低于锰。因此,当铌加入全镇静钢中,其回收率通常为 95％或更高。

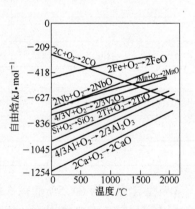

附图 1-1　化学反应自由焓

1.3　物理性能

铌铁的密度是 8.1 g/cm³。铌铁比钢水的密度稍大,铌铁加入钢水后,有利于铌的回收。铌铁的熔点范围为 1580～1630℃(固相线和液相线温度),比钢水的熔点高,与钢水也不发生放热反应。因此,铌铁在钢水中不是熔化过程,而是一个溶解过程。这个溶解过程需要一定时间,常用的块度需要几分钟即可溶解,见附图1-2。

1.4 合金化技术

块状铌铁在出钢时加入钢包。考虑到铌对氧的亲和力和铌铁的价格,铌铁应在硅铁、铝和锰铁之后加入。必须注意采用无渣出钢以防止块度小的铌铁进入钢渣。

在钢包精炼期间加入铌铁是常用方法。钢包吹氩有利于铌的均匀分布,这是冶炼铌含量低的钢种常用的方法,也是对铌含量进行微调的常用方法。

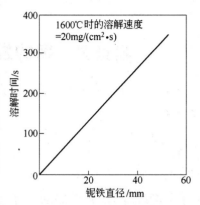

附图1-2 标准铌铁的溶解

喂铌铁芯丝法是进行成分微调的有效方法。由于铌铁颗粒细小,其溶解速度很快。

1.5 结果

由于在某些钢中,添加极少量的铌对力学性能有显著的影响,常常需要规定一个较窄的铌含量的分布带,由于几乎100%的铌的回收率和采用钢包处理微调法,在现代化冶炼技术条件下,能达到铌的标准偏差小于0.0015%,见附图1-3。

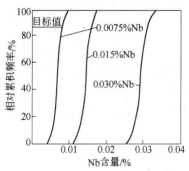

附图1-3 3个月生产期的分析结果

附录2 铌的发现和铌资源

我们以"神奇的铌"在钢铁中的应用普及铌微合金化技术,取得了良好的效果。

神奇的铌,神奇于铌的发现:神秘;铌的名称:坦塔罗斯的女儿,娇女泪多故称泪神;铌的功能:多才多艺;铌的最大矿床:在太阳升起的地方,阿拉夏(印第安语 Araxa)。

2.1 铌的宇宙丰度和地球铌的发现

2.1.1 铌的宇宙丰度

铌的宇宙丰度见附图 2-1。

宇宙间氢最多,氦次之,氢是一切元素的核合成的原材料。氢氦约占宇宙物质的99%,而其他 100 多种元素只占 1%。从附图2-1可见铌的宇宙丰度极小。铁的含量与硅相似,大约为氢的几十万分之一,而铌是铁的百万分之一。

太阳系成员的铌的丰度:

太阳中的铌为79(相对于 $H, 1 \times 10^{12}$)。

月球铌的丰度,是美国 APOLLO11、12、14、15、16、17 号以及前苏联宇宙自动站 Luna16、20、24 号飞行器从月球上取样分析的结果。结果指出,除有 Si、Ti、Al、Fe、Mn、Mg、Ca、Na、K、P、Cr 等外,还有亲石元素 Ba、Zr、Hf、Nb、Ta、U、Th 等。

其中,Nb,Ta($\times 10^{-4}$%)含量如下:

元素	月海玄武岩	高地玄武岩	克里岩
Nb	9.70	4.4	33
Ta	0.92	3.1	

火星 Nb 1.57×10^{-4}%

水星 Nb 610×10^{-4}%

金星 Nb 840×10^{-4}%

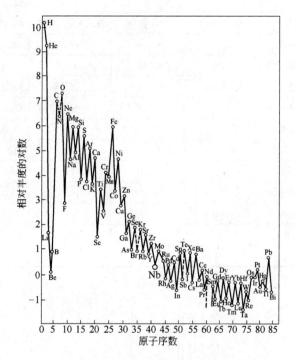

附图 2-1　宇宙相对丰度－原子序数曲线图

（Mason 和 Moore，1982）

　　地球铌分布及丰度和计算理论储量见附表 2-1。地壳的铌及其重金属的丰度见附图 2-2。

　　如果按地壳重量大约为 24 万地 t，中国陆壳的铌为 42.16×10^{-12} 万地 t。

附表 2-1　地球铌分布和计算储量

分布地点	铁含量/%	铌含量/%	地区重量/万地 t	铌储量/万地 t
中国陆壳	50.8	34×10^{-4}	1.24	42.16×10^{-12}
台盾区地壳	4.9	20×10^{-4}	10.51	210.2×10^{-12}
褶皱区地壳	4.4	19×10^{-4}	4.59	85.69×10^{-12}

分布地点	铁含量/%	铌含量/%	地区重量/万地 t	铌储量/万地 t
大陆地壳	5.1	19×10^{-4}	19.1	362.9×10^{-12}
大洋地壳	8.3	19×10^{-4}	4.9	93.1×10^{-12}
陆地地壳	4.8	20×10^{-4}	15.1	302.0×10^{-12}
海洋地壳	7.5	18×10^{-4}	8.9	160.2×10^{-12}
沉 积 圈	3.3	7.7×10^{-4}	1.7	13.09×10^{-12}
岩 石 圈	8.8	8.5×10^{-4}	124	1054×10^{-12}
地　　壳	5.8	19×10^{-4}	24	954×10^{-12}
上 地 幔	9.5	6×10^{-4}	1658	9948×10^{-12}
下 地 幔	9.8	1×10^{-4}	2417	2417×10^{-12}
地　　核	82	0.1×10^{-4}	1875	187.5×10^{-12}
地　　球	32	2.1×10^{-4}	5976	1254.96×10^{-12}

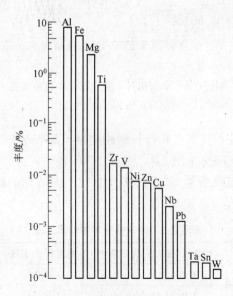

附图 2-2　地壳铌及其重要金属的丰度

2.1.2　地球铌的发现史

由于钽、铌两个元素的性质极为相似,化学家发现和认清它们经历了相当曲折的过程。

1801 年 11 月 26 日哈契特发现了铌。

1801 年,正在热心研究各种矿物、泥土以及骨壳的英国化学家哈契特(Chatchett)在不列颠博物院看到了一种矿石,有点透明、黑褐色,像宝石一样美丽。他恳求院长给了他一块。起初他认为这是西伯利亚铬矿石,试图从中分离出铬酸。但是,事与愿违。这种矿没有铬,也不是西伯利亚铬矿。后来在博物院展品编目中查到是"一种黑色矿石由马萨诸塞省的温特洛普送给博物院",是北美的矿物－哥伦比亚矿(铌铁矿)。哈契特所分离出来的化合物不是铬酸而是未知金属氧化物。为了纪念它的产地,他把这种矿石命名为 Columbitt(钶矿),此词来源于 Columbus 和 Columbia。

1801 年 11 月 26 日哈契特在伦敦皇家学会正式宣布了新金属钶的发现。把这个元素命名为 Columbim(钶)。

1802 年 12 月瑞典化学家爱克柏格发现了钽。

在钶发现后一年,1802 发生了一件事情,给钶平淡的发现过程增添了一些风趣。1802 年 12 月瑞典化学家爱克柏格分析了伊特波尔村庄附近找到的一些矿物,宣称发现了一种新的金属氧化物。这种白色氧化物甚至不能溶解在过量的强酸中。

溶解这种氧化物的一切努力都失败了,这促使爱克柏格把这种新金属命名为 tantalum(钽)寓意"旦塔勒斯(Tantalus)的苦恼"❶,意味着徒劳无效的工作。

这种矿物称为 tantalitt(钽矿),爱克柏格坚信他发现了一种新元素。

1809 年,开始了一场争论。

---

❶　Tantalus 是希腊神宙斯的儿子,因泄天机而受惩罚,让他站在水中而无法喝水,处于果树下而吃不到果子,永世遭受饥渴之苦。

由于铌和钽的性质相似的程度达到难以辨认的程度，又经常伴生于一体，化学家们认为可能是两种新元素，又好像是同一个元素。实际上哈契特和爱克柏格，都同时发现了这两种新元素，但却没察觉出两者的差别。1809年英国化学家武斯顿宣布研究成果更是令人惊奇，认为所说的两种元素是同一元素。他的论文题目《钶和钽的同一性》，认为爱克柏格只是重新发现了钶。

当时著名化学家贝齐里乌斯则持不同意见。他支持爱克柏格给这种新元素命名为"钽"，他认为英国化学家和瑞典化学家的命名应该并立在历史上。

1814年秋，贝齐里乌斯给苏格兰化学家汤姆逊（他是道尔顿原子理论的最初拥护者）一封私人信件，表示他决不是贬低哈契特的成就，只是提请注意，在爱克柏格的工作以前人们对钽和它的氧化物的性质几乎是一无所知。贝齐里乌斯认为哈契特的钶酸是氧化钽和钨酸的混合物，但是不久就清楚了，在钶矿中没有钨。

1844年贝齐里乌斯的学生罗斯（H.Rose）彻底解决了这场争端的谜。他证明了钽和钶不等同，哈契特和爱克柏格发现的是两种不同的元素，他分析了不同的钽矿和钶矿，每次都发现除钽以外还含有另一种元素，这元素与钽很接近。罗斯把这陌生者称为niobiuni（铌）（Niobe是旦塔勒斯的女儿），以示钽铌亲密无间。

继1801年哈契特发现铌之后的64年间，经过许多化学家的努力，才科学地验证了铌、钽确实是两种不同的元素，1865年瑞士化学家马利纳克发现了钽氟酸钾和铌氟酸钾在氢铌酸中的溶解度不同，同时首先正确地测定出铌和钽的相对原子质量。一直到1903年，美国的波尔顿才得到纯度高于99%的铌和钽。

2.1.3　铌名称的统一

铌和钶这同一元素的两个名称共存了107年。终于在1951年国际理论与应用化学协会，命名委员会才正式决定统一采用铌作为元素的正式名称。

上述铌元素的发现和钽铌元素的辨认，历时 64 年，这反映了钽铌元素的极其相近性和化学家们的艰苦卓绝的工作。

巴西 Araxa 铌矿的发现，使稀有金属铌变得容易取得，应用十分广泛且足够全世界使用 500 年以至 1000 年以上。

2.2 铌的经济资源

1995 年美国矿务局根据世界经济标准，把有开发价值的铌资源，统计在《矿产品概要》中，见附表 2-2。

附表 2-2 世界铌储量(金属量，万 t)

国　家	储　量	储量基础	国　家	储　量	储量基础
巴　西	330	360	扎伊尔	3.2	9.1
加拿大	14	41	其他国家	0.6	0.9
尼日利亚	6.4	9.1	世界总计	350	420

世界铌资源丰富，储量巨大。世界铌储量和储量基础分别为 350 万 t 和 420 万 t。巴西是目前储量和储量基础最多的国家，占世界储量的 94%，特点是储量集中，平均品位高(>2%)。加拿大的铌储量居世界第 2 位，占世界储量的 4%。非洲只有扎伊尔和尼日利亚有一些铌储量，而扎伊尔的卢舍地区可能是非洲中部碳酸岩带内最有远景的烧绿石(Nb 矿)矿区，而尼日利亚的铌主要为该国锡采矿业的副产品。上述数据，不包括其他国家 Nb_2O_5 含量低的矿产。

美国认为，按 1983 年铌的价格(13.20 美元/kg)计算，开采品位低于 0.25% 矿是不经济的，属于次经济资源，附表 2-3 包括次经济铌资源。

附表 2-3 铌的储量

产　地	原生类型与矿物	矿石中 Nb₂O₅ 的平均含量/%	Nb₂O₅ 储量 kt	Nb₂O₅ 储量 %
加 拿 大				
奥卡(魁北克)	碳酸岩	0.35	790	2.66
杰穆克别侬（安大略）	烧绿石	0.52	320	1.08
圣阿诺列（魁北克）	烧绿石	0.5	500	1.7
其　他	烧绿石	0.26~0.86	350	1.2
合　计			约2000	6.64
美 国				
普瓦杰尔霍隆（科罗拉多）	碳酸岩,烧绿石	0.25	100	0.34
前苏联				
		低	680(铌)	2.23
巴 西				
阿拉沙－德－巴烈洛	烧绿石	3.4	11000	37
塔皮拉	烧绿石	3.5	7000	23.6
卡塔诺	烧绿石	—	5000	17
合　计			约23000	78
挪 威				
特勒马克	碳酸岩,烧绿石	0.2~0.5	140	0.47
尼日利亚				
普拉托焦斯	花岗岩与风化壳铌铁矿	0.02~0.2	100~150	0.5
卡弗谷地	花岗岩,烧绿石	0.26	360	1.2
合　计			约500	1.6

产　地	原生类型与矿物	矿石中 Nb_2O_5 的平均含量/%	Nb_2O_5 储量	
			kt	%
扎伊尔				
马诺沃及北部	花岗岩,铌绿石	—	580	1.96
卢古利	钽铁矿			
卢埃什	碳酸岩,烧绿石	0.55~1.34	400	1.35
宾果	碳酸岩,烧绿石	2.4~3.6	200	0.67
合　计			约 1200	4.0
肯尼亚	碳酸岩,烧绿石	0.7	700	2.36
坦桑尼亚	碳酸岩,烧绿石	0.3~0.8	400	1.35
乌干达	碳酸岩,烧绿石	0.25	500	1.6
中　国	铌铁矿	0.08~0.14	1630	5.5
总　计			29630	100

2.3 巴西阿拉沙的铌

阿拉沙(Araxa)是巴西铌公司(CBMM)主要矿区,具有 150 年的历史,曾是印第安人住地,阿拉沙名字的原意是"最初见到太阳的地方",现在这里盛产铌。据 CBMM 公司称这里的铌储量丰富,按目前世界消费水平,可供全世界使用 500 年。

2.3.1 CBMM 公司的烧绿石矿使铌成为价格便宜的金属

在不到两个世纪的时间内,铌从一种鲜为人知的金属变为市场上价格昂贵的稀有金属,然后又成为另一种容易得到、供应过剩、价格便宜的金属。

铌的应用起于 1925 年左右。当时人们在工具钢中加铌以替代部分钨。后来在 1933 年铌第一次被用来稳定奥氏体不锈钢的组织间隙。20 世纪 40 年代铌被加入超合金用于生产汽轮机。人们在普碳钢中使用铌的兴趣始于 20 世纪 30 年代。

铌的来源为钽铌矿。钽铌矿主要用来生产钽，需要经过昂贵的分离过程生产铌。因此铌的成本太高，达 25 美元/kg，且不容易得到。20 世纪 50 年代中期，随着大型烧绿石矿藏在 巴西 Minas Gerais 省的 Araxa 和加拿大魁北克省的 Oka 被发现，以及随后对这些矿藏的开发，工业铌变得丰富了，由此铌价格大幅度下降（附图 2-3），这促使铌在钢中的应用成为可能。

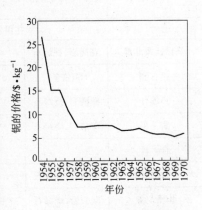

附图 2-3　发现烧绿石矿藏
前后铌铁的价格

巴西铌公司对在巴西 Araxa 的世界最大矿藏的开发，对铌形成长期稳定供应的局面起到了非常重要的作用。

2.3.2　Araxa 矿铌储量足够世界消费 500 年

从地质学角度看，烧绿石矿中碳酸岩几乎是铌的唯一来源。铌矿藏很不均衡地分布于世界各地。

世界已探明铌储量大约 1150 万 t，另外已知的矿床中还含有 1980 万 t 铌。目前每年 2 万 t 铌的消耗量与铌的可开采量以及现存矿的生产能力相比是很少的。

附表 2-4 汇集了 3 个主要的开采矿点。两个在巴西，一个在加拿大。

巴西铌公司自从 1961 年就开始经营在 Araxa 的露天矿，值得注意的是，Araxa 的储量从现实来看是很大的。矿藏中的沉积矿共有 4.56 亿 t，其中 Nb_2O_5 平均含量为 1.57% 的新岩矿，仅 Araxa 矿 Nb 储量足够世界消费 500 年。

附表 2-4 主要开采矿点

项 目	Araxa 巴西 MG 省		Catslao 巴西 GO 省	St,Honore 加拿大
烧绿石矿	沉积矿	新岩矿	沉积矿	新矿
品位/%	2.50	1.57	1.34	0.69
储量/Gt	456	936	18	15
开采方式	露天矿		露天矿	地 下
产 品	标准铌铁		标准铌铁	标准铌铁
	氧化铌			
	镍 铌			
	真空级铌铁			
	铌金属			

2.3.3 价格稳定

前面提到过的用于扩大生产的投资,使生产能力相对于市场供应有相当的富余量,保证了价格稳定政策的连续性。用于设备现代化的投资也保证了更好的产品质量与环境,提高了效率,降低了成本。

30 年来积累的生产铌的经验使巴西铌公司在改进连续工艺方面获得专长。降低了生产成本。

在扩建、生产工艺现代化方面的投资也将会降低成本。

例如,附图 2-4 显示了自 1977 年以来 3 种特殊铁合金的价格变化。清楚地表明了铌铁价格的稳定性。由于显示的价格为历史价格,铌铁价格的增长有时是由于美元贬值。

科学技术的发展使铌在工业的应用得以加强。大自然保证铌的储量可以开采几个世纪,巴西的铌生产行业为进入新世纪保证长期稳定供应做好了准备。

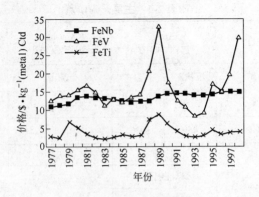

附图 2-4　铁合金价格

2.4　中国铌资源

截至 1981 年,已查明铌资源以 Nb_2O_5 计为 163 万 t,主要集中在白云鄂博和都拉哈拉,其中工业储量约为 5 万 t。截至 1992 年,全国已探明的工业总储量以 Nb_2O_5 计为 11.65 万 t。

我国铌矿床主要有白云鄂博型铁铌稀土矿床、碱性岩－碳酸岩矿床、钠长石花岗岩类矿床、花岗伟晶岩型矿床、砂矿床五类。工业矿石有:(1)磁铁矿矿石,Nb_2O_5 平均品位 0.126% ～ 0.141%;(2)白云岩矿石,Nb_2O_5 平均品位 0.11% ～ 0.168%。矿床中含铌矿物有:铌铁矿、烧绿石、铌方解石、铌金红石、铌钙矿,其他为稀土矿物。矿区外围地表以下 150～200 m 以内,白云岩、片岩、板岩中也含大量的铌。

纵观中国铌矿形成时代,主要在前寒武纪(占全国总储量的 52.8%)和华力西期(31.1%),次为燕山期和印支期(14.6%)。

除上述分布、成因类型和成矿时代特征外,中国铌矿产资源还具有以下特点:(1)铌矿石品位偏低;(2)共生矿物复杂、选冶困难。

振兴我国铌工业的希望在于:寻找易选富矿,尤其是外生矿,如砂矿和表生风化壳矿。我国近来不断发现碳酸盐岩浆矿床,康滇地区南部发现燕山期的碳酸岩有 Nb、Ta 矿化,华北地区沿中生代大断裂侵入的碳酸岩脉有 Nb、Ta、Zr、Ti 矿化。湖北竹山和福建松政是华南地区两个较大的碳酸岩型铌矿床。

现代正在开采的钽铌矿山有 14 家。这些矿区的钽储量为 3.984 万 t(以 Ta_2O_5 计);铌储量 6.6390 万 t(以 Nb_2O_5 计),见附表 2-5。

附表 2-5 我国钽铌矿山及储量(t)

省(区)	矿　山	Ta_2O_5	Nb_2O_5
江　西	宜　春	17.650	14320
	横　峰		5550
	石　城	350	240
	大吉山	250	1600
新　疆	可可托海	170	100
	阿勒泰	300	200
广　西	栗　木	2300	2380
广　东	横　山	700	280
	泰　美		22250
	永　汉		2600
	博　罗	5420	7310
湖　南	香花岭	5530	5300
	湘　东	3100	2700
福　建	南　平	1820	1560
总　计		39840	66390

参 考 文 献

1　铌·科学与技术.中信微合金化技术中心编译.北京:冶金工业出版社,2003

2　男村今男等.高强度低合金钢的控制轧制与控制冷却.王国栋等译.北京:冶金工业出版社,1992

3　小指军夫.控制轧制·控制冷却.李符桃等译.北京:冶金工业出版社,2002

4　付俊岩.查理斯·哈契特优秀论文选编.中信微合金化技术中心,2002(内部资料)

5　孟繁茂等.神奇的铌在钢铁中的应用(之八)——Nb 微合金化基本原理.中信微合金化技术中心,1998(内部资料)

6　孟繁茂,付俊岩.神奇的铌在钢铁中的应用——Nb 微合金化热轧钢筋.微合金化技术,2004(1)

7　东涛,孟繁茂,王祖滨,付俊岩.神奇的铌在钢铁中的应用——迄今经验与未来发展,CITIC-CBMM 中信微合金化技术中心,1999(内部资料)

8　中村守文.條鋼制品の高强度化.1992

9　口石茂松.條鋼制品の最近動向.1995

10　渡邊敏幸.機械構造用鋼.2001

11　Gladman T. The Physical Metallurgy of Microalloyed Steels 1997 London School of Materials the University of Leeds. UK

12　Hans Jürgen Grabre,et al. Steel Research. 2001,72(5,6)

13　田中哲三.棒鋼、綫材壓延工程で"加工熱處理技術"の進步.Journal of the JSTP. 1999,40(12)

14　Kazuhiro Kawasaki,et al. Induction Heating Quenched and Tempered High Strength Steel Wire and Rod Materials, 2000,5(1)

15　Harudki Imamura,et al. Environmentally Friendly Bars and wire Rod Steels. 川崎製鉄技報, 2000,32(3):234

16　S ISOGAWA.ネットシエイフ加工を支えろ非調質鋼. Jonral of the TSTP, 2000, 41(77)

17　Atsuhiko Yoshie,et al. New wire Rods Produced by In-Line Heat Treatment. 新日鉄技報,1999(370)

18　Kazuhi Ko Nishida,et al. On the Development of Bar dnd Rod Materials for Automobile Use. 住友金属,1996,48(4)

19　玉置純一. On the Development of Bar dnd Rod Materials for Automobile Use.住友金属,1996,48(4)

20　Heijiro Kawakami,et al. Study on Controlled Rolling of High Strenth Steel. Bar R and D NETECHNIQNES, 1996, 35(2)

21 Yoshitake, et al. High-strength and High-toughness Microalloued Steel. Bar R and D NETECHNIQNES, 1992, 42(49)

22 黒川八壽男等. 高強齒輪鋼. 住友金属, 1996, 48(4)

23 松本齊. 高強齒輪鋼. 住友金属 1996, 48(49)

24 第 157、158 回西山記念技術講座. 21 世紀のイソフラを支えろ條鋼製品. NMS-ISIJ157-158,1992

25 Akio Yoneguchi. Development of New High Strength Spring Steel and its Application to Automotive Coil Spring. SAE 2000-01-0564

26 Yutaka Kurebayashi, et al. High Strength Spring Steel "ND120S". 電氣制鋼, 2000, 71(1)

27 Johannes Arndt, et al. Mechanisms in Fatigue Strength Improvement of Thermomechanically Manufactured Automotive Suspension Springs. Steel Research, 1998, 69 (7)

28 Andreas Peters, et al. Austenite in the Process of Thermomechanical Treatment of Microalloyed Spring Steels. Steel Research, 1998,69 (7)

29 Yutaka. Recent Trends in High-Strength Suspension Coil Spring Steels. 熱處理, 2002,42(2)

30 村井暢宏等. デファレンミセルキヤ強化技術の開發. 住友金属, 1996,48(72)

31 紅林. 晶粒粗大化防止"ATOM". 電氣制鋼,1994,65(1)

32 Tomoki Hanyuda. Daido's High-Strength Steel for Carburizeed Gears. 電氣制鋼, 2002,73(1)

33 水野等. 高強度トランスミッシヨギヤ用鋼の開發. 電氣制鋼, 1994,65(1)

34 Manabu Kubota. Tatsuro DCHL. Development of Anti-coarsening Extra-fine Steel for Carburizing. 新日鉄技報, 2003, 378

35 SAE 950 209. 美国汽车工程师协会

36 Yutaka Kurebayashi. Influence of Carbo-Nitride Precipitates on Afustenite Grain Coarsening Behavior During Carburizing. 電氣制鋼, 1996,67(1)

37 R D. 神戶制鋼技報. 1992,42(4): 99

38 Heat-treatment-free Cold Heading Wire Rod for 80kgf/mm² Chass High-tensile-strength Bolts with High Ductility. R. D KOBE STEEL ENGINEERING REPORTS, 1998,37(4)

39 Heijiro Kawakami, Morifumi Nakamura, Hisao Maeda, Jiro Koarai. Study on Controlled Rolling of High Strength Steel Bar. R. D KOBE STEEL ENGINEERING REPORTS, 1985,35(2)

40 神崎文曉. 鉄と鋼,1967,10

41 佐佐木,智之等. TMCP-ISIS,2004,17:1276

42 横山奈康等.軌鋼 Materialy,1999,2

43 結誠晉等.Nb 對軸承鋼壽命的影響.鉄と鋼.1972:146

44 天野虔一等.一定ミクロ組織制御と析出強化を統合した新じ鋼材制造思想
(TPCP)の構築とそれによろ非調質型新高強度鋼の開發.まてりあ,2002,39(2)

45 Materils Seience Forum. Trans Tech Publicattions Switzerland,1998,284～286:411～
418

46 Yutaka Kurebayashi, Nakamura Sadayuki. A Case Hardening Boron Steel for Cold
Forging "Supper-ALFA Steel",1993,64(1)

47 Kohki Mizuno. Development of High Strength Transmission Gear Steels DENDI-
SEIKO (ELECTRIC FURNACE STEEL),1993,64(1)

48 Yutaka Kurebayashi Development of Ultra Fine Grain Steel for Carburizing DENDI-
SEIKO ELECTRIC FURNACE STEEL,1994,65(1)

49 第 177、178 回西山記念技術講座.結晶粒超細化技術の進步——鉄鋼の新じ可能
性開拓. Advanced Technology NMS-ISIJ177,178,2002

50 Visual. Observation of Diffusible Hydrogen in Steels CAMP-ISIJ 1999,12:1227

51 Lrahiro Kushida. Delayed Fracture and Hydrogen Absorption of 1. 3GPa Grade High
Strength Bolt Steel TETSU-TO HAGANE 1996,82(4)

52 谷幸司,et al. Method of Hardening Gelatin Film in Hydrogen Microprint Technique.
CAMP-ISIJ,1999,12:1228

53 Yasuhiro Oki. Status and Future in the Steel Wire Rod and Bar for Higher Strenth
Products. ふえろむ,2003,8(9)

54 蔡大和等.超级冷打极低碳棒钢之开发.技术与训练 26 卷 5 期:29～40

55 鍛造加工熱處理時鉄素體、珠光體特性.鍛造技極(日),2001,7

56 戸田正弘等.最近の鍛造用鋼材(軟質冷間鍛造用鋼材の非調質熱間鍛造用鋼).
JFA,2003(5)

57 木村大助.山陽の鍛造用鋼開の癸.JFA,2003,6(5)

58 津田和光.我ガ社の鍛造用鋼材の開發と今后の展望.JFA,2003,6(5)

59 Hiroaki YOSHIDA, et al. Basic Property of Martensitic Microalloyed Steel-Develop-
ment of Microalloyed Steel for Forging Using Ausforming I-Journal of the Jstp,2000,
41(471)

60 新倉正和.結晶粒超細化の次世代型加工熱處理-I-相變熊活用してー.177.178 西
山記念講座.日本鉄鋼協會,2002

61 瀬戸一洋.實用鉄鋼材料匯にすはろ結晶粒超細化の動向-I-相變熊-そ活用.第
177,178 回西山記念講座. 日本鉄鋼協會,2002

62 Shigenobu Nanda,et al. The Influence of Secondary α′ on the Ductility of Fine Grained
Steels Produced through Heavy Deformation in the α+γ Dual Phase Region R,D Kobe

Steel Engieering Reports,2005,55(1)

63 C M Vlad. A Comparison Between the Temprimar and Tempcore Processes for Production of high Strength Rebars

64 Microalloyed Steels 2002. Riad I. Asfaha ni, et al ed. ASM INTER NbTi ON Al. The Materials Information Society,2002

65 鉄塔用高強度鋼(JISI3129),日本鉄鋼協會,2003

66 佐佐木智之等. CAMP-JISJ. 2004,17(1276)

67 材松等. Nb 對 TRIP 鋼的力學性能的影響. CAMP-JISJ,2005,18(1482)

68 紅豐. 電氣制鋼,1996,1

69 超細晶粒滲碳齒輪鋼. SAE950 209

70 川崎制鉄技報,2002,34(1)

71 CAMP-ISIJ,2002,34(1)

72 孟繁茂等.2002 年全国低合金钢非调质钢学术年会论文集(包头),2002:261

73 松村直. 鉄と鋼. 1982,2

74 耐火螺栓鋼 HISB-1186-1995

75 东涛,孟繁茂,付俊岩等. 微合金化知识讲座. 中信微合金化技术中心. 2001(内部资料)

76 孟繁茂,付俊岩. 中国铌资源概况。中信微合金化技术中心(内部资料)

77 Keniti Amano. Steel for Bridge Iron Tower and Oil vessel.2002,5(7)

78 Akio Yoneguchi Jeffrey Schaad, Yutaka Kurebayashi, Yukio Ito. Development of New High Strength Spring Steel and Its Application to Automotive Coil Spring,SAE 2000-01-0564

79 Yutaka Kurebayashi, Akio Yoneguchi. High Strength Spring Steel, "ND120S". 電氣制鋼,2000,71(1)

80 Johannes Arndt,Gunter Lehmann,Wolfgang Lehnert. Mechanisms in Fatigue Strength Improvement of Thermomechanically Manufactured Automotive Suspension Springs. Steel Research, 1998,69(7)

81 Andreas Peters, Radko Kaspar Janovec, Oskar Pawelski Austenite in the Process of Thermomechanical Treatment of Microalloyed Spring Steels. Steel Research,1996,67(7)

82 Takahiro Kushida. Rolled Heat Treatment on Delayed Fracture and Hydrogen Trapping in High Strength Steels. 熱處理,1997,37(2)

83 Tomohiko Omura,Takairo Kushida, Yu-ichi Komizo. Hydrogen Absorption of High Nb Bearing Steel Tetsu-to-Hagane,2004,90(2)

84 CAMP-ISIJ. 2002,15:1024

85 Observation of Hydrogen Distribution in Martensitic Structure with Tritium Autoradio-

graphy CAMP-ISIJ, 2001, 14:645

86 高井健. Extraction of Hydrogen in Harmless Trapped State to Delayed Fracture of High-Strength Steels CAMP-ISIJ, 2002, 14:644

87 Kiyoshi Shiwaku. Spheroidized-annealing-free Wire Rod by Controlled Rolling -Mild Steel for Cold Forging, R. D Kobe Steel Engineering Reports, Vol. 35 No. 2

88 長野博夫. 電繼鋼管溝状腐蝕. 鉄と鋼, 78-S298, 1978

89 Kaguchi S O, et al. Effect of Nb, V and Ti on Transformation Behavior of HSLA Steel in Accelerated Cooling. Thermec '88, Vol. 1 (Tokyo. Japan: Iron and Steel Institute of Japan 1988): 330~336

90 工藤純一. 船體用厚鋼板. 日本造船學會誌. 第 837 號: 158

冶金工业出版社部分图书推荐